全国林业职业教育教学指导委员会"十二五"规划教材

U0237401

室内设计
Interior Design

冯昌信　苏冬胜　主编

中国林业出版社

图书在版编目（CIP）数据

室内设计 / 冯昌信, 苏东胜主编. -- 北京：中国林业出版社, 2014.2

全国林业职业教育教学指导委员会"十二五"规划教材

ISBN 978-7-5038-7389-8

Ⅰ.①室… Ⅱ.①冯… ②苏… Ⅲ.①室内装饰设计－高等职业教育－教材 Ⅳ.①TU238

中国版本图书馆CIP数据核字(2014)第026381号

中国林业出版社·教材出版中心

策划、责任编辑：杜　娟

电　　话：(010) 83280473　83220109　传　　真：(010) 83280473

E-mail：jiaocaipublic@163.com

出版发行：中国林业出版社（100009　北京西城区德内大街刘海胡同7号）

电话：　(010) 83224477

http://lycb.forestry.gov.cn

制　　版：北京美光设计制版有限公司

印　　刷：北京卡乐富印刷有限公司

版　　次：2014年2月第1版

印　　次：2014年2月第1次印刷

开　　本：787mm×1092mm　1/16

印　　张：15.25

字　　数：390千字

定　　价：49.00元

我国的室内装饰，从20世纪80年代起步，由蹒跚学步逐步走向成熟，直至发展成为一个行业，现代室内设计在新科技、新材料、新方法的推动下，即将进入智能化、环保化、多功能化、艺术化的更新阶段。为适应装饰行业发展和"十二五"期间的高职室内设计技术专业深化教学改革的需要，根据我们在教学中的体会和各兄弟院校使用本教材中提出的宝贵意见和建议，我们在2003年出版的《室内装饰设计》基础上编写了《室内设计》，内容作了较大修改，增加大量图片为案例，编排符合工学结合教学要求，能够适应今后教学的使用。

本教材依据我国当前高等职业教育中有关职业院校课程开设的实际情况，按"一线两翼"即技能为主线，知识、素质为两翼培养行业领域的岗位能力需求而编写。具有以下三个显著特点：

一是培养目标与岗位一致，内容基于工作过程，有利于教学过程工学结合。以培养具有现场设计与实施的高端技能型人才为目标；内容基于"业务开发——业务洽谈——设计——设计表达"等典型工作任务进行编排；教学目标与职业工作能力结合，通过课程教学、课程实训、综合实训等多次在职业情境中与职业岗位的接触，循序渐进。

二是有利于推行"职业角色"教学。将行业标准、规范、程序、质量贯穿在整个内容和实训任务中，对实训项目进行标准化设计，实训项目在形式上按行业运作程式设计，综合实训在要求统一、指导统一、进度统一上进行了系统化设计。

三是组织项目教学，任务完成要求成果可视化。 本书遵循"任务驱动、项目导向"新理念，建构了模块、项目、实训任务层层相扣的新体系。本教材基于工作过程设计了10个教学项目，配套了10个实训任务，在符合认知规律的基础上，将知识点和技能点贯穿于项目实施过程中。对每个任务都有明确的任务目标，要求教学成果可视化，并针对可视化教学成果设有注重新概念、新创意、新技术、新材料和新工艺等应用的考核标准。

　　室内设计是设计一种生活方式，融理论与实践，艺术与技术为一体，为了加强本教材的实用性和适用性，在教材编写时组织教学经验丰富、实践能力强的教师和行业、企业一线专家，系统收集整理了大量资料、图片、案例等。本书由冯昌信教授负责制订教材编写大纲和样章、设计教材内容体系和统稿，苏冬胜负责编写项目1、2、3、9，曾传柯负责编写项目5，李婷负责编写项目6，徐跃铭负责编写项目7，王焕负责编写项目8，肖亮负责编写项目4、10，明伟编写项目2的室内设计工程图样案例。统稿完毕有幸得到黄春波教授悉心审阅，在此表示衷心感谢，同时还向所有提供参考资料、图片的单位与设计者表示诚挚的谢意。

　　由于本书内容艺术性强，设计艺术有章法而无定式，加上作者编写水平有限，书中难免有所纰漏，敬请读者批评指正！

冯昌信 苏冬胜

2013年10月

《室内设计》编写人员

主　　编

冯昌信　苏冬胜

编写人员

冯昌信　广西生态工程职业技术学院
苏冬胜　广西生态工程职业技术学院
肖　亮　广西生态工程职业技术学院
曾传柯　江西环境工程职业技术学院
李　婷　湖北生态工程职业技术学院
徐跃铭　云南林业职业技术学院
王　焕　黑龙江林业职业技术学院
明　伟　广东梦居装饰工程有限公司

主　　审

黄春波　广西南宁职业技术学院

模块1 **基础篇**

模块2 **设计篇**

模块3 综合实训篇

1

模块 1
基础篇

项目1
室内设计基本知识

学习目标：

【知识目标】

1. 了解室内设计的含义、分类、目的和原则；

2. 了解室内设计需要研究的主要内容和室内设计人员应具备的知识和技能；

3. 了解室内设计与建筑设计之间的关系；

4. 了解建筑物的分类、等级和统一模数制；

5. 理解建筑物的结构组成及其构造特点、作用和建造要求。

【技能目标】

1. 掌握建筑物的结构组成名称、构造特点；

2. 在室内设计和装饰施工中，符合施工技术规范及要求，保证装饰质量和施工安全。

工作任务：

学习室内设计和设计对象（建筑）的基本知识；成果是进行口头描述建筑构造的名称、特点及相应的装饰设计、施工的关联要点。

在学习室内设计方法、程序等之前，学习室内设计和设计对象（建筑）的基本知识是十分必要的，同时还应该了解室内设计需要研究的内容和室内设计人员应当具备的知识和技能，以明确学习目标。

1.1 室内设计概述

人的一生，绝大部分时间是在室内度过的，设计师所设计创造的室内环境必然直接关系到室内生活和工作的舒适、健康、安全、效率等。人们对高质量室内环境的要求，正促使室内设计专业迅速发展，并已成为建筑行业中相对独立的专业领域，室内设计也从建筑设计中脱颖而出，成为一个与现代科技、文化、艺术紧密相关的综合性学科。

1.1.1 室内设计的含义

所谓室内设计，是指综合考虑生活环境质量、空间艺术效果与科学技术水平等室内环境因素，将人们的环境意识与审美意识相互结合，从建筑内部把握空间的一项综合性设计。具体地说，就是指根据建筑设计的构思和室内的使用性质及所处的环境，进行室内空间的组合、修改、创新，并运用设备、陈设、照明、音响、绿化等手段进行装修、装饰，结合人体工程学、行为科学、视觉艺术心理，从生态学的角度对室内环境作综合性的功能布置及艺术处理，以取得具有完善的物质生活及精神生活的室内环境艺术效果。

除室内设计外，日常生活中我们还经常提到另一些类似的概念：室内装饰、室内装修、室内环境设计等，这些概念有很大的相似之处，常被人们互为混淆，实际上它们的含义还是有一定区别的。

室内装饰（interior ornament）：也称室内装潢，侧重外表，是从视觉效果的角度来研究问题，为迎合时尚流行意识的艺术效果，对装修、陈设等进行综合艺术处理。即在室内设计的基础上，为了满足视觉艺术要求，考虑保持技术和材料的合理性、与空间构图和色调等相协调而进行的艺术装修。如对室内细部与界面的造型、纹样、色彩、质感的装饰以及陈设、壁画、雕塑等设置。

室内装修（interior finishing）：着重于工程技术、施工工艺和构造做法等方面的研究，指在土建施工完成后的空间内，对顶棚、墙面、地面和结构部件以及照明与通风设备、材料与构造等进行工程技术的综合处理，使之达到与室内造型取得浑然一体的效果。

室内陈设（interior furnishing）：主要是指窗帘、床罩、地毯、挂毯等织物和各种工艺摆设、日用家电、器皿等，是除去与建筑构件固定装修部分以外的布设（摆设），用以满足生活要求与美化环境需要。

室内环境设计（interior environmental design）：室内设计是改善人类室内生存环境的创造性活动，是对室内环境进行综合治理、设计及艺术加工，因而发展为"室内环境设计"的新概念。室内环境设计强调综合的室内环境设计，既包括工程技术方面，即声、光、热等物理环境的问题，也包括视觉方面的设计，还包括氛围、意境等心理环境和个性特色等文化环境等方面的创造。

1.1.2 室内设计的发展

人类创造室内环境的历史是从寻找遮风避雨的天然洞穴开始的。旧石器时代，原始人类居住在天然洞穴，为了躲避自然灾害，也在有意无意地改变室内的环境，其中洞窟壁画，就标志着人类美术史和改造室内环境的开始，可算是室内设计的萌芽。

自人类有了建筑活动，就伴随着室内装饰和环境美化。如我国传统的木构架建筑，其特点是梁、柱承重，墙体仅起围护作用，内部空间大，可以任意划分组合，通过室内的格扇、门罩、博古架等构成多空间；运用雕梁画栋、斗拱、彩画，辅以天花藻井加以美化，巧妙地运用家具、陈设、字画、玩器等布置手段，使室内体现出含蓄而高雅的意境和气氛。以希腊、罗马为代表的西方，由于其自然条件、民族特性、社会制度、生活方式、文化修养、风俗习惯以及宗教信仰的差异，以古典四柱式以及家具、古瓶桂冠、花饰等构成室内空间的情趣。15世纪初，受到以意大利为中心所开展的古希腊、古罗马文化的复兴运动的影响，室内设计采用新的表现手法，把建筑、雕塑、绘画紧密地结合起来，创造出既有稳健气势又有华丽高雅的室内设计效果。17世纪中期，室内设计逐渐演变为"巴洛克"风格，以浪漫主义精神为基础，倾向于热情、华丽、动态的美感，巧妙地运用大理石、华丽多彩的织物、华贵的地毯、多姿曲线的家具，加以精美的油画和雕刻使室内装饰显示出富丽、豪华的特点。18世纪开始，室内设计趋向亲切灵巧、多曲线造型、雕刻精致、色调淡雅柔和、装饰华丽。18世纪后期，随着工业革命到来，机器生产代替了手工业生产，室内设计也随之追求单纯简洁、轻巧可亲，主张室内装饰和建筑本体可以分离。19世纪以后，"包豪斯运动"使现代装饰设计得到空前发展，主张理性法则，强调实用功能因素，充分体现工业成就，推崇在室内设计上装饰要恰当。

20世纪30年代，"机械美学"对"传统装饰"进行了否定，主张功能主义。20世纪50年代末，人们意识到现代科技虽然给人带来种种方便，但不能美化人性和理想地改造自然，反而对人们产生某种威胁。人们从而开始了保护和修复古旧建筑的浪潮，再次使旧建筑展现出其精美装饰线条和复杂漂亮的千姿百态的细部装饰，这更反衬出现代建筑的平庸和贫乏，从而很自然地重新燃起了人们对装饰的热情。人们不得不重新估量装饰的现代设计中的作用，并研究其原则和理论。

在现代科学、美学和生活方式的启发推动下，室内设计逐渐发展成为一门以全面创造室内环境为手段，以提高生活境界、提升文明水准、增进生活幸福为目的，兼具创造性和现实性的活动，是技术、艺术与生活构成的统一体。它不但要创造良好的视觉效果，还要最大限度上满足使用上的各方面功能需要。现代室内设计在新科技、新材料、新需求的推动下，自身会不断地发展和演变，将会进入智能化、环保化、多功能化、艺术化的更新阶段。

1.1.3 室内设计分类

室内设计的分类可按建筑使用性质和使用功能的不同，大体上可以分为两大类，如图1-1所示。一类是居住类，以满足个人或小团体居住需要；另一类是公共类，以满足大团体或公众丰富多彩的活动需要。

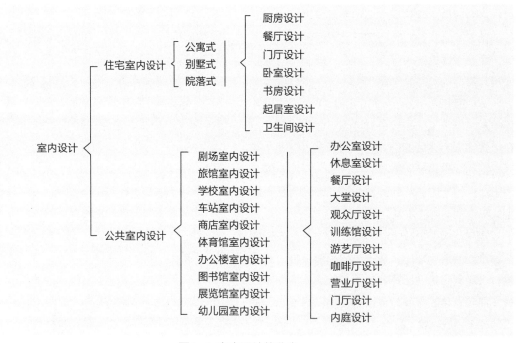

图1-1 室内设计的分类

1.2 室内设计的目的、原则

室内设计应按照一定的目的和原则去着重于计划生活、提高生活的文明程度，应结合科学、艺术、生活等各方面的因素，使室内环境成为完美的整体。

1.2.1 室内设计的目的

室内设计的主要目的，一是保证人们在室内生活最基本的物质居住条件；二是提高室内环境的精神品位，增强人类灵性生活的价值。对于具体的室内设计目的，不同对象和不同的要求就会有不同的目的定位，室内设计的目的大体可分为五个级别。

1.2.1.1 生活的需要

主要体现为使用的基本功能需要。如交通、起居、防火、防热、防冻、防盗、防湿、贮藏、睡眠、用餐、休息、学习、工作等。

1.2.1.2 生理的需要

主要体现在视觉、听觉、触觉等方面的感受。设计需考虑满足感觉器官的感受需求，人们对室内环境综合感觉达到舒适。

1.2.1.3 心理的需要

主要体现在使用者情绪的要求，使人进入室内感到心旷神怡，产生愉悦的感情心理。

1.2.1.4 审美的需要

主要体现在愉悦感上升至与人的审美感的统一，足以起到陶冶情趣，创造出无限的精神价值。一方面可以效仿自然因素，如室内绿化、园林小景等，使人有置身于自然环境中，充分体现出自然美感。另一方面，也可以通过室内造型和艺术设计手段，根据构图、形式美的法则获取艺术美感。

1.2.1.5 荣誉的需要

主要体现在部分人和阶层的特殊审美需要。为了追求权威以及某种尊严，高标准、高指标地应用超大空间与昂贵的材料，装饰高级豪华的室内环境。

1.2.2 室内设计的原则

为使设计达到所有设计者都追求的最高目标，作为设计者就必须在设计全过程，尤其在作出每一具体设计方案抉择之时，时刻不要忘记可以作为公允的基本标准，即如何评价某项设计工程优劣的基本原则。

1.2.2.1 满足功能的原则

建筑既有使用功能要求又有艺术上的精神功能要求，建筑设计既受到物质技术的制约，又受到意识形态的影响，一旦建成反过来建筑也会影响人们的精神生活。建筑的内部空间也是如此，所以，进行室内设计时，一方面要把满足人们在室内进行生产、生活、工作、休息的要求置于首位，充分考虑使用功能要求，使室内环境合理化、舒适化、科学化，如考虑人们的活动规律，处理好空间关系、空间尺度和空间比例，合理配置家具与陈设，妥善解决室内通风、采光与照明。另一方面，必须考虑由视觉反映出来的心理感受、艺术感染等精神功能的要求，营造出恰如其分的室内气氛，如热烈、欢快、富丽的大型宴会厅，庄严、宏伟、端重的政治性会堂。设计者要运用各种理论和手段去冲击影响人的情感，使其升华以达到预期的设计效果，营造出美感、新奇感、舒适感等美好的室内感受。同时设计者要概括表现设计的构思、意图和主题，即室内意境的创造，使人引起深思和联想，给人得到某种启示或效应。如人民大会堂的顶棚，"满天星"灯光围绕着中心红色的五角星灯具，使人感受和联想到全国各族人民在中国共产党领导下大团结、大胜利的深刻内涵。

1.2.2.2 整体性原则

达·芬奇说过："每一部分统一配置形成整体，从而避免了自身的不完全。"室内设计正是如此，强调从整体→局部→整体的协调、统一，这一整体性原则是最基本的法则之一。如空间的功能、工程技术与艺术三者应是统一整体，整个环境中，家具、陈设及各局部之间在风格、造型、色彩、尺度、质感等方面在设计上也应是统一整体。各种设计要素和原则都必须综合为一个有机的整体，而各要素又在各自所处的条件下为设计的主题和气氛起到应有的作用。

1.2.2.3 流行性原则

室内设计的流行性原则，就是要求设计的方案要表现明显的时代特征，在造型、工艺、材料、色彩等方面符合流行潮流，要求设计者能经常地、及时地根据人们的消费热点设计出客户乐意接受的设计方案。现代设计方案要求造型上突出与追求时代感，表现设计艺术多元化，充分体现智能、环保、多功能等。

要成功地应用流行性原则，就必须了解有关流行规律与理论。新材料、新工艺的应用，往往是新设计思路发展的先导；新的生活方式的变化和当代文化思想的影响，是新形式、新特点的动因；经济发展与社会安定是产生流行的条件。

1.2.2.4 创造性原则

设计过程就是创造过程，要求设计者应在现代设计科学的基本理论和现代设计方法基础上，应用创造性的设计原则，去进行新的设计开发工作，不断进行室内新功能的拓展，敢于采用对人体无害的绿色材料和新工艺，造型讲究时尚与前卫，技术上更多应用各种先进电子技术，使设计方案整体上智能化、个性化和多功能化。

1.2.2.5 绿色环保原则

可持续发展是所有现代工业必须遵循的基本原则，室内设计也不例外。首先，在空间组织、装饰设计中尽量多地利用自然元素和天然材质，创造自然、质朴的室内环境。其次，设计中尽量减少能源、资源的消耗，通过设计开发资源和材料的再生利用，考虑材料的回收再利用。再次，设计时提倡不做过度装饰，不做病态空间，减少视觉污染。

1.3 室内设计人员的知识领域与技能要求

室内设计是一门知识涵盖面较广的综合性新兴学科，涉及艺术、美学、社会学、环境心理学、人体工程学、材料学、建筑学等领域，其特殊性决定了室内设计者必须具备多方面的知识、技能和素养。

1.3.1 室内设计需要研究的内容

现代室内设计涉及的面很广，需要研究的问题也很多，但是设计的主要内容和研究的重点可以归纳为以下三个方面，这些方面相互之间又有一定的内在联系。

1.3.1.1 室内空间的组织和界面处理

室内设计的空间组织，包含平面布置，首先需要对原有建筑设计的意图充分理解，对建筑物的总体布局、功能分析、人流动向以及结构体系等有深入的了解，在室内设计时对室内空间和平面布置予以完善、调整或再创造。室内空间组织和平面布置必然包括对室内空间各界面围合方式的设计。

室内界面处理，是指对室内空间的各个围合——地面、墙面、隔断、顶面等各界面的使用功能和特点的分析，界面的形状、图形线脚、肌理构成的设计，以及界面和结构的连接构造，界面和风、水、电等管线设施的协调配合等方面的设计。这里需要强调一下，界面处理不一定要做"加法"。从建筑的使用性质、功能特点和设计风格方面考虑，一些建筑物的结构构件，也可以不加装饰，作为界面处理的手法之一，这正是单纯的装饰和室内设计在设计思路上的不同之处。

室内空间组织和界面处理，是确定室内环境基本形体和线形的设计内容，设计应以物质功能和精神功能为依据，考虑相关的客观环境因素和主观的身心感受。

1.3.1.2 室内照明、色彩设计和材质选用

正如达·芬奇所说的，"正是由于有了光，才使人眼能够分清不同的建筑形体和细部"。光照是人们对外界视觉感受的前提。室内照明是指室内环境的天然采光和人工照明，光照除了能满足正常的工作生活环境的采光、照明要求外，光照和光影效果还能有效地起到烘托室内环境气氛的作用。

色彩是室内设计中最为生动、最为活跃的因素，室内色彩往往给人们留下室内环境的第一印象。色彩最具表现力，通过人们的视觉感受产生的生理、心理和类似物理的效应，形成丰富的联想、深刻的寓意和象征。

光和色不分离，除了色光以外，色彩还必须依附于界面、家具、室内织物、绿化等物体。室内色彩设计需要根据建筑物的性格、室内使用性质、工作活动特点、停留时间长短等因素，确定室内主色调，选择适当的色彩配置。

材料质地的选用，是室内设计中直接关系到实用效果和经济效益的重要环节，巧于用材是室内设计中的一大学问。饰面材料的选用，同时具有满足使用功能和人们身心感受这两方面的要求，例如坚硬、平整的花岗石地面，平滑、精巧的镜面饰面，轻柔、细软的室内纺织品，以及自然、亲切的本质面材等。室内设计毕竟不能停留于一幅彩稿，设计中的形、色，最终必须和所选的材质构成相统一，在光照下，室内的形、色、质融为一体，赋予人们以综合的视觉心理感受。

1.3.1.3 室内内含物的设计和选用

室内的内含物包括家具、陈设、灯具、绿化等。这些室内设计的内容，相对地可以脱离界面布置于室内空间里，在室内环境中，实用和观赏的作用都极为突出。通常它们都处于视觉中显著的位置，家具还直接与人体相接触，感受距离最为接近。家具、陈设、灯具、绿化等对烘托室内环境气氛，形成室内设计风格等方面起到举足轻重的作用。

室内绿化在现代室内设计中具有不能代替的特殊作用。室内绿化具有改善室内空气和吸附粉尘的作用，更为重要的是，室内绿化使室内环境生机勃勃，带来自然气息，令人赏心悦目，起到柔化室内人工环境，在快节奏的现代社会生活中具有调节和平衡心理的作用。

上述室内设计内容所列的三个方面，其实是一个有机联系的整体：光、色、形体让人们能综合地感受室内环境，光照下界面和家具等是色彩和造型的依托载体，灯具、陈设又必须和空间尺度、界面风格相协调。

1.3.2 室内设计人员的技能要求

室内设计行业是一个综合性很强的行业，涉及多方面的知识。室内设计人员应当具备从事室内设计职业的良好素质与能力。

1.3.2.1 扎实的室内设计理论知识

室内设计理论知识是设计和创造的基础，作为室内设计人员，掌握必要的室内设计理论知识是必不可少的能力之一。这些理论知识包括室内设计构图法则（协调、比例、平衡、韵律、渐变、交替、重点）、人体工程学、三大构成原理

（平面构成、立体构成、色彩构成）、室内设计方法及程序、室内空间的处理方法、室内采光与照明、室内设计的风格流派等。如室内设计中所涉及的尺度、造型、色彩及其布置方式都应符合人体生理、心理尺度及人体各部分的活动规律，以便达到安全、实用、方便、舒适、美观之目的，创造出有利于人的舒适、合理的室内空间环境。

1.3.2.2 专业制图和识图能力

室内设计、工程施工离不开图样，技术革新、技术交流等也离不开图样。因此，图样被喻为工程界的技术语言，为了规范这种"语言"，国家制定了相关制图标准，对图样内容、格式和表达形式等都作了明确、统一规定。这些规定是设计部门、施工生产部门在绘图工作中必须遵守的法则。每个设计人员都必须掌握有关制图的基本知识，能看懂图样，并能熟练画出符合国家制图规范的设计图纸和施工图。

1.3.2.3 良好的手绘表达能力

手绘表现是室内设计人员的一门基本功。

一方面，手绘效果图是设计者抽象思维和具象表达之间进行实时的交流反馈的手段。设计者需要通过大量的草图来表达自己不同角度、不同感受下跳跃的设计思维，并通过对草图方案的分析和提炼，寻找出设计的基本元素，再由基本元素来逐步扩展为完整的设计方案直至最终的设计工作的完成，手绘是最能体现设计者心手合一的设计表现方法。设计者的设计创意和灵感往往瞬间即逝，需要在最短的时间内把其表现出来，而作为一名合格的设计工作者应具备较好的手绘功底，能够利用铅笔、钢笔、马克笔等绘图工具，快速完成对空间形体的塑造和色彩的表现。

另一方面，快速灵活的手绘表现形式，特别适合设计者与客户沟通和交流。快速手绘效果图是设计者在接单设计时思维最直接、最迅速的表现形式，其只需要表达出基本的空间效果，精度

要求不必太高，是向客户快速表达设计构想的有效手段。一幅优美的手绘效果图，不仅可以很好地向客户表达出设计者的设计构想，还能体现设计者的深厚艺术功底，增强客户对设计方案的认同感，在一定程度上提高了接单成功率。

1.3.2.4 熟练的软件操作能力

一个室内设计项目，在经过手绘设计草案定稿后，需要通过CAD、3D、Photoshop等设计软件将手绘设计草图转换成施工图和效果图等正式设计图，用来指导现场施工、材料选购以及工程报价。

电脑辅助设计优点，一是设计施工图尺寸绘制精确、图面清晰美观；二是便于修改和存档，设计者可以在原设计基础上根据需要做任意修改和调整，省时省力，同时设计的电子文件易于保存和对外交流，发达的网络资源使得电子资料和电子图库成为设计者主要的参考资源；三是强大的建模和模拟功能，通过3D等设计软件可以模拟出造型、色彩、材质、光影、空间效果都极度接近真实的室内空间环境，伴随着多媒体及动画软件的日益发达，这些软件也被运用到效果图的绘制中，可以虚拟出动态的室内环境，自由旋转观察空间，从多角度全方位的表现设计者的设计构想，同时也能让客户提前看到完整的使用空间设计效果，这是目前设计市场和投标市场非常流行的一种表现形式。

1.3.2.5 掌握装饰材料、施工与报价知识

建筑装饰材料是设计方案最终变成现实的物质基础，设计者了解装饰材料犹如画家了解颜料和画布性能一样，必将为设计者在设计创造过程中提供广阔的想象空间与实施空间。品种繁多的装饰材料用处不同、性能不一、材质各异，只有认识和掌握了材料，才能更合理的选材和用材。掌握装饰施工知识，施工图绘制才能准确详细，符合实际施工技术和施工条件，指导合理施工。此外，设计者还应熟悉各种装饰材料的价位、掌

握成本核算等知识，进行合理的成本核算和报价。在设计过程中，设计人员从客户的角度出发，为客户提出高质量的成本控制方案，还能提高接单的成功率。

1.3.2.6 与客户交流沟通能力

设计是一个服务性的行业，向客户提供设计服务。从接待洽谈到方案设计，从成本预算到施工合同签订，从材料选用到具体施工等一系列活动中，要求室内设计者除了要有精湛的室内设计方面的知识能力、认真的设计态度外，还需要有良好的沟通表达能力和说服力。

在设计业务活动中，首先设计者需要与客户进行交流探讨，了解客户对室内空间的设计意图和使用功能；第二，当图纸设计出来后，设计者需要将设计方案展示给客户，除了图纸上所表现的设计语言外，还需要清楚说明自己的设计思路、设计构想、要表达的风格和情感等，要准确明了地表达出来，要求设计师有很好的口头表达能力；第三，当设计方案在风格、功能、效果等方面与客户有分歧时，只要在合理的范围内，设计者应该利用自身的专业知识说服对方，保证设计的整体效果。

总之，室内设计是一门综合学科，室内设计从业人员除了应该具备上述基本知识和技能要求外，尤其是要成为一名优秀室内设计师，还应广泛涉猎建筑学、民俗传统等相关学科或领域的知识，具有丰富的工作及生活经验，并有效地将这些知识融入到室内设计中去，设计才具有实用性、艺术性和长久的生命力。

1.4 室内设计与建筑设计的关系

室内设计是在建筑设计施工提供了建筑物实体之后，对建筑物的内部空间进行设计装修，使建筑空间更加满足使用功能，更加展现艺术美感，提高使用舒适性和生活品质。没有建筑设计提供建筑实体，室内设计就成了空谈，无法将室内设计变为现实。为了使室内设计方案能够达到装饰施工技术规范和要求，确保装饰施工的可行性和安全性，很有必要站在室内设计的角度去了解建筑设计及建筑构造的一些基本知识。

1.4.1 建筑设计是室内设计的基础

一座优秀的建筑就是一件有个性、有生命的巨大艺术品。这件艺术品的呈现，首先需要建筑设计师的精心设计，然后通过建筑施工完成整体骨架，此时呈现的建筑物内部是不完整的，没有生命，不能真正体现出它的实用价值和艺术价值，还需要按照建筑设计的意图进行室内设计，

通过装饰施工实现建筑的实用价值和艺术价值，最终使建筑设计的主题更突出，形象更完善，内外更统一，整个建筑也就有了生命。室内设计者只有懂得建筑的性质、用途、结构和建筑设计的原则、方法与步骤，才能更好地理解建筑设计师的设计构思和设计意图。此外，室内设计施工过程中，要通过建筑设计的特点，综合考虑建筑结构，不能随意破坏建筑原有结构体系，保证装饰施工的安全，确保装饰施工质量。

因此，先有建筑设计作为基础，才能在这个基础上开展室内设计，室内设计是建筑设计的有机组成部分。

1.4.2 室内设计是建筑设计的再创造

室内设计是建筑设计的继续、深化和发展，是在已经确定的建筑空间实体中进行再创造。虽然室内设计是在建筑设计提供的实体下进行的，

但并非意味着室内设计只能消极和被动地适应建筑设计的意图而毫无主动性。恰恰相反，室内设计者完全可以积极地发挥聪明才智，发挥主观性和创造性，通过巧妙的构思和丰富多变的设计技巧，在一定的范围内演化建筑的主题，增强室内空间的艺术感染力，提高建筑的文化艺术品质和科技含量，突出建筑的风格特点，强化建筑的功能。甚至有时还可以在室内设计中，利用特殊手段来弱化或消除原有建筑设计中存在的缺陷和不足，创造出良好的内部空间视觉效果和更为完善的室内空间环境。

1.4.3 室内设计和建筑设计的异同

室内设计和建筑设计相辅相成，既有相同的一面，也有不同的一面。

相同的是：两者都有艺术属性，都要满足使用功能和精神需要，都不同程度地受到技术、材料和经济条件的制约，都要表现设计对象的风格与特点，都要符合构图规律和美学法则，都要运用比例与尺度、节奏与韵律、统一与对比等造型表现手法。可以说，建筑设计与室内设计的目的是一致的，手段和原则是相似的。

不同的是：建筑设计是创造总体、综合的时空关系，解决建筑的使用功能问题，如进行建筑平面和空间布局，处理建筑内部和外部的形象以及构造问题等。室内设计则不在于占有实际的空间大小，而是通过室内空间界面，创造理想的具体的时空关系。室内设计更重视生理和心理效果，更强调材料的质感、纹理和色彩的配置，灯光的运用以及细部的处理。室内设计与人们的活动更为密切，更为直接，室内环境几乎全部能为人感知，比建筑设计更精美细腻。

1.5 建筑物的分类、等级和模数制

室内设计要考虑被设计的对象是什么性质的建筑、功能是什么、建筑等级是什么等，这就必须对建筑物的分类和等级划分有所了解。同时，还应了解建筑统一模数制的相关知识，以便更好地了解建筑组成部分相关尺寸的规律和依据。

1.5.1 建筑物分类

建筑物按其使用性质、功能、结构等的不同，其分类方法有多种形式。

（1）按使用功能分

建筑物按使用功能分有民用建筑、工业建筑和农业建筑三种。

①民用建筑

民用建筑主要是指供人们工作、学习生活、居住等类型的建筑。建设部、国家质检总局发布的《民用建筑设计通则》（GB 50352—2005）对民用建筑的分类给出了具体明确的规定，将民用建筑分为居住建筑和公共建筑两类。

居住建筑 包括住宅建筑（如：住宅、公寓、老年人住宅等）和宿舍建筑（如：单身宿舍或公寓、学生宿舍或公寓等）。

公共建筑 是除了居住建筑以外的其他民用建筑。公共建筑又可以根据不同的功能特点进一步细分为如下12类建筑：

教育建筑——各类大、中、小学教学楼及相关建筑。

办公建筑——各级立法、司法、党委、政府办公楼，商务、企业、事业、团体、社区办公楼等。

科研建筑——实验楼、科研楼、设计楼等。

文化建筑——剧院、电影院、图书馆、博物馆、档案馆、文化馆、展览馆、音乐厅、礼堂等。

商业建筑——百货公司、超市、菜市场、旅馆、饮食店、银行、邮局等。

体育建筑——体育场、体育馆、游泳馆、健身房等。

医疗建筑——综合医院、专科医院、康复中心、急救中心、疗养院等。

交通建筑——汽车客运站、港口客运站、铁路旅客站、空港航站楼、地铁站等。

司法建筑——法院、看守所、监狱等。

纪念建筑——纪念碑、纪念馆、纪念塔、故居等。

园林建筑——动物园、植物园、游乐园、旅游景点建筑、城市建筑小品等。

综合建筑——多功能综合大楼、商住楼、商务中心等。

②工业建筑

工业建筑是指用于从事工业生产的各种房屋（一般称厂房）。现代工业要求有现代化的工业建筑相配合，这一类型也是建筑范围中重要的一部分，包含各种生产和生产辅助用房，后者如仓库、动力设施等。

按生产性质——黑色冶金建筑、纺织工业建筑、机械工业建筑、化工工业建筑、建材工业建筑、轻工工业建筑等。

按厂房用途——主要生产厂房、辅助生产厂房、动力用厂房、附属储藏建筑等。

按厂房层数——单层工业厂房、多层工业厂房、混合工业厂房。

③农业建筑

农业建筑指用于从事农业生产的各类建筑，如各类饲养场、农副产品加工厂、种子库、温室等。

（2）按施工方法分

建筑物按施工方法分有预制装配式、现场浇筑式两种。

① 预制装配式

预制装配式建筑的主要构件先在专门的场地预制完成，然后将预制构件搬运到施工现场进行装配。预制装配式具有批量化生产、工期短、造价低、工艺简单的优点，但预制板的抗震性能差、板面不如现浇板平整，若施工处理不当易在建筑沉降时容易造成楼板开裂、漏水，不宜在楼板上按住户要求随意砌筑隔墙，否则会因各板块间受力不均匀可能造成楼板塌陷。预制装配式施工方法正逐步被淘汰，仅在一些不重要的少数建筑上使用。

② 现场浇筑式

现场浇筑式简称"现浇式"，是指依照设计位置，在现场进行支模、绑扎钢筋、浇筑混凝土，再经养护、拆模等工艺完成建筑的横梁、柱子、框架、楼板等主要构件。采用现浇方式的建筑整体刚性好、抗震能力强、防水性能好、结构布置灵活、构件形状几乎不受限制、预留孔洞准确、布置管线方便等优点，是现代重要建筑使用非常广泛的施工方式。但这种施工方式也存在模板用量大、现场施工工艺复杂、施工期长、受施工季节影响大和造价较高等不足。

（3）按建筑层数或总高度分

按照建筑的层数和高度可以将民用建筑分为低层建筑、高层建筑等。对于居住建筑和公共建筑，具体的分类方法略有不同。

① 居住建筑

按照建筑高度和层数的不同，居住建筑可以分为如下五类：

低层建筑——建筑层数为1～3层的建筑。

多层建筑——建筑层数为4～6层的建筑。

中高层建筑——建筑层数为7～9层的建筑。

高层建筑——建筑层数为10层及以上的建筑。

超高层建筑——建筑高度超过100m的建筑。

② 公共建筑

按照建筑高度和层数的不同，公共建筑可以分为如下几类：

单层、低层和多层建筑——建筑高度不超过24m的公共建筑。

高层建筑——建筑高度超过24m的公共建筑（不包括建筑高度超过24m的单层建筑）。

超高层建筑——建筑高度超过100m的公共建筑。

（4）按建筑物主要承重结构材料分类

建筑物按建筑物主要承重结构材料分有砖木结构建筑、砖混结构建筑、钢筋混凝土结构建筑、钢结构建筑以及多种材料组成的复合结构等几种。

① 砖木结构

砖木结构建筑的竖向承重用砖或砌块砌筑成墙、柱，以木结构形成楼板和屋架等。由于这种结构受力学与强度的限制，一般砖木结构的建筑层数不超过3层。这种结构建造简单，材料容易准备，费用较低，通常用于农村的屋舍、庙宇等。为节约木材，砖木结构建筑在我国用得越来越少。

② 砖混结构

砖混结构是指建筑物中竖向承重结构的墙、柱等采用砖或砌块砌筑，横向承重的梁、楼板、屋面板等采用钢筋混凝土结构。这种结构以小部分钢筋混凝土及大部分砖墙承重，适合开间进深和房间面积较小的低层或多层建筑。

③ 钢筋混凝土结构

钢筋混凝土结构建筑的梁、柱、屋顶均用钢筋混凝土制成，其墙面则用砖、混凝土或其他材料。这类建筑具有坚固、耐久、防火性能好和比钢结构节省钢材等优点，常用于现代高层建筑中。

④ 钢结构建筑

钢结构建筑的梁、柱、屋架等承重构件用钢材，楼板为钢筋混凝土，墙用砖或其他材料。钢结构建筑在环保、节能、高效、工厂化生产等方面具有明显优势。深圳高325m的地王大厦、上海浦东高421m的金茂大厦、北京的京广中心等大型建筑都采用了钢结构。

1.5.2 建筑物等级划分

建筑物的等级可以按建筑的耐久性和耐火性能划分。

（1）耐久等级

确定建筑物耐久等级的重要指标是建筑物的使用年限，使用年限的长短是依据建筑物的重要性、规模大小以及建筑物的质量标准决定的。《民用建筑设计通则》（GB 50352—2005）中规定了不同建筑物的设计使用年限，详见表2-1。

（2）耐火等级

建筑物的耐火等级是由建筑物构件的燃烧性能和耐火极限决定的。

为了保证建筑物的安全，必须采取必要的防火措施，使之具有一定的耐火性，即使发生了火灾也不至于造成太大的损失，通常用耐火等级来表示建筑物所具有的耐火性。一座建筑物的耐火等级不是由一两个构件的耐火性决定的，而是由组成建筑物的所有构件的耐火性决定的，即是由组成建筑物的墙、柱、梁、楼板等主要构件的燃烧性能和耐火极限决定的。

我国现行规范选择楼板作为确定耐火极限等级的基准，因为对建筑物来说楼板是最具代表性的一种至关重要的构件。在制定分级标准时首先确定各耐火等级建筑物中楼板的耐火极限，然后将其他建筑构件与楼板相比较，在建筑结构中所

表2-1 建筑设计使用年限分类

类别	设计使用年限	示例
1	5年	临时性建筑
2	25年	易于替换结构构件的建筑
3	50年	普通建筑和构筑物
4	100年	纪念性建筑和特别重要的建筑

占的地位比楼板重要的，可适当提高其耐火极限要求，否则反之。

按照我国国家标准《建筑设计防火规范》（GB 50016—2006），建筑物的耐火等级分为四级，一级最高，四级最低。一般说来：

一级耐火等级建筑——钢筋混凝土结构或砖墙与钢混凝土结构组成的混合结构。

二级耐火等级建筑——钢结构屋架、钢筋混凝土柱或砖墙组成的混合结构。

三级耐火等级建筑——木屋顶和砖墙组成的砖木结构。

四级耐火等级建筑——木屋顶、难燃烧体墙壁组成的可燃结构。

1.5.3 建筑统一模数

建筑模数的协调统一，有利于建筑制品、建筑构配件和组合件实现工业化大规模生产，使不同材料、不同形式和不同制造方法的建筑构配件、组合件符合模数并具有较大的通用性和互换性，以减少构件类型，提高建筑标准化和工业化水平，加快建设速度，提高施工质量和效率，降低建筑造价。

我国现行的《建筑模数协调统一标准》（GBJ 2-86）是建筑设计、施工、构件制作和科学研究等活动的尺寸依据，适用于一般民用与工业建筑物的设计，以及各种建筑制品、构配件、组合件的尺寸和设备、家具等的协调尺寸。

（1）基本模数

基本模数是模数协调中的基本单位，用符号M表示，数值为100mm，1M＝100mm。

（2）导出模数

导出模数是在基本模数上发展出来的、相互间存在一定联系的模数，包括扩大模数和分模数。

① 扩大模数

扩大模数是基本模数的整数倍数，主要适用于门窗洞口，构配件、建筑开间（柱距）、进深（跨度）和建筑物的高度、层高等尺寸。

用于水平尺寸的扩大模数基数为3M、6M、12M、15M、30M、60M，其相应的尺寸分别为300mm、600mm、1200mm、1500mm、3000mm、6000mm；用于竖向尺寸的扩大模数基数为3M和6M，其相应的尺寸分别为300mm和600mm。

② 分模数

分模数是用整数除以基本模数后的数值，可以满足细小尺寸的需要，主要适用于构件之间的缝隙、构造节点和构配件截面等尺寸。

分模数基数为1/10M、1/5M、1/2M，其相应的尺寸分别为10mm、20mm、50mm。

1.6 建筑物的组成及其构造

建筑的种类繁多，它们的使用功能也不尽相同，在外形、大小、平面布置及材料选用上都有各自的特点和不同程度的差异，但都是由建筑构件以不同方式组合形成。基础、墙柱、楼地层、楼梯、屋顶和门窗等是建筑的主要构件，是建筑物的主要组成部分，如图1-2所示。对不同形式的构件应选用不同的装饰方法，特别是装饰施工工艺上差别大的构件。

1.6.1 基础

在建筑工程中，把建筑物与土层直接接触的构件称为基础，是位于建筑物下部的承重构件。它承受着建筑物的全部荷载，并将这些荷载传给地基。作为基础，必须坚固、稳定，且能抵抗冰冻、地下水、地下潮气及化学物质的侵蚀作用。

基础的类型很多，基础构造形式的确定随建

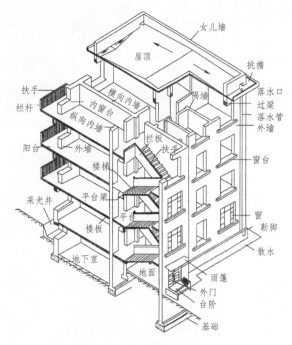

图1-2 一般建筑的结构组成

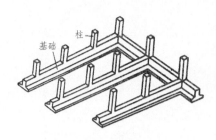

图1-3 条形基础

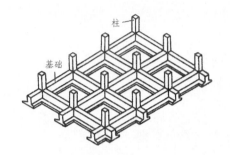

图1-5 井格式基础

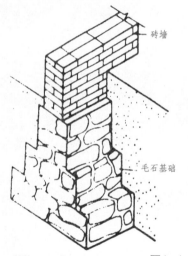

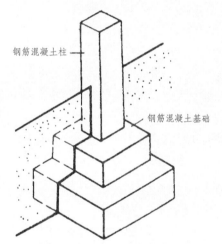

图1-4 独立式基础

筑物上部结构形式、荷载大小及地基土质情况而定。在一般情况下,上部结构形式直接影响基础的形式,但当上部荷载增大,且地基承载能力有变化时,基础形式也随之变化。常见基础有以下几种:

(1)条形基础

当建筑物上部结构采用砖墙或石墙承重时,基础沿墙身设置,多做成长条形,这种基础称条形基础或带形基础,它往往是砖、石墙基础的基本形

式,其构造如图1-3所示。

(2)独立式基础

当建筑物上部结构采用框架结构或单层排架及门架结构承重时,其基础常采用方形或矩形的单独基础,这种基础称独立式基础或柱式基础,它是柱下基础的基本形式,其构造如图1-4所示。

(3)井格式基础

当框架结构处在地基条件较差的情况时,为

了提高建筑物的整体性，以免各柱子之间产生不均匀的沉降，常将柱下基础沿纵、横方向连接起来，做成十字形交叉的井格基础，故又称十字带形基础，其构造如图1-5所示。

（4）筏式基础

当建筑物上部荷载较大，而所在的地基又比较弱，这时采用简单的条形基础或井格式基础已不能适应地基变形的需要时，常将墙或柱下基础连成一片，使整个建筑物荷载承受在一块整板上，这种满堂式的板式基础，称为筏式基础，其构造如图1-6所示。

（5）箱式基础

箱式基础是由钢筋混凝土的底板、顶板和若干纵横墙组成的，形成空心箱体的整体结构。基础的中空部分，可用作地下室，有的还可形成多层地下室，其构造如图1-7所示。

以上是常见的几种基本构造形式。也有按所用材料及受力特点区分的刚性基础和非刚性基础，此外，我国各地还因地制宜地采用了许多不同材料、不同形式的基础，如灰土基础、壳体基础等。

1.6.2 柱子和墙体

柱子是框架或排架等结构的主要承重构件，它承受梁或屋架传来的各种荷载，再将这些荷载传给基础。因此，柱子须要有足够的强度和稳定性。此外，柱子的应用还可以扩大建筑空间，提高建筑空间的灵活性。

墙体是建筑物的围护构件，有的还是承重构件，下面重点对墙体进行介绍。

（1）墙体的类型

① 按位置和方向分

墙体依其在房屋所处的位置和方向不同，有

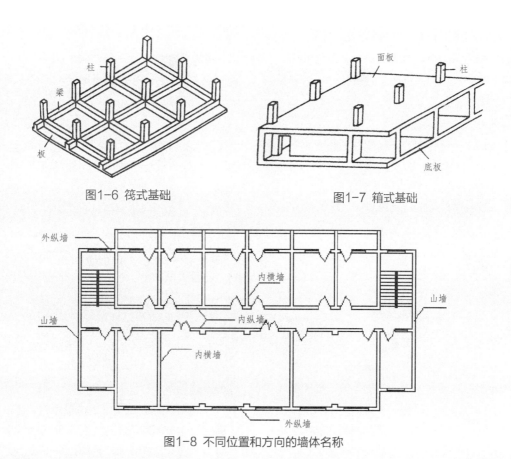

图1-6 筏式基础

图1-7 箱式基础

图1-8 不同位置和方向的墙体名称

内墙、外墙和纵墙、横墙之分，如图1-8所示。

外墙位于建筑物的外周，是房屋的外围保护结构，可以抵御室外风、霜、雨、雪等侵袭，起到承重、保温、隔热的作用，又称为外围护墙；内墙位于建筑内部，主要起承重和分隔内部空间的作用。

纵墙是指沿建筑物长轴方向布置的墙体，分为外纵墙和内纵墙；横墙是指沿短轴方向布置的墙体，分为外横墙和内横墙，外横墙又称为山墙。

窗与窗之间或窗与门之间的墙体称为窗间墙；底层窗下的墙体称为窗下墙；平屋顶四周高出屋面的墙体称为女儿墙。

② 按承重情况分

墙体作为建筑物竖向围护构件，按结构受力情况不同，有非承重墙和承重墙之分。非承重墙不承受除自身重量外的其他荷载，一般包括隔墙、填充墙和幕墙等。承重墙直接承受上部屋顶、楼板所传来荷载，并将其传至基础。有的施工图纸在平面图中将承重墙部分以黑色填充或加粗的形式来表示。在进行室内设计时，对承重墙的改造要十分谨慎。

③ 按墙体材料分

墙体按所用的材料有砖墙、钢筋混凝土墙、砌块墙、玻璃砖墙、石墙和土墙等。

④ 按构造分

墙体按构造方式有实体墙、空心墙和复合墙等。实体墙由单一材料组成，如砖墙、砌块墙等。空心墙的墙体内部为空腔构造，如空心砖墙，空心砌块墙和空心板材墙等。复合墙是由两种或两种以上材料构成的墙体。

⑤ 按施工方式分

墙体按施工方式有叠砌墙、板筑墙和装配式板材墙。叠砌墙是由各种加工好的块材，用砂浆按一定的技术要求砌筑而成的墙体。板筑墙体是直接在墙体部位支模板，在模板内浇筑混凝土或夯筑黏土，经振捣密实而成的墙体。装配式板材墙是将由工厂生产的大型板材，在现场安装而成

的墙体。

由上述可知，正是由于墙体种类的不同和所起作用的不同，要求其分别具有足够的强度、稳定性、保温、隔热、隔声、防火、防水等功能以及具有一定耐久性。

（2）墙体材料

根据墙体用料的不同有土墙、石墙、砖墙等传统墙体，有利用工业和天然废料的各种砌块墙体，如加气混凝土、硅酸盐、火山灰砌块等，还有各种混凝土砌块墙和板材墙等。

砖墙是用砂浆等胶结材料把砖按一定方式砌筑而成的砌体。砖和砂浆等胶结材料是砌砖体的主要材料。

① 墙砖（砌块）

墙砖或砌块的种类较多，按制作工艺分为烧结砖和非烧结砖，按形状可分为实心砖、多孔砖和空心砖。常用的有经焙烧的普通黏土砖、多孔砖、空心砖和不经焙烧的加气砖、粉煤灰砖、炉渣砖、灰砂砖等。

普通黏土砖 普通黏土砖（即烧结实心黏土砖，俗称红砖）的规格是统一的，称为标准砖，其规格尺寸（长×宽×高）为240mm×115mm×53mm，加上砌筑时所需要的灰缝尺寸（灰缝宽度按10mm计算），长、宽、高之比为4∶2∶1。砖墙的厚度需与砖的尺寸相适应，尽量避免多砍砖以节约材料和提高砌筑效率。由标准砖砌筑的墙体尺寸一般为砖宽的倍数，砖墙厚度由承重和使用要求决定，并符合砖的尺寸。不同砖墙厚度见表1-2。由于实心黏土砖的生产制造需要大量黏土，对大量的农田造成了一定的破坏，现在已被限制使用。

多孔砖 烧结多孔砖简称多孔砖，是以黏土、页岩、煤矸石或粉煤灰为主要原料，经焙烧而成的砖。多孔砖的孔洞多与承压面垂直，单孔尺寸小，孔洞分布合理，非孔洞部分砖体较密实，具有较高的强度，主要用于承重部位。多孔砖有自重轻、生产能耗低、施工效率高等优点，相比普通黏土砖，可使建筑物自重减轻30%左右，节

表1-2 墙体厚度与实际尺寸

墙厚名称	习惯称呼	实际尺寸（mm）	墙厚名称	习惯称呼	实际尺寸（mm）
半砖墙	12墙	115	一砖半墙	37墙	365
3/4砖墙	18墙	178	二砖墙	49墙	490
一砖墙	24墙	240	二砖半墙	62墙	615

表1-3 国家标准规定的加气砖规格　　　　　　　　　　　　　　　　　mm

长度	600
宽度	100、125、120、150、180、200、240、250、300
高度	200、240、250、300

注：也可根据尺寸需要，向生产厂家定制特种规格的加气砖。

约黏土20%～30%，节省燃料10%～20%，施工效率提高40%，并改善砖的隔热隔声性能。试验证明，190mm厚的多孔砖墙相当于240mm厚的普通实心黏土砖墙的保温能力。目前多孔砖分为P型（240mm×115mm×90mm）砖和M型（190mm×190mm×90mm）砖。推广使用多孔砖和空心砖是我国加快墙体砖材料改革的重要措施之一。

加气砖　加气砖是以硅质材料（砂、粉煤灰及含硅尾矿等）和钙质材料（石灰、水泥）为主要原料，掺加发气剂（铝粉），通过配料、搅拌、浇注、预养、切割、蒸压、养护等工艺制成的轻质多孔硅酸盐砌块。因其经发气后含有大量均匀而细小的气孔，故又名"蒸压加气混凝土砌块"。加气砖最大优势在于节约土地资源，不用浪费大量的耕地，原料来源非常的广泛。这种砖具有密度小、保温性能高、吸音效果好，具有一定的强度和可加工性等优点，主要用于非承重的填充墙和隔墙（有的经特殊结构处理后可用于承重墙），是我国推广应用较早和较广泛的轻质墙体材料之一。国家标准规定的加气砖规格参见表1-3。

②砂浆

砂浆是砌体的胶结材料，按其所用的胶结材料不同，有水泥砂浆、石灰砂浆和混合砂浆三种。

水泥砂浆由水泥、砂子加水拌和而成，属于水硬性材料，强度高，较适合于砌筑潮湿环境下的砌体。

石灰砂浆由石灰膏、砂子加水拌和而成，属于气硬性材料，强度不太高，适用于砌筑次要的或临时性的民用建筑中地面以上的砌体。

混合砂浆由水泥、石灰膏、砂子加水拌和而成，这种砂浆强度较高，和易性和保水性较好，应用较多，常用于砌筑地面以上的砌体。

（3）砖墙构造

①门窗过梁

当在墙体上开设门窗洞口时，需在洞口上设置横梁，支撑门窗洞口上部墙体的荷载，并将这些荷载传递至两侧的窗间墙，这个横梁即为过梁。通常有钢筋混凝土过梁、钢筋砖过梁和砖拱过梁等。

平拱砖过梁　如图1-9（a），平拱高度多为一砖或一砖半，将立砖和侧砖相间砌筑，并使灰缝上宽下窄，相互挤紧形成拱的作用。平拱过梁适用于门、窗洞口宽度为1m左右，上部无集中荷载的情况。对于地基承载能力不均或有很大振动荷载的建筑都不宜采用。

钢筋砖过梁 如图1-9（b），钢筋砖过梁是在平砌的砖缝中配置适量的钢筋。钢筋两端伸入墙内至少240mm，并加弯起。钢筋直径不小于5mm，间距不大于120mm。过梁高度不小于5皮砖，且不小于门、窗洞口宽度的1/4。过梁跨度一般为1.5m左右。

钢筋混凝土过梁 承载能力强，可用于较宽的门窗和洞口，对房屋不均匀沉降或震动有一定的适应性，应用较广泛，如图1-9（c）。过梁的宽度一般同墙厚，高度按结构计算确定，并与砖的皮数相配合，如60mm、120mm、180mm等。过梁的两端伸入墙内不小于240mm。按施工方法不同，钢筋混凝土过梁分为现浇和预制两种。

②圈梁

圈梁是沿建筑物外墙及部分内墙中设置的连续而闭合的梁，如图1-10所示。由于圈梁是连续围合的构件形成的梁，所以又叫作环梁。在房屋的基础上部的连续的圈梁叫基础圈梁，也叫地圈梁，而在墙体上部，紧挨楼板的圈梁叫上圈梁。圈梁的主要作用是增强建筑物的整体刚度，减少地基不均匀沉陷引起墙体开裂，提高抗震能力。

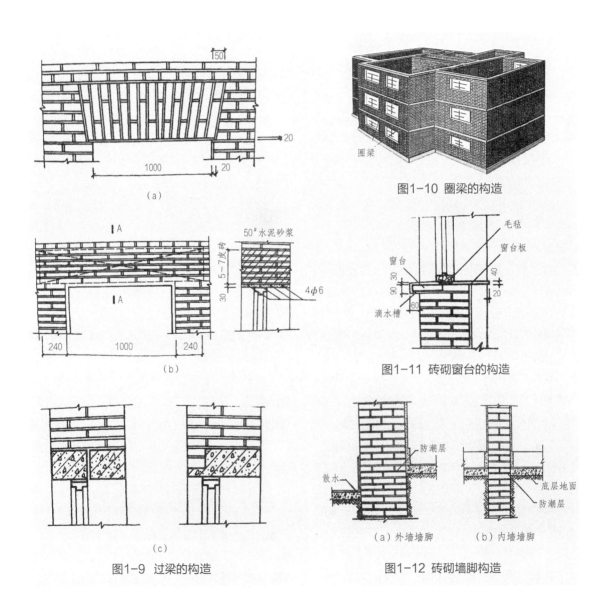

（a）

图1-10 圈梁的构造

（b）

图1-11 砖砌窗台的构造

（c）

图1-9 过梁的构造

图1-12 砖砌墙脚构造

（a）外墙墙脚　　（b）内墙墙脚

圈梁的数量根据建筑高度、层数、墙厚、地基条件和地震等因素确定，可设一道、两道或多道圈梁。当建筑物只设一道圈梁时，圈梁的位置应在顶层墙的顶部。当圈梁数量较多时，可分别设在基础顶部、楼板层或门、窗过梁处增设一道或多道圈梁。在地震区应每层或至少隔层设一道圈梁。圈梁一般用钢筋混凝土建造，分现浇和预制两种，也可做钢筋砖圈梁。

③ 窗台

窗台的作用在于将窗面流下的雨水排除，防止润湿和污染墙面。窗台的构造如图1-11所示，通常有砖砌窗台与混凝土窗台，寒冷地区宜用砖砌窗台。砖砌窗台可平砌和侧砌，一般向外挑出1/4砖。窗台表面用1:3水泥砂浆抹面，并作排水坡度，挑砖下部做滴水槽。

④ 墙脚

墙脚通常指基础以上、室内地面以下那段墙体。墙脚包括勒脚、墙身防潮层、散水和明沟等，如图1-12所示。

勒脚 结构设计中对建筑物的外墙与室外地面的接触墙体部位（即窗台以下一定高度范围内）进行外墙加厚，这段加厚部分称为勒脚。勒脚的作用是防止地面水、屋檐雨水的侵蚀，从而保护墙面，保证室内干燥，提高建筑物的耐久性，也能使建筑的外观更加美观。勒脚部位可外抹水泥砂浆、刷防水涂料、贴石材、贴陶瓷墙面砖等防水耐久的材料。一般来说，勒脚的高度不应低于700mm，应与散水、墙身水平防潮层形成闭合的防潮系统。

防潮层 由于砌体的毛细管作用，地基土中的水分沿砖墙上升，使墙身受潮，导致墙面装修剥落、发霉、冻融破坏，外墙受损尤为严重。所以，在墙身一定部位处应设防潮层。根据所用材料不同，防潮层一般有油毡防潮层、防水砂浆防潮层和细石混凝土防潮层等。

如果墙脚采用不透水材料（如条石或混凝土等），或设有钢筋混凝土地圈梁时，可以不设防潮层。

散水和明沟 散水是设置在外墙四周向外倾斜的坡面，用以排除勒脚附近的地面水，防止其浸入地基。散水的宽度应根据土壤性质、气候条件、建筑物的高度和屋面排水形式确定，一般为600mm～1000mm。当屋面采用无组织排水时，散水宽度应大于檐口挑出长度200mm～300mm。为保证排水顺畅，一般散水的坡度为3%～5%左右，散水外缘高出室外地坪30mm～50mm。散水常用面层材料有细石混凝土、卵石、块石等。

另外，在年降雨量较大的地区也可采用明沟将建筑物周边的雨水导入城市地下排水管网系统。明沟宽度一般为200mm左右，材料为混凝土、砖等。

建筑设计中，为防止房屋沉降后，散水或明沟与勒脚结合处出现裂缝，在此部位应设散水伸缩缝，并用弹性材料进行柔性连接。

⑤ 变形缝

为了防止因气温变化、地基不均匀沉降以及地震等因素使建筑物发生裂缝或导致破坏，设计时预先在变形敏感部位将建筑物断开，分成若干个相对独立的单元，且预留的缝隙能保证建筑物有足够的变形空间，设置的这种构造缝称为变形缝。变形缝有伸缩缝、沉降缝和抗震缝三种。

伸缩缝 当建筑物很长时，建筑物构件会因气候温度变化（热涨、冷缩）产生伸缩变形而导致结构产生裂缝而遭破坏，为防止此类情况发生，沿房屋长度方向的适当部位事先设置一条竖向构造缝，这条构造缝称为伸缩缝（也称温度缝）。

伸缩缝要求除基础外，墙、楼地层和屋顶全部断开，使建筑物可沿长度方向水平伸缩。伸缩缝宽一般为20mm～30mm，为防止透风、漏雨，缝内常用浸沥青的麻丝或岩棉等松软材料嵌填。

沉降缝 为防止建筑物各部分由于地基不均匀沉降引起房屋破坏，所设置的垂直构造缝称为沉降缝。

当建筑物建造在不同土质且性质差别较大的

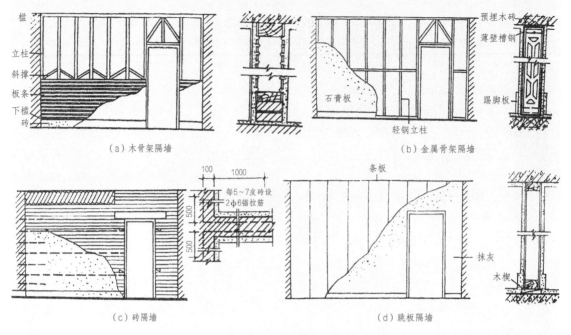

图1-13 隔墙构造

地基上，或建筑物相邻部分的高度、荷载和结构形式差别较大，以及相邻墙体基础埋深相差悬殊时，为防止建筑物出现不均匀沉降，以致产生错位变形开裂，应在复杂的平面和体型转折处、高度变化处、荷载显著不同的部位和地基压缩性有显著不同处设置贯通的垂直缝隙，将建筑物划分若干个可以自由沉降的独立单元。沉降缝同伸缩缝的显著区别在于沉降缝是从建筑物基础到屋顶全部贯通。

沉降缝的构造与伸缩缝基本相同，宽度随建筑高度和地基状况而异，一般为30mm～70mm。

地震缝 在地震区为防止地震力对建筑的破坏，应设抗震缝，将建筑物分成若干体型简单、结构刚度均匀的独立单元，抗震缝应沿建筑物全高设置。其构造与沉降缝大体相同，以免地震发生时相互碰撞。

有很多建筑物对这三种接缝进行了综合考虑，即所谓的"三缝合一"。

⑥隔墙构造

对隔墙的基本要求是：自重小，以便减小对地板和楼板层的荷载；厚度薄，以增加建筑的使用面积，并根据具体环境要求隔声、耐水、耐火等。另外，考虑到房间的分隔随着使用要求的变化而变更，因此隔墙应尽量便于拆装。隔墙按构造形式可分为骨架隔墙、砌筑隔墙、条板隔墙三种类型，如图1-12所示。

骨架隔墙 骨架隔墙按骨架所用的材料不同，分为木骨架隔墙和金属骨架隔墙。

木骨架隔墙是由上槛、下槛、立柱和斜撑等组成骨架，然后在立柱两侧铺钉木板条，抹麻刀灰。为防水、防潮，可先在隔墙下部砌3～9皮黏土砖。木骨架隔墙的优点是质轻、壁薄、便于拆卸，缺点是耐火、耐水和隔声性能差，并且耗用木材较多，如图1-13（a）所示。

金属骨架隔墙也称轻钢龙骨隔墙，一般用薄壁型钢做骨架，两侧用自攻螺钉固定纸面石膏板、硅钙板或其他板材，如图1-13（b）所示。

砖砌筑隔墙 是用普通黏土砖或多孔砖顺砌或侧砌而成，如图1-13（c）所示。因墙体较薄，稳定性差，因此需要加固。对顺砌隔墙，若高度超过3m，长度超过5m，通常每隔5～7皮砖，在纵横墙交接处的砖缝中放置两根直径4mm～6mm锚拉钢筋。在隔墙上部和楼板相接处，须用立砖斜砌。当隔墙上设门时，则须用预埋铁件或木砖将门框拉结牢固。

除普通砖砌隔墙外，也有用比普通砖体积大、容重小的砌块砌筑，常见的有加气混凝土、硅酸盐、水泥炉渣块等。

条板隔墙　常用的条板有加气混凝土板、多孔石膏板、碳化石灰板、水泥木丝板等，厚度大多为60mm～100mm，宽约600mm～1200mm，高度同房间高度，如图1-13（d）所示。安装时在楼地层上用对口木楔在板底将板楔紧，纵向板缝用胶结材料胶结。

1.6.3 楼地层

楼地层包括楼板层和地板层（也叫"地坪层"），是多层建筑水平方向的承重构件，也是分隔上下空间的隔离构件。楼地层除承受并传递垂直荷载和水平荷载外，还应具有一定程度的隔声、防火、防水等作用。同时，建筑物中的各种水平设备管线，也可在楼板层或地板层内安装。

（1）楼板层

楼板层有分隔上下楼层空间作用，根据所采用的材料的不同，可分为木楼板、砖拱楼板、钢筋混凝土楼板以及钢衬板承重楼板等多种类型。楼板层结构通常由楼板面层、楼板结构层、附加层和楼板顶棚层四部分组成。

① 楼板层面

楼板层面也称为楼面或地面，位于楼板层的最上层，起保护楼板层、分布荷载和各种绝缘作用，同时也对室内起到装饰的作用。

② 楼板结构层

楼板结构层是楼板层的承重部分，包括楼板和横梁。主要功能在于承受楼板层上的全部静荷载和动荷载，并将这些荷载传给墙体或柱子，同时还对墙体起水平支撑作用，帮助墙体抵抗由风或地震所产生的水平力，以增强建筑物的整体刚度。楼板结构层可分为预制钢筋混凝土楼板和现浇钢筋混凝土楼板两种类型。

预制钢筋混凝土楼板　是工厂定型和成批生产的产品，然后将其搬运到施工现场再进行装配，如图1-14所示。预制钢筋混凝土楼板有多孔板、槽形板和平板等类型，其中使用最为普遍的是多孔板。多孔板上下两面平整，做地面和顶棚都较为方便。多孔板的规格通常符合3M的扩大模数即300mm的整数倍，板跨长度有：2100mm、2400mm、2700mm、3000mm、3300mm、3600mm、4200mm等规格，宽度有：600mm、900mm、1200mm等规格。板厚根据跨度确定，并与砖砌体的皮数相匹配，如110mm、170mm等。

现浇钢筋混凝土楼板　由板、次梁、主梁组成，板和梁连成一个整体，如图1-15所示。板的荷载先传到次梁，由次梁将荷载传到主梁，最后传到承重墙、柱子、基础和地基上。一般主梁的跨度为5m～8m，梁的高度为其跨度的

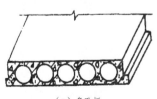
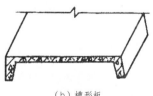
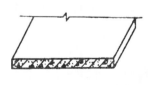

（a）多孔板　　　　　　　　（b）槽形板　　　　　　　　（c）平板

图1-14　预制钢筋混凝土楼板

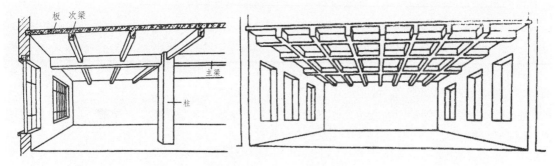

图1-15 现浇钢筋混凝土楼板

1/14～1/8，梁的宽度为梁高的1/3～1/2。次梁跨度为4m～6m，次梁高为跨度的1/18～1/12，次梁宽为高度的1/3～1/2。楼板跨度通常为1.7m～2.7m，板厚60mm～80mm。当房间面积较大时，常考虑采用主次梁截面相等的井字梁楼板，如果房间较小，可不设主梁或仅设板不设梁。

现浇钢筋混凝土楼板建造须现场支模、绑扎钢筋、浇灌混凝土和现场养护。其优点是楼板尺寸不受定型产品的限制，可制成任何复杂形状、便于预留孔洞。当楼板防漏、整体性要求较高时或构件制作、运输、吊装有困难时，可采用这种做法。它的缺点是耗费木材、施工程序多、工期长，且受季节和气候的影响。

③ 附加层

附加层又称功能层，根据楼板层的具体要求而设置，主要作用是隔声、隔热、保温、防水、防潮、防腐蚀、防静电等，是现代楼板结构中不可缺少的部分。根据需要，有时和楼板面层合二为一，有时又和顶棚合为一体。

④ 楼板顶棚层

楼板顶棚层是楼板层的下面部分，主要作用是保护楼板、安装灯具、遮掩各种水平管线及设备，以改善使用功能、装饰美化室内空间。在构造上作，楼板顶棚层可分为直接粉刷顶棚、粘贴类顶棚和悬吊顶棚等多种形式。

（2）地板层

地板层分隔大地与建筑底层空间，是底层

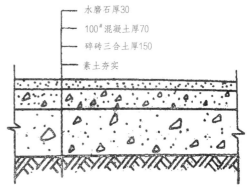

图1-16 混凝土地层构造

房间与人直接接触的部分，可分为木地层和混凝土地层，以混凝土地层最为普遍。地层的组成分面层、结构层和垫层。根据土壤承载能力及施工方法，有时可不设垫层，如图1-16所示。结构层可以是混凝土、碎砖三合土及灰渣三合土等，以混凝土最为普遍。混凝土地层承载力大、防水、施工简便，一般用75#混凝土，厚度为70mm～100mm，荷载大时可用碎砖或灰渣三合土，厚约150mm。地层要符合坚固、卫生、经济等方面要求。由于接近地基，应有隔潮和保温要求，尤其是在寒冷地区。

1.6.4 楼梯

楼梯是建筑中楼层间的垂直交通设施，用以不同层高之间上下联系和紧急疏散。它应有足够的通行能力和疏散能力，做到上下通行方便，便于搬运家具用品，并符合坚固、稳定、耐久、安全、防火等要求。此外，楼梯还有一定的美观要求。在设有电梯、自动扶梯作为主要垂直交通手段的多层和高层建筑中也要设置楼梯，高层建筑尽管采用电梯作为主要垂直交通工具，但仍然要保留楼梯供火灾时逃生之用。

根据建筑平面布置、楼梯间空间大小和形状以及空间观感等，楼梯的形式多种多样，楼梯按梯段可分为单跑楼梯、双跑楼梯和多跑楼梯，梯段的平面形状有直线的、折线的和曲线的。楼梯由梯段、平台及栏杆扶手三部分组成。

（1）楼梯梯段和平台

楼梯设有踏步供层间上下行走的段落，称为梯段。为了行走中不易疲劳，往往将梯段分成几段，其间设置供休息的水平板称为平台，也叫歇台。楼梯每个梯段的踏步数一般不应超过18级，不少于3级。

楼梯梯段的坡度不宜过大或过小，坡度过大，行走易疲劳，坡度过小，楼梯占用空间大。楼梯的坡度范围常为23°～45°，适宜的坡度为30°左右。坡度过小时可做成坡道，坡度过大的可做成爬梯。公共建筑的楼梯坡度较平缓，常用26°34′（正切为1/2）左右；住宅中的共用楼梯可稍陡些，常用33°42′（正切为1/1.5）左右。楼梯坡度一般不宜超过38°，供少量人流通过的内部备用楼梯，坡度可适当加大。

楼梯的踏步之间的高度差称为步高，步高需要考虑到人行走的舒适度，过高的步高，行走起来会让人感觉容易疲劳。为了保证行走安全，楼梯的步高需要整体一致，忌有高差，最多在头尾两级可以有适当的调整，但也要保持在一定的范围内，不可差别过大。通常，住宅楼梯梯段中踏步最大高度不宜超过180mm，最小宽度不宜小于250mm，一般按宽度300mm，高度150mm设计比较适宜，使用也方便。

梯段宽度一般由通行人流来决定，以保证通行顺畅为原则，单人通行的梯段宽度一般应为800 mm～900mm；双人通行的梯段宽度一般应为1100mm～1400mm；三人通行的梯段宽度一般应为1650mm～2100mm。

① 现浇钢筋混凝土梯段和平台

根据结构形式，现浇钢筋混凝土楼梯一般有梁式楼梯和板式楼梯两种。梯段跨度大时，一般为梁式楼梯；跨度较小、荷载较轻时，一般采用板式楼梯。

梁式楼梯由梯段板、斜梁、平台板、平台梁组成。作用在梯段上的荷载通过斜梁传至平台梁再传到墙、柱上。梯段板沿墙一侧可不设斜梁，但须在墙上预留踏步槽。另一种是沿墙设斜梁，踏步不必伸入墙内，砌墙简单。

板式楼梯不设斜梁，荷载由梯段板直接传给平台梁。

② 预制装配式钢筋混凝土梯段和平台

预制装配式钢筋混凝土楼梯构造形式甚多，预制构件有小型的也有大型的，主要根据生产、运输和吊装等条件而定。

小型构件装配梯段和平台 由踏步、斜梁、平台板、平台梁组成，构件小而轻、易于制作和安装。

踏步的截面形式有"三角形"、"L"形和"一"字形。"三角形"踏步拼装后梯段底面平整、斜梁为简单的矩形截面，但自重较大。"L"形和"一"字形踏步自重小、省材料，但斜梁应做成锯齿形。一般在踏步板上留孔，套于锯齿形斜梁每个台阶的插筋上，用砂浆握牢。梯段和平台梁的连接，为不使平台梁过高而降低平台下净空，通常将台梁做成"L"形截成，使斜梁搁置在平台梁挑出的翼缘上，用插筋套在斜梁的预留孔内，再用水泥砂浆握牢，也可设预埋件焊牢。

另一种小型装配式楼梯是将预制"L"形踏步构件直接插入楼梯间的墙内，形成悬臂踏步楼梯。踏步板插入墙内不小于240mm，悬臂长度控制在1500mm以内。

大型装配式梯段和平台 大型装配式梯段做成一块整板，将平台板和平台梁也组合在一起，用起重设置进行吊装。其优点是简化施工过程、加快进度、减轻劳动强度。

（2）栏杆和扶手

为了在楼梯上行走安全，梯段和平台的临空边缘应设置栏杆，栏杆的上沿设有供依扶使用的连续构件，称为扶手，也是一种装饰性构件。栏杆、扶手应坚固、安全、构造简单、造型美观。室内楼梯扶手高度不宜小于900mm，通常取1000mm。凡阳台、外廊、室内回廊、室内天井、上人屋面及室外楼梯等临空处设置的防护栏杆，栏杆扶手的高度不宜小于1050mm。高层建筑的栏杆高度应再适当提高，但不宜超过1200mm。楼梯栏杆垂直杆件间的净间距不应大于110mm，以防儿童坠落。

按栏杆的做法不同，有空花栏杆、实心栏板和部分空花栏杆三种。

空花栏杆一般采用扁钢、方钢、圆钢、钢管和不锈钢管，它们大都采用电焊或铆钉连接。栏杆立柱与梯段、平台的连接一般是在预埋的铁件上或埋入混凝土构件的预留孔内，用砂浆握牢。

实心栏板可用 1/4 砖侧砌、预制或现浇钢筋混凝土以及钢丝网水泥等。1/4 砖栏板不够坚固与稳定，须用现浇钢筋混凝土扶手将其连成一整体，有时还须在栏板适当部位加筋或加柱以增大其刚度。

扶手根据装饰需要可用硬木、不锈钢管、水磨石、大理石等制成。

1.6.5 屋顶

屋顶是建筑物最上层覆盖的围护构件和承重构件，由屋面层和结构层两部分组成。其主要功能是用以抵御自然界的风、霜、雨、雪、太阳辐射、气温变化和其他外界的不利因素对建筑物的影响。因此，要求屋顶在构造设计时注意解决防水、保温、隔热以及隔声、防火等问题。

在结构上，屋顶又是房屋上层的承重结构，它应能支承自重和作用在屋顶上的各种动荷载，并将这些荷载传到墙体和柱子。因此，要求屋顶在构造设计时，给予解决屋顶的强度、刚度和整体空间的稳定性问题。

根据外形，屋顶有平屋顶、坡屋顶、曲屋顶等不同形式，屋面具体类型有平瓦屋面、波瓦屋面、坡形屋面、金属皮屋面等，这主要取决于房间大小及其功能、屋顶的结构形式、顶棚层的利用、保温隔热要求、降水量等因素。如使用人数多的体育馆、展览馆、剧场、会堂等，为使大厅内视线无阻碍通常不设柱。如采用一般的梁板结构，截面很大，屋顶自重和材料增加，经济上很不合理。为此往往用空间结构的曲面屋顶，如壳体、悬索、网架等新型结构。

（1）平屋顶

由于钢筋混凝土和防水材料的发展，同时也为节约木材，一般建筑中多采用平屋顶。

平屋顶通常是指排水坡度小于5%的屋顶，常按2%～5%坡度设计。为满足屋顶的基本功能和要求，平屋顶须具有承重、防水、保温的功能。为保证屋顶的耐久性和使用质量，还须具备一些附加功能。一般平屋顶依次由保护层、防水层、找平层、保温层、隔汽层、承重层及装饰层组成。

① 防水层

由于平屋顶坡度较小，屋顶雨水不易排走，要求防水层必须是一个封闭的整体，不得有任何缝隙。目前常用的是油毡防水层。油毡屋面的一般做法是在保温层上先铺一层15mm～20mm厚的1：3水泥砂浆找平层，再在其上作油毡防水。为使油毡能与找平层紧密黏接，须在找平层上先刷一道冷底子油结合层。油毡防水层是由油毡和沥青胶合交替黏合而成，一般采用二层油毡和三层沥青胶，简称二毡三油，重要部位或寒冷地区须做三毡四油。在油毡防水层上面须覆盖一层3mm～6mm小石子或铺板作为保护层，以减少阳光辐射对沥青材料的影响，延缓沥青的老化速度。近年来有采用合成橡胶及合成树脂等高分子材料制成的卷材来作防水层的。

② 保温层和隔汽层

一般平屋顶承重结构多为钢筋混凝土梁板。钢筋混凝土保温性能差。为了减少通过屋顶的热损失，须在其上铺一层保温材料，如炉渣、加气混凝土、膨胀蛭石、膨胀珍珠岩等轻质多孔材料。在夏季也可减少热量通过屋顶传入室内，起到隔热作用。

当室内外温差较大时，室内空气中的水蒸气压力增大，水蒸气向屋顶内部渗透。由于油毡防水层的阻碍，水蒸气聚集在屋顶内部，尤其是集中在吸湿能力强的保温材料中，就会产生凝结水，降低了保温效果。夏季，屋顶外表面温度很高，保温层中的水分又会变为蒸汽，体积膨胀使油毡起鼓，甚至破裂。为避免出现上述现象，在冬季室内外温差较大地区，应在屋顶承重层与保温层之间设隔汽层。隔汽层的做法是在钢筋混凝土找平层上涂刷两道热沥青或做一毡二油。

（2）坡屋顶

平屋顶坡度较小、排水缓慢，防水效果不如坡屋顶易于保证。坡屋顶通常是指屋面坡度大于10%屋顶，其形式很多，常见的有单坡、双坡及四坡顶。屋顶坡度根据屋面材料、构造做法、结构形式以及地区特点而定，一般为20%～50%。

坡屋顶主要由承重结构和屋面组成，根据不同需要还可设顶棚层和保温层。

① 承重结构

屋顶承重结构承受屋面荷载并把荷载传到墙、柱上去，一般包括屋架或山墙和檩条。当横向内墙可以承重时，就不必再设屋架，而把墙砌到顶成山尖形状，由砖墙直接支承檩条，这种做法叫"硬山搁檩"，比较节约木材，多用于开间不大的住宅、宿舍、办公楼等。

当房间较大，横向内墙间距较大时，则应设屋架。屋架可用木、钢木、钢筋混凝土和钢等材料制成，一般采用三角形屋架，其中以豪式屋架应用最广。豪式屋架构造、施工简单，适合于各种瓦材。

檩条放在屋架上弦或承重横墙上，可用方木、圆木、钢筋混凝土和型钢制作。檩条上铺木望板或椽条。

② 屋面

屋面是屋顶上的覆盖层，直接承受雨雪、风沙、太阳辐射等自然因素的作用。屋面最上层是各种瓦材，如黏土平瓦、水泥瓦、小青瓦，石棉水泥瓦、钢筋混凝槽瓦、铁皮等，瓦材下面是屋面基层，包括椽条、望板及挂瓦条等。

平瓦屋面的做法是在望板上干铺油毡一层作为第二道防水层。如果瓦缝渗进雨水，从油毡上顺坡流下，不致渗入屋顶内。油毡上钉顺水条将油毡压住。顺水条上钉挂瓦条、挂瓦。

为节约材料，可不设望板、油毡、顺水条，在椽条上直接钉挂瓦条、挂瓦。这种做法构造简单，但要求增大屋顶坡度，瓦片应固定牢靠。

③ 顶棚构造

顶棚是屋顶下部的饰面层，使室内上部平整、美观、改变空间效果和满足室内各种使用要求，同时起保温隔热作用。

坡屋顶的保温层一般设在棚上，在悬吊龙骨上铺板，上设保温层。保温材料可用无机材料，如炉渣、膨胀珍珠岩石和岩棉等，也可用有机材料，如木屑、砻糠等。

坡屋顶所形成的三角形空间起到一定的保温、隔热作用。为提高空间利用率，可将这部分空间形成阁楼。坡屋顶在排除雨雪方面有一定的优越性。

1.6.6 门和窗

门主要为内外联系和房间之间联系而设，是非承重构件。其主要功能是交通出入，分隔联系建筑空间，有时也兼起通风、采光作用。门的大小和数量以及开启方向是根据通行能力、使之方便和防火疏散要求决定。窗主要是为了采光、通风及观望，同时又有分隔和围护作用。门和窗对建筑物的外观及室内装饰造型影响很大，总的要求应是坚固耐用、美观大方、开启方便、关闭紧密、便于清洁和维修。门和窗的生产已逐步实现标准化、规格化和商品化，其尺寸应符合模数制，规格统一。

常见门窗材料有木、钢、铝合金、塑料和玻璃等，木门窗制作简易，一般多采用杉木、松木，较讲究的也可用硬木，所用木料最好经过干燥处理，以防变形。

（1）门的构造

① 开启方式

门的开启方式主要由使用要求和空间布局决定，通常有平开门、弹簧门、推拉门、折叠门、转门等。

平开门 是指合页（铰链）装于门的一侧，使门扇与门框铰接，可以向内或向外开启的门，有单开的平开门和双开的平开门。平开门构造简单，开启灵活，是最常用的一种形式。

弹簧门 是平开门的一种形式，只是用弹簧铰链代替普通铰链，开启后能自动关闭，常用于公共场所通道、紧急出口通道。为避免人流出入相撞，常在门上镶嵌较大面积的玻璃。

推拉门 门扇开关时沿轨道左右滑行，开启时不占空间，受力合理，不易变形，但关闭时难于密封，构造较复杂，尤其是大型推拉门。在人流众多的地方可采用光电管或触动式设备，使门自动启闭。在居室内，推拉门主要用于厨房、卫生间、阳台以及橱柜等地方。

折叠门 适用于宽度较大的洞口，开启时占空间少。简单折叠门同平开门一样，只在门的侧边装铰链。复杂者则还应在门的上边或下边装导轨及转动五金配件。

旋转门 是将三或四扇门连成风车形，在两个弧形固定门套内旋转的门。一般在转门两旁设平开或弹簧门以作大量人流疏散之用。转门对防止内外空气的对流有一定作用，可以作为室内门口区域保温设施。转门构造复杂、造价高，主要用于高档宾馆、饭店、商场等的大厅出入口。

② 平开木门构造

平开木门由门框、门扇、亮子等部分组成，如图1-17。门框包括上槛、下槛和边框，室内门可不设下槛，门扇下边沿距地面5mm左右。为增加严密性以防风雨与减少热损失，室外门可设下槛，下槛高出地面15mm～20mm。亮子是指门窗上方的窗，可以采用固定窗或悬窗等不同形式，主要起增加光线和通风的作用。住宅建筑门上无亮子时门洞的高度一般为2100mm，有亮子时门洞的高度≥2400mm，公共建筑随门洞宽度变化适当加高。

门框和墙的连接通常的做法是在洞口两侧沿墙预埋满浸沥青的木砖（120mm×120mm×60mm），中距750mm，用圆钉将门框与木砖钉牢。寒冷地区外门与墙的连接缝隙中应填塞毛毡、岩棉以挡风防寒。

常用木门有镶板门和饰面板门。镶板门扇由边框和上、下冒头组成骨架，骨架中间镶门芯板，也可将部分门芯板改为玻璃或全部由玻璃代替。

饰面板门扇由截面较小的边框、上下冒头和肋组成骨架，骨架两面贴胶合板、纤维板等，四边围钉木压条，门扇可局部镶玻璃，这种门耐久性差，不宜作外门。

门的尺度须根据通行量和安全疏散要求设计。一般供人日常生活活动进出的门，门扇高度常在1900mm～2100mm；门扇宽度：单扇门为800mm～1000mm，辅助房间如浴厕、贮藏室的门为600mm～800mm，双扇门为1200mm～1800mm，公共建筑和工业建筑的门可按需要适当增大规格。

（2）窗的构造

① 平窗和飘窗

窗户一般是设置在外墙的垂直平面以内，这种窗称为平窗，是一直以来被广泛使用的一种窗户形式。还有一种形式的窗户，窗体呈矩形向室外凸出于外墙面，三面装有玻璃，窗台的高度比一般窗户的窗台低，这种形式的窗称为飘窗。

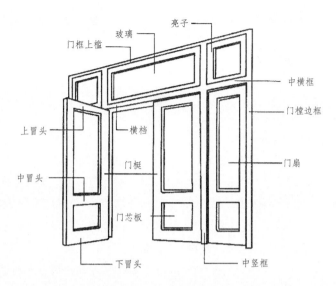

图1-17 木门的结构组成

图中标注：亮子、玻璃、门框上槛、中横框、门樘边框、上冒头、横档、门梃、中冒头、门扇、门芯板、下冒头、中竖框

飘窗的出现，扩大了房间的使用空间，是近年来商品住宅中非常流行的一种窗户形式。飘窗的三个立面装有玻璃，有利于增大采光面积，扩大视野，再加上低矮的窗台，整个飘窗就是一个很好的观景台。

② 窗的开启方式

窗的开启方式有平开窗、推拉窗、翻窗等，其中以平开窗最为普遍。

平开窗在窗扇侧边设铰链、水平开启。平开窗构造简单、开启灵活，制作和安装均较方便。单层窗可向外开，优点是不占室内空间，关闭时可避免雨水流入室内，缺点是开启后窗扇受到风吹、雨淋、日晒，容易损坏，擦洗和维修不便。内开窗优缺点与外开窗相反。双层窗可内外开启，也可全向内或向外开启。

推拉窗一般上下设槽或轨道，开启时两扇或多扇重叠，不占空间，受力合理，所以窗扇及玻璃尺寸均可较大，有利于采光和眺望。但推拉窗最多只能有50%的窗扇面积可以打开与外界的空气交流。

翻窗按转动铰链或转动轴位置不同有上悬、中悬和下悬之分。一般上悬和中悬窗防雨效果较好。翻窗常用于高窗及门上亮子，构造较简单。

③ 平开木窗构造

平开木窗由窗框和窗扇两部分组成。窗框与墙的连接与门相同。

窗扇由上下冒头和左右边梃榫接而成，有的中间还设窗芯。

寒冷地区常见的双层内开窗，两扇窗都向室内开启，此时内侧窗框和窗扇尺寸较外侧的稍大，这样才能开启。

在墙与窗框、窗框与窗扇之间以及窗扇木构件与玻璃之间，由于材料变形和施工等原因会产生一定的缝隙，是热量传递的重要途径，在构造上应做密缝处理。一般在缝隙处加设橡胶带、毡片、岩棉等弹性材料，用油灰嵌缝等以提高密封程度。

窗的尺度一般根据采光通风、结构、构造要求和建筑造型等因素决定，同时应符合模数制要求。从构造上讲，一般平开窗的窗扇宽度为400mm～600mm，高度为800mm～1500mm，固定窗和推拉窗尺寸可大些。

1.7 建筑物的结构体系

结构是建筑物的承重骨架，是建筑物赖以存在的重要条件。建筑物的结构体系是荷载传递的基本骨架，反映力传递的方式和方向。确定建筑物的结构体系与该建筑的使用要求、平面布置、立面处理、选用的材料、荷载大小以及经济条件等有密切的关系。进行室内设计和施工时则要熟悉建筑物的结构体系，才能保证施工安全，确保装饰施工质量。

支承建筑荷载的结构体系有墙体承重结构、框架结构、剪力墙结构、框架－剪力墙结构、钢架结构等多种形式。依建筑物本身使用性质和规模不同，其结构体系的选择也不同。下面就不同建筑中常用的几种结构体系进行介绍。

1.7.1 低层和多层建筑物常用的结构体系

低层和多层建筑物常采用的结构体系主要有墙体承重结构体系、内框架结构体系、底框架结构体系等。

（1）墙体承重结构体系

墙体承重结构支承体系是以部分或全部建筑外墙以及若干固定不变的建筑内墙作为竖直支承系统的一种体系。墙体既支承屋顶、楼板传来的荷载，同时又组成建筑空间的围护构件，这种建筑称为墙承重结构建筑，如砖混结构的住宅、办公楼、宿舍等。

根据建筑物载荷是布置在纵墙还是布置在横墙的情况，墙承重结构体系一般可分为纵墙承重、横墙承重和纵横墙混合承重三种基本类型。不管是何种类型，承重墙上都不能开有过多的洞口，以及承重墙体位置也不得任意更改。墙体承重结构体系一般适用于在使用期内空间功能和尺度都相对固定的建筑物，而不适用于需要经常灵活分隔空间的建筑物，也不适用于内部过于空旷的建筑建筑物。

① 纵墙承重体系

纵墙承重是将楼板及屋面板等水平承重构件均搁置在纵墙上。这种建筑的荷载主要传递路线是：楼板→纵墙→基础→地基。其特点是：纵向墙为主要的承重墙，设在纵墙上的门、窗和其他洞口大小和位置受到一定的限制。横墙的设置主要是为了加强建筑空间刚度和满足整体性的要求，其间距可以比较灵活布置。

纵墙承重体系中，横墙只起分隔空间的作用，有些起横向稳定作用，称为刚性横墙。为使其起到稳定作用，刚性横墙中的洞口水平截面面积不应超过横墙截面面积的50%。刚性横墙的厚度不小于180mm，壁间距不大于32m。刚性横墙应与纵墙同时砌筑。

纵墙承重体系适用于在使用上要求有较大空间的建筑，或隔墙位置有可能要变化的建筑，如教学楼、实验楼、办公楼、图书馆等。

② 横墙承重体系

横墙承重是指将楼板及屋面板等水平承重构件均搁置在横墙上，纵墙只承受墙体自重。这种建筑的荷载传递路线是：楼板→横墙→基础→地基。其特点是：横墙为主要的承重墙，其间距一般3m～4.5m，又有纵墙在纵向拉结，因此建筑的刚度大，整体性好。横墙承重体系对抗风、抗震、抗地基的不均匀沉陷较纵墙承重体系有利。纵墙主要起围护、隔断和将横墙联系起来的作用。在通常情况下，在纵墙上开门、开窗的限制很少。

横墙承重体系由于横墙间距较密，房间大小固定，布置不够灵活，它适用于住宅、宿舍等居住建筑。

③ 纵横墙混合承重体系

纵横墙混合承重就是把梁或板同时搁置在纵

墙和横墙上。在某些建筑中，为了建筑上的需要和结构上的合理而采用纵横墙混合承重体系，纵横墙均为承重墙。这种承重体系的特点是开间比横墙承重体系大，但空间布置不如纵墙承重体系灵活，整体刚度介于两者之间，墙体用材、房屋自重也介于两者之间，多用于教学楼、办公楼、医院等建筑。

（2）内框架承重体系

内框架承重体是指四周纵、横墙和室内钢筋混凝土（或砖）柱共同承受楼板、屋盖竖向荷载的承重结构体系。在一般情况下内框架承重体系中的柱承受着竖向荷载的大部分，而该体系中的纵、横墙则承受由风或水平地震作用产生水平荷载的绝大部分。因此，内框架承重体系中的墙体既受压又受剪、受弯。内框架承重体系由于内柱代替承重内墙可有较大空间的房间而不增加梁的跨度，使室内布置灵活。但由于纵、横墙较少，使建筑物整体刚性差，又由于柱和墙体的材料不同，基础沉降量不易一致等情况，给设计和施工带来某些不利因素。内框架承重体系适用于商店、餐厅、实验楼、多层工业厂房等。

（3）底框架承重体系

底框架承重体系是指底部一层或几层采用较大柱网的框架结构而上部几层采用砌体结构的混合承重结构体系。这种结构体系的优点是其下部框架结构能够获得较大的空间效果，上部又可作为满足小开间划分要求的住宅或公寓使用，能够满足复合的建筑功能要求，同时上部砌体结构能够取得相比框架结构较低的建筑造价的经济效果。但是这种结构体系中，上部砌体的竖向和水平荷载均是通过转换层的梁板传递到下层的柱上，然后再传递到基础的，其传力途径较为复杂，而且，这种体系上部砌体的刚度较大，而下部框架的刚度较小，在地震力作用下容易形成下部框架的受力集中区而造成薄弱框架层首先破坏，这是它的最大缺点。因此，对这种结构的设计有比较严格的规定。底框结构设计中，底部框架不宜超过两层，层高一般不超过4.5m，且宜布

置适量钢筋混凝土剪力墙或砌体剪力墙，转换层楼板应采用钢筋混凝土现浇楼板，上部砌体主要承重墙轴线应与转换大梁走向对齐。

底框架承重体系常用于临街区域的商住两用建筑，适合下面（底层）开店，上面住人。这种建筑的外墙和内柱都是主要承重构件，荷载的传递路线是：上部负荷→转换层梁板→柱→柱基础→地基。

1.7.2 中高层和高层建筑物常用的结构体系

随着建筑高度的增加，建筑结构的承载负荷也加大，如果继续采用墙体承重结构体系，使得建筑物墙体也必须加厚，这样会造成材料大量耗费，也减少了建筑的使用面积。因此，中高层以及高层建筑一般不使用墙体承重结构体系，而采用框架结构、剪力墙结构、框架－剪力墙结构等体系。

（1）框架结构

框架结构是指由梁和柱以刚接或者铰接的形式构成承重体系的结构，即由梁和柱组成框架共同抵抗使用过程中出现的水平荷载和竖向荷载。采用框架结构建筑物的墙体不起承重作用，仅起到围护和分隔作用。

建筑的框架按跨数分有单跨、多跨；按层数分有单层、多层；按所用材料分有钢筋混凝土框架、钢框架、钢与钢筋混凝土混合框架等。其中最常用的是钢筋混凝土框架结构，以整体现浇方式建造。

框架结构建筑的主要优点：构件分工明确，可充分发挥材料的性能，如隔墙选用隔声材料，外墙选用保温、防水材料，梁和柱选用高强材料；建筑平面布置灵活，能够较大程度地满足建筑使用的要求，利于安排需要较大空间的建筑结构；采用现浇钢筋混凝土框架时，结构的整体性和刚度较好，设计处理好也能达到较好的抗震效果，而且可以把梁或柱浇注成各种需要的截面形状。

框架结构建筑的主要缺点：框架结构的侧移刚度小，水平作用下抵抗变形的能力较差，在强

震下结构顶点水平位移与层间相对水平位移都较大。为了同时满足承载能力和侧移刚度的要求，柱子截面往往很大，增加材料用量，经济性差，也减少了使用面积。所以在地震区的框架结构不宜太高，我国一般采用钢筋混凝土框架多用在10层以下的建筑。

（2）剪力墙结构

建筑物不但要考虑竖向荷载还要考虑水平荷载。当建筑物越高，其所承受风、地震等产生的水平荷载（推力）就越大，建筑物必须有平衡或抵抗水平荷载对其稳固性造成破坏的能力，光靠框架结构已无法满足要求，由此诞生了剪力墙结构。这种结构在高层建筑中大量运用。

剪力墙结构中，以剪力墙来代替框架结构中的梁和柱，能承担各类荷载引起的内力，并能有效控制结构的水平力。因这种墙承受的主要荷载是水平荷载，墙体受剪受弯，故名剪力墙。剪力墙除了要求可承受较大的垂直荷载外，还能承受很大的水平荷载，因此，要求剪力墙的侧向刚度很大，通常纵横剪力墙多为L形、T形、C形等形式。剪力墙按结构材料可以分为钢筋混凝土剪力墙、钢板剪力墙、型钢混凝土剪力墙和配筋砌块剪力墙，其中以钢筋混凝土剪力墙最为常用。一般地，现浇钢筋混凝土墙都是剪力墙，其厚度通常不小于140mm。剪力墙上门、窗洞口的大小和位置对剪力墙的受力性能影响很大，一般要求洞口尽量上下对齐。在纵墙和横墙的交叉处，不要在墙面上集中开洞，以避免造成尺寸很小且薄弱的"十"字形和"T"字形柱。

剪力墙结构主要缺点是建筑平面被剪力墙划分为小空间，使建筑布置和使用受到一定的限制，它适用于居住建筑和一般的旅馆建筑。在大型酒店、旅馆中，通常要求有较大的门厅、餐厅、会议厅等，这时，只好将这些空间从高层中移出，在高层建筑周围布置低层建筑。另一种解决办法是在建筑底层采用框架体系，上部仍为剪力墙体系，这种结构称框支剪力墙结构。这种结构底层柱子内力很大，柱子截面很大，用钢量多，而且底层框架为结构薄弱环节，地震区尽量避免采用。

（3）框架 – 剪力墙结构

框架 – 剪力墙结构也称框剪结构，这种结构是在框架结构中布置一定数量的剪力墙，形成剪力墙与框架结构的组合体系。如上所述，框架结构建筑空间布置比较灵活，可形成较大的室内空间，但侧向刚度较差，抵抗水平荷载的能力较小；剪力墙结构建筑侧向刚度大，抵抗水平荷载的能力较大，但空间不灵活，一般不能形成较大空间。将两者结合起来，取长补短，在框架的某些柱间布置剪力墙，使剪力墙与框架协同工作。在我国，框架 – 剪力墙结构广泛用于10层以上的高层住宅建筑中。

在地震区，由于纵横两个方面都可能有地震力的作用，因此建筑纵横两个方向都应布置剪力墙，在非地震区，对于长条形建筑，纵横两个方向迎风面面积相差悬殊。当纵向框架有足够刚度和强度抵抗风力时，也可只在横向设置剪力墙。

1.7.3 大跨度建筑常用的结结体系

在大跨度建筑中常见的结构形式有拱结构、框架结构以及网架、薄壳、折板、悬索等空间结构形式。

思考与练习

1. 室内设计的目的和原则是什么？
2. 室内设计人员应当具备哪些知识和技能？
3. 建筑物由哪些基本构件组成？
4. 从建筑安全的角度，建筑中哪些墙体可以拆除或更改位置？哪些墙体则不能？
5. 怎样理解室内设计与建筑设计的关系？

本章推荐阅读书目与相关网上链接

1. 张绮曼，郑曙旸. 室内设计资料集. 北京：中国建筑工业出版社，1994.

2. 任文东. 室内设计. 北京：中国纺织出版社，2011.

3. 高钰. 室内设计风格图文速查. 北京：机械工业出版社，2010.

4. 来增祥，陆震纬. 室内设计原理. 北京：中国建筑工业出版社，2006.

5. 文健. 室内设计原理. 北京：清华大学出版社，2011.

6. 崔艳秋. 房屋建筑学. 北京：中国电力出版社，2005

7. 李必瑜. 建筑构造. 北京：中国建筑工业出版社，2005.

8. 杨鼎久. 建筑结构. 北京：机械工业出版社，2006.

9. 建设部. 民用建筑设计通则（GB 50352—2005）. 北京：中国建筑工业出版社，2005.

10. 建设部. 建筑防火设计. 北京：中国计划出版社，2006.

11. 中国室内设计网 http://www.ciid.com.cn/.

12. 室内设计联盟 http://www.cool-de.com/.

13. 室内人 http://www.snren.com/.

14. 深圳室内设计网 http://www.tianwu.com.cn/.

15. 中国建筑 http://www.cscec.com.cn/.

16. 中国建筑网 http://www.jianzhuw.com/.

17. 大太阳建筑网 http://www.jzpt.com/.

18. 建筑资料 http://bbs.jzpt.com/forum-3104.html.

19. 筑龙网 http://www.zhulong.com/.

技能训练1　建筑构造的描述

→ **训练目标**

通过对装饰设计对象（建筑）的分析；完成建筑构造的名称、特点及相应装饰设计要点的描述。

→ **训练场所与组织**

在多媒体教室或典型建筑物现场，分小组进行介绍和描述建筑照片或建筑实物中建筑构造的组成及特点，辨识所属何种结构体系，并说明理由。

→ **训练设备与材料**

多媒体设备、建筑物构造照片、典型建筑物。

→ **训练内容与方法**

教师示范→学生示范→教师讲评→分组进行讲、听、评与考核→实训总结。

→ **训练考核标准**

根据对建筑构造的组成、特点、作用和建造要求的理解程度，以及对建筑物结构体系判别和阐述理由的合理程度制定具体评定标准（详见下表）。

建筑构造的描述考核标准

班级：_____ 学号：_____ 姓名：_____ 考核地点：_____

考核项目	考核内容	考核方式	考核时间	满分	得分	备注
1.建筑构件的理解	● 指出散水、勒脚、窗、楼梯、楼板、纵墙、横墙、外墙、圈梁、过梁、女儿墙、剪力墙等构件的位置； ● 简要描述各构件的作用和特点。	单人口试考核	10min	70		
2.建筑结构体系的理解和判别	● 判别建筑图片或实物属何种结构体系； ● 说明判别理由。	单人口试考核	5min	30		
总分						
考核教师签字						

项目2
室内设计实务

学习目标：

【知识目标】

1. 了解室内装饰公司业务开发的途径和方式；

2. 熟悉室内设计的程序步骤和工作内容；

3. 了解招投标基本知识，熟悉招投标程序。

【技能目标】

1. 掌握装饰业务开发和洽谈技巧，能够较好地与客户进行业务洽谈；

2. 具备编制一般装饰设计工程项目投标文件的能力；

3. 能够根据实际工程项目，编写设计任务书；

4. 学会室内设计方案表达的系列图样和绘图标准规范。

工作任务：

学习室内设计业务开发—洽谈—设计—设计表达等室内设计项目运作。可视化成果是完整抄绘一套室内设计工程图样案例。

室内设计从业者除了掌握扎实的室内设计理论知识和具备优秀的设计水平外，还需要具有室内设计项目运作能力，掌握室内设计业务开发的途径与方法、室内设计的步骤、室内设计工程招投标和室内设计表达等技能。

2.1 室内设计业务开发

我国的室内装饰行业，从20世纪80年代起步，经历了由蹒跚学步到逐步走向成熟，直至发展成为一个独立的产业，已经形成了国民经济增长的新动力。随着国民经济持续高速的增长，室内装饰行业更加欣欣向荣。如何在这个市场潜力巨大而市场竞争激烈的行业中承接装饰工程，是一个室内设计公司（以下简称"装饰公司"或"公司"）生存与发展至关重要的问题，这就必然要求装饰公司主动出击，努力开发和拓展业务。许多装饰公司普遍实行"设计师负责制"的经营管理方式，室内设计师除了掌握室内设计基本知识和技能外，还要熟悉室内设计业务开发的途径、方法和业务洽谈技巧。

2.1.1 室内设计业务开发的途径

室内设计业务的来源主要有两种：一种是客户直接委托的业务，另一种是装饰公司参与竞标活动中标的业务。

2.1.1.1 客户直接委托

客户直接委托方式获得的业务，通常以家庭住宅装饰设计（俗称"家装"）、个体商业店面装饰设计、中小型公装等规模较小的室内设计装饰为主。客户委托业务的特点是：装饰工程不经过正式的招投标程序，客户根据自己的判断，自行选择装饰公司委托业务。通常客户的装饰设计目标和要求没有形成书面形式，通过口头交流表达设计意图，在商谈达成初步意向后，经双方进一步协商形成书面合同，客户将装饰设计工程正式委托给装饰公司。客户委托开发的业务主要有以下几种途径：

（1）客户主动上门委托业务

客户从各种媒体广告宣传、熟人朋友推荐等方式中获得装饰公司信息，主动上门接洽委托设计施工业务。这是专业的装饰公司最理想的业务开发方式，但这种方式主要是一些信誉度高、实力雄厚、技术力量强的一流的专业公司才能达到的境界。这种公司必须要有较长时间的创名牌、树形象的创业积累，要有知名度很高的一流设计师和先进的设计工具和设备做技术后盾，要有一流的优良工程做实物广告，要有一大批技艺精湛的能工巧匠做施工队伍，要有雄厚的公司资产、资金做资信后盾，才能吸引客户主动上门委托设计和施工。

（2）公司派业务员外出招揽业务

公司派业务员外出宣传招揽业务，也就是俗称的"拉单"。在供大于求、竞争激烈的室内装饰市场，拉单几乎是各装饰公司开发业务的一种首要方式和手段，尤其是一些新成立发展起来的、知名度不高的、规模小的装饰公司，拉单更是这些公司的主要业务来源。

目前，外出拉单形式和地点主要有以下几种：

① 派发宣传单

在符合有关管理规定的前提下，定期或不定期在繁华街区流动或摆摊设点派发公司宣传单，招揽客户开发业务，扩大公司知名度。

② 驻留小区宣传开发业务

新楼盘交付时，公司通过派人驻留小区宣传招揽顾客的方式开发业务。这种方式往往可以争取业主或物业管理方的同意，现场参观了解楼盘各户型实况，然后根据户型特点（特别是需要特殊装饰处理的结构特点），针对性地设计出多种富有特色的简单初步方案。主动接近业主，向业主宣传介绍这些方案，给出合理化建议，让业主感受到方案设计的针对性、合理性和实用性，拉近与业主的距离，增加业主的信任感，为进一步发展业务创造可能。

也可以在小区打造装饰设计样板房，向公众开放参观，让他们对公司的设计水平、施工质量、用材用料等方面有一个更直观的了解，展示公司的专业水平和实力，提升公司的形象，增强公众对公司的信任感，让业主从内心感到"这样的公司是值得托付的"。

③ 参加博览会、展销会

许多地方的政府或行业协会常会举行定期或不定期的房地产、装饰装修、装饰建材博览会或展销会的活动。这些活动针对性强，参观人数众多，多数观众是奔着主题而来，是装饰公司潜在客户较为集中的场所。公司派设计师、业务员到现场设点开展专业咨询、招揽客户和宣传公司形象等活动，以此开发业务和提高公司知名度。

（3）与房地产商联合开发业务

这种业务开发方式是与楼盘销售相结合，在房地产商售楼的同时，由装饰公司提供多种设计方案供购房者选择，确定方案后由装饰公司负责施工，装修完工后再办清楼盘的售买手续。这种交易方式为购房者购房提供了配套服务，使售房、装修一条龙，不仅减轻了业主的奔劳之苦，同时也有利于工程管理，楼体保护、整体安全和小区环境面貌的维持，因此这种形式特别适用于新开发的住宅小区。

（4）网上交易开发业务

业主可以将自己家庭装修的基本要求、设想构思等，通过电子邮件发给上网的装饰公司进行招标，公司接到邮件之后，对其进行设计、报价，再通过互联网发给业主，双方在网上沟通、洽谈，直至签订合同。这种形式简便、快捷、经济，会随着网络技术的发展普及和装饰市场的规范而具有很大的市场潜力。

2.1.1.2 装饰工程项目竞标业务

装饰公司开发业务的另一种重要方式是参与装饰工程项目招投标活动，通过竞标而中标取得工程承包权。一般工程量大、造价高的较大型公共建筑装饰工程（俗称"公装"）或按《中华人民共和国招标投标法》规定必须进行招标的工程项目，常以招投标的方式选出设计方案和确定工程造价，决定工程承包方，这是市场经济社会中较普遍的做法。随着我国建筑装饰市场逐步进入法制化管理的轨道，公开招标的业务接洽形式将逐步成为大、中型装饰工程的法定程序。通过招投标方式承揽装饰工程项目，对参与投标的装饰公司在资质等级、大工程项目实力等方面要求较高。一些以"公装"作为主要承接业务定位的装饰公司，通常以装饰工程项目中标方式开发业务。参与这种业务接洽形式的装饰公司，需要对工程项目标底、技术要求等信息有充分的了解，搜集并系统地分析处理，拿出优秀的初步设计方案和合适的工程报价（概算）及设计方案说明来争取中标。

2.1.2 室内设计业务洽谈

每一个来电咨询者和到公司进行业务商谈的来访者，都是公司潜在的客户，但他们还没有真正成为公司的客户。在装饰设计市场竞争日益激烈的今天，各装饰公司都在不断努力提升，那么在价格、质量、后期服务等方面相同的情况下，怎么使顾客选择自己的公司，选择自己作为他们的设计师，这需要从个人及公司整体优势下手，学会如何与顾客开展业务洽谈，也就是通常所说的"谈单"。在业务洽谈中，要学会和灵活运用

"谈单"技巧，克服缺点，自我推销，努力将接洽对象发展为公司真正的客户。

2.1.2.1 展示个人形象和素养

装饰公司的运转，就是招揽顾客并向客户提供室内设计、施工、咨询等服务的过程，具有服务行业的特点，因此室内设计从业人员应有必要的服务意识。室内设计业务的开发、设计方案的表达和修改都需要与顾客交流和沟通，从业者拉单和谈单成功与否，除了与自身专业水平和公司的实力、知名度等因素有关外，个人的形象和内在素养也是一个很重要的影响因素。

在业务洽谈中，良好的个人形象很重要，尤其是与初次会面的顾客接洽，如能给对方留下良好的第一印象，这是业务发展的良好开端，也对促进业务深化发展有了可能。同时，公司每个员工的良好形象，也代表着公司的整体形象。个人的良好的形象从着装打扮、精神状态和言行举止等方面体现出来。

（1）得体的职业着装

通常，人们观察事物往往是按由表及里顺序进行的，而一个人的仪容和着装，正是给人的第一感观。得体的着装能体现一个人良好的修养、审美和对他人的尊重，同时也能折射出一个人的阅历、学识、自信及精神面貌等。在接洽顾客时，得体的着装打扮还能让人感觉成熟、稳重、大方和敬业。一般来说，男士最好穿西装或公司统一定制的形象服饰，领带以中性颜色为好，不要太花或太暗；女士不应过于透露、浓妆艳抹和花哨的装扮，要表现出高雅大方的职业女性气质；有时也针对不同身份和不同年龄段的顾客，要灵活应变，如有些职位低或年轻人不太喜欢穿着过于正式，过于正式的着装他们反而觉得不自然，而一些年纪大、位高权重的顾客则比较喜欢正式的着装，他们觉得这是对人的一种尊重。总之，着装一定要干净整洁，还要与环境相适应，得体的着装永远胜于随便和不拘小节的便服，这些是在接洽顾客时应该注意的着装基本要求。

（2）大方得体的言行举止

语言是社会交际的工具，是人们表达意愿、思想感情的媒介和符号。语言也是一个人道德情操、文化素养的反映。在业务洽谈中，如果能做到言之有礼，谈吐文雅，就会给顾客留下良好的印象。言之有礼，谈吐文雅，主要有以下几层含意：

① 态度诚恳、亲切

说话本身是用来向人传递思想感情的，所以，说话时的神态、表情都很重要。例如，当你向别人表示祝贺时，如果嘴上说得十分动听，而表情却是冷冰冰的，对方会认为你是在敷衍。所以，说话必须做到态度诚恳和亲切，才能使对方对你的说话产生表里一致的印象。

② 用语谦逊、文雅

如称呼对方为"您"、"先生"、"小姐"等；用"贵姓"代替"你姓什么"。多用敬语和谦语，能体现出一个人的文化素养以及尊重他人的良好品德。

③ 声音大小要适当，语调应平和沉稳

与顾客交谈时，精神要饱满，吐字要清晰，音量要适度，以对方听清楚为准，切忌大声说话；语调要平稳，尽量不用或少用语气词，使听者感到亲切自然。

总之，语言文明看似简单，但要真正做到并非易事，这需要平时多加学习，加强修养。

（3）良好的心理素质

业务开发如同商业交易，是一个复杂的过程，其间存在许多变数。洽谈能否成功拿下订单，不能完全由自己说了算，顾客有自主选择的权利，正所谓"谋事在人，成事在天"。因此，室内设计从业者要有各种心理准备，具备良好的心理素质。

① 坦然面对挫折与失败

作为一名室内设计从业者，要积极向上、乐观进取、勇于探索，对工作充满信心，对自己的能力充满信心，要坦然地面对挫折与失败。如因挫折而消沉，即使是拥有很高的学历，或是头脑很灵活，也是难以创造出很好的业绩。而视失败为宝贵经验，积极总结，全身心投入工作，以强烈的责任感和百分之百的信心，愈挫愈勇接受挑战，是一名优秀室内设计从业者应具备的积极人生态度。

② 以自信摆脱胆怯心理

由于受装饰行业中存在一些不诚信现象的影响，许多顾客对业务员的拉单产生了一种自然的戒心和抵触心理，此时业务人员的自信和心理的承受能力非常重要，要摆脱胆怯心理，满怀真诚和信心，勇敢地走到顾客面前，开口和他们交流。也许顾客会看也不看就走开了，也许会停下来听你说。不管是怎样的态度，不能让自己胆怯和泄气，要告诉自己，顾客没有听你说，是他放弃了一次选择，而不是你失去了一个客户。

对一些发展潜力较大的客户，多次拜访往往是达成目标的关键之一。如能在每次拜访中不断获得客户的真实需求，然后有针对性的接洽再访，进行适当的调整，以减轻对方的排斥心理，或许就会离成功不远了。

（4）具有丰富的专业知识

客户的目标是获得满意的室内设计和施工等服务，因此，一名室内设计从业者必须具备装饰设计知识，能帮助顾客解决问题，不能一问三不知，还要不断丰富自己的专业知识，力求业务精通。在业务接洽和向客户提供服务过程中，可以适当使用一些专业术语，你有什么创意，客户自己又有什么想法，现场三五分钟手绘画出，边谈边画，让客户感受到你丰富的专业知识、深厚的艺术功底和对设计潮流的把握，更放心地把设计交给你。

2.1.2.2 业务洽谈技巧

让客户发自内心地接纳你非常重要，这是客户将业务委托给你和接纳你的设计方案的前提。所以，在与客户接触中，表现你的诚意，展示你的能力，获得客户信任，是成功"谈单"和做出优秀设计的关键环节。业务洽谈技巧很多，下面列出一些关键点：

（1）开口说好第一句话

也许招揽客户开口的第一句话很重要，怎么开口说第一句话呢？大部分业务员会跑上去问，"请问你要装修吗？"、"你是业主吗？有房子装修吗？"，有时候这样得到的结果并不如意。一名金牌业务员通常会这样说，"这位女士，请留步"、"先生，可以问您一个问题吗？"之类，一般业主会停下来，不会如冲出重围一样跑开。只要业主能停下，就可以说下面的话，也就多了些谈话机会，之后他会切入主题，问业主听说过我们公司没有，如果听过，他就会与业主侃侃印象之类，如果没有，他会送上一本精美的资料，上面有他个人及公司的电话，并尽量去和业主沟通。当然，上面举例也并不是万能的，且当作一种参考和提示，应重视思考开口说好第一句话。

（2）以真诚赢得尊重

不要嘲笑顾客不够专业，不要因为顾客没有接受自己的意见或方案而抱怨，即便被拒绝，也要诚意的道谢："谢谢听完我的介绍"、"耽误您的时间了，请慢走"、"欢迎您再次光临"。要站在客户的角度审视问题，只有将心比心才能赢得对方的尊重，换来更多的回头客。

（3）发自内心的微笑服务

微笑是无声的语言，可以表达善意、自信和优雅。沟通过程中难免会有争执，保持微笑可以使对方更容易接纳自己和自己的想法。

（4）学会倾听顾客的意见

耐心听取客户意见，从只言片语中捕捉细节，掌握客户内心需求，了解客户的喜好。牢记客户最关心的设计项目，给对方留下其被重视和尊重的印象。

（5）尽量了解客户的真实情况和需求

在接洽中设法了解客户个人、家庭状况及其对装修的总体要求，了解客户的心里预算和经济承受能力。以便方案设计时，根据客户的身份、爱好以及家庭成员情况进行初步定位，设计出符合客户特点和需要的方案，同时还要控制总造价

在客户心里预算或可接受的范围内。了解了客户的情况和要求，就可以把精力和工作重点进行合理分配，如总造价仅两三万元的基础装修，就没有必要将过多精力放在设计方面。

（6）切勿信口开河

实地了解和现场测量时，详细询问并记录客户的各项要求，针对自己较有把握处提出几点建议，切勿信口开河，过多表达自己的想法，因为此时的想法并不十分成熟。也不要强烈和直接反驳客户意见，如有不同意见可在细谈方案时以引导方式提出，因为此时自己对方案考虑已经较为成熟，提出的建议可让客户感觉其中的合理性、可行性和可靠性。

2.1.2.3 业务洽谈应克服的缺点

一次成功的洽谈，实际上是一系列谈判技巧，是一个系统过程。在这个过程中的任何地方出问题，都会影响业务洽谈的效果，所以一定要避免可能的一点纰漏。

（1）言谈不专心

与顾客交谈时，要精神饱满，不能睡眼蒙胧，不断打哈欠，避免出现拨弄眼镜、挖鼻、掏耳、敲击物件、翻动口袋、翘二郎腿等不雅的小动作；接打电话特别是私人电话，即使有非接不可的电话，也应三言两语快速解决，不要在顾客面前煲电话粥、在电话里卿卿我我，否则会被认为是对顾客的不重视和不尊重，影响对方的洽谈心情；交谈中要避免出现严重的口头禅等不良语言习惯。

（2）喜欢随时反驳

交流中如果不断打断客户谈话，对每一个异议都进行反驳，会使自己失去一个在短时间内发现真正异议的机会。而这种反驳不附带有建议性提议时，反驳仅仅是一时的痛快，易导致客户恼羞成怒，中断谈话，这对于双方都是非常遗憾的。

（3）谈话无重点，用语不文明

与顾客交谈时，语言表达逻辑性差、东拉西扯不着边际、啰唆无重点，这样既浪费时间，

又无成效。最好在说话之前，想好交谈的重点、捋顺要表达的内容，尽量限定在一定时间内把应该表达的内容说清楚，又不遗漏。还应注意交谈中要杜绝使用不雅之词、脏污之语，甚至恶语伤人，否则会令人反感和厌恶。

（4）好用质疑的语气

业务洽谈过程中，担心顾客听不懂，而不断地以质疑的语气问对方，如"你懂吗？"、"你知道吗？"、"你明白我的意思吗？"、"这么简单的问题，你了解吗？"等，似乎在以一种长者或老师的语气在质疑，会让顾客反感和不满而产生逆反心理。如果实在担心顾客在你详细的讲解中还不太明白，你可以用试探性的语气了解对方，"有没有需要我再详细说明的地方？"也许这样会比较容易让人接受。说不定，顾客真的不明白时，他也会主动地对你说，或是要求你再说明之。

（5）言不由衷的恭维

对待客户需要坦诚以待，由衷地赞同客户对市场的正确判断，若为求得签单而进行虚假恭维，会降低自己及公司的声誉。

（6）贬低他人抬高自己

洽谈时，在顾客面前点名道姓大言其他公司怎么不如自己的贬损之辞，这样不好，会让人产生质疑，也有违职业道德和做人之道。应当尽量从自己公司的实力、优势、特长和成功案例等方面向顾客介绍，孰优孰劣留给顾客自己去判断。

2.2 室内设计的程序步骤

室内设计的工作内容不能简单地理解为画图和制图，而是包括了前后密切联系的一系列工作过程。根据工作进程，室内设计程序步骤可以分为5个阶段，即设计准备阶段、方案设计阶段、设计评估阶段、施工图设计阶段和设计实施阶段。

2.2.1 设计准备阶段

设计准备阶段主要是接受设计委托任务书、签订合同，或根据标书要求参加投标等准备工作。设计前期准备阶段的主要工作有：

2.2.1.1 明确建设方（业主）对设计的要求

明确设计任务和要求，需要对建设方（业主）的设计要求进行详细具体的调查了解。如室内设计的使用对象、等级、规模、标准、总造价、风格、近远期设想、期限、防火等级等。在调查了解过程中应做好详细记录，并将上述内容以"设计任务书"之文件形式固定下来。

2.2.1.2 准备投标资信证明材料

如参与工程投标，需要提供公司的资质与等级、固定资产额、流动资金情况和银行担保等资信证明，取得建设单位认可后，才可进入投标的关键——设计与报价。

2.2.1.3 勘察现场情况

现场勘察就是到建设工地现场了解建筑环境、建筑造型、建筑风格、布局、功能、土建施工图纸及土建施工情况等必要的信息，并形成翔实的资料。另外，还应与物业管理、房产部门沟通，以确保资料的准确性。

2.2.1.4 熟悉设计有关规范和制定设计计划

参观同类实例，收集当地材料的行情、质量及价格等相关信息，熟悉有关规范和当地相关条例。在对建设方意向及设计基础资料作了全面了解、分析之后，制定设计计划进度安排，安排人员并做好各有关工种的配合与协调工作。

2.2.2 方案设计阶段

方案设计阶段也称初步方案设计阶段，是室内设计的灵魂阶段、创意阶段，也是投标成功与否的关键。

通过对准备阶段中收集到的资料进行汇总、分析，以及与建设单位充分沟通，才开始着手设计。首先应推敲基本情况，列出符合现状的多种可能，尽量拓展思路，要"先放后收"，逐步比较，去掉不合理的方案，将构思确定在少数几个方案上。然后就平面布置的关系、空间处理及材料选用、家具、照明和色彩等做出进一步的考虑，以深化设计构思，形成设计文件。设计文件一般包括：平面图、地面铺装图、立面图、顶棚图、效果图、室内装饰材料实样、设计说明和造价概算等。

2.2.3 设计评估阶段

初步设计方案完成后，形成一系列设计文件，需经评估审定通过后，方可进行施工图设计。评估可由公司的有关人员、建设方（业主）对设计方案进行审查评估。主要是审查评估设计内容、主要材料、工程造价、施工工艺、施工工期等是否符合建设方（业主）的要求，以及成本核算是否满足公司相关规定、施工技术条件是否可行等。对用于投标的设计文件，为了提高中标几率，在向招标单位提交投标文件参加统一竞标之前，公司也可以组织专家审查评估设计方案是否符合招标要求和招标规定，分析竞标优势和劣势。

经过审核评估、汇总各方意见后，各方协商进一步修改完善设计方案，最后由公司主管和建设方（业主）审查签字认定。参与投标的文件也经进一步修改完善后，突显竞标优势，然后正式向招标单位或招标代理机构提交投标文件。

2.2.4 施工图设计阶段

初步设计方案经审核评估通过后（或中标后），即进入施工图设计阶段（扩大设计阶段）。施工图设计阶段是以精确、详细的文件和图纸，表达设计创意的阶段，是保证最终设计效果的主要阶段。由于设计施工图将直接用于指导施工制作，因此各施工图样要求十分详尽和规范。

施工图文件和图纸包括：平面图、地面铺装图、立面图和顶棚图、详图（各细部的节点图、大样图等）、设备管线图以及编制施工说明和造价预算。其中，平面图、立面图和顶棚图的尺寸必须精确，并详细注明各种材料和做法。对非常规的做法、必须现场制作的家具、设施、装饰构件要另外画出准确的详图。

因此，本阶段的制图工作量大，要求更严格，细部施工处理还须符合本公司的施工工艺与材料加工能力和技术水平。

2.2.5 设计实施阶段

设计人员完成各项设计图纸，就可以进入设计实施的阶段即工程的施工阶段。这个阶段是将设计想法最后成为现实的阶段，在实施过程中设计师应与施工人员紧密配合。

首先，在施工前，设计人员应向施工单位进行设计意图说明及图纸的技术交底。技术交底，是指设计人员需充分解释设计创意，并就实现方式交代清楚。其次，工程施工期间需按图纸要求核对施工实况，有时还需根据现场实况提出对图纸的局部修改或补充。最后，在施工结束时，会同质检部门和建设单位进行工程验收。

为了保证设计意图、设计细节的完全实施，使设计取得预期效果，仅靠图纸是不够的。在工程施工进程中，设计人员需协调好与建设单位和施工单位之间的相互关系，在设计意图和构思方面取得沟通与共识。设计人员还应多到现场，紧密配合施工人员，就地解决问题，才能确保工程设计意图的圆满实现。一些有着丰富经验的施工人员，对装饰施工中的某些具体问题，往往有独到的见解，也许会提出设计人员意想不到的施工工艺，或指出图纸中存在的一些不合理之处。

2.3 室内设计工程招投标

按照国家有关工程项目建设的法律和管理制度，有些装饰设计与施工工程是必须依法通过招投标的方式发包交易，装饰设计公司如果有意承包这些工程的设计施工，就必须按一定的程序参与招投标，才有获得项目承包权的可能。因此，室内设计从业者应当了解有关工程项目的招投标程序、招投标文件内容和编制方法及规范。

2.3.1 招投标基本知识

2.3.1.1 招投标的概念

招投标，是招标投标的简称，一种国际上普遍运用的、有组织的市场交易行为，是贸易中的一种工程、货物、服务的买卖方式。招标是指招标人发出招标公告或投标邀请书，说明招标的工程、货物、服务的范围、标段（标包）划分、数量、投标人的资格等要求，邀请特定或不特定的投标人在规定的时间、地点按照一定的程序进行投标的行为。投标是与招标相对应的概念，是指投标人应招标人特定或不特定的邀请，按照招标文件规定的要求，在规定的时间和地点主动向招标人递交投标文件并以中标为目的的行为。

室内设计工程项目招标是指由室内设计工程项目招标人将室内设计工程项目的内容和要求以文件形式标明，招引项目承包单位来报价，经比较选择理想承包单位并达成协议的活动。室内设计工程项目投标是指由承包单位向招标单位提交承包该室内设计工程项目的价格和条件，供招标单位选择以获得承包权的活动。

在市场经济条件下，室内设计工程实行招投标有利于促进机会均等、公平竞争，推动装饰设计企业的经营管理和装饰施工技术水平。对于招标者而言，通过招标公告择善而从，可以降低造价，缩短工期，确保工程项目质量。

2.3.1.2 招投标形式

招投标形式有公开招投标、邀请招投标、议标等形式。

（1）公开招投标

公开招投标又称无限竞争性招标，是指招标人以招标公告的方式邀请不特定的法人或者其他组织投标。即招标人在指定的报刊、电子网络或其他媒体上发布招标公告，吸引众多的单位参加投标竞争，招标人从中择优选择中标单位的招标形式。通过资格预审的投标申请人少于3个的，应当重新招标。

（2）邀请招投标

邀请招投标也称选择性招标或有限竞争性招标，是指招标人以投标邀请书的方式邀请特定的法人或者其他组织投标。即由招标人根据承包者的资信和业绩，选择一定的法人和其他组织，向其发出投标邀请书，邀请他们参加投标竞争。邀请招标的投标人不少于3家。

（3）议标

议标也称非竞争性招标。这种招标方式的做法是业主邀请一家自己认为理想的承包者直接进行协商谈判。通常不进行资格预审，不需开标。严格来说，这并不是一种招标方式，而是一种合同谈判。议标常用于总价较低、工期较紧、专业性较强或由于保密不宜招标的项目。

2.3.1.3 招投标原则

《招标投标法》第5条规定："招标投标活动应当遵循公开、公平、公正和诚实信用的原则。"

（1）公开原则

公开原则，首先要求招标信息公开。《招标投标法》规定，依法必须进行招标的项目的招标公告，应当通过国家指定的报刊、信息网络或者其他媒介发布。无论是招标公告、资格预审公告还是投标邀请书，都应当载明招标人的名称和地址、招标项目的性质、数量、实施地点和时间以及获取招标文件的办法等事项。其次，公开原则还要求招标投标过程公开。《招标投标法》规定开标时招标人应当邀请所有投标人参加，招标人在招标文件要求提交截止时间前收到的所有投标文件，开标时都应当当众予以拆封、宣读。中标人确定后，招标人应当在向中标人发出中标通知书的同时，也要将中标结果通知所有未中标的投标人。

（2）公平原则

公平原则，要求给予所有投标人平等的机会，使其享有同等的权利，履行同等的义务。《招标投标法》第6条明确规定："依法必须进行招标的项目，其招标投标活动不受地区或者部门的限制，任何单位和个人不得违法限制或者排斥本地区、本系统以外的法人或者其他组织参加投标，不得以任何方式非法干涉招标投标活动。"

（3）公正原则

公正原则，要求招标人在招标投标活动中应当按照统一的标准衡量每一个投标人的优劣。进行资格审查时，招标人应当按照资格预审文件或招标文件中载明的资格审查的条件、标准和方法对潜在投标人或者投标人进行资格审查，不得改变载明的条件或者以没有载明的资格条件进行资格审查。《招标投标法》还规定评标委员会应当

按照招标文件确定的评标标准和方法，对投标文件进行评审和比较。评标委员会成员应当客观、公正地履行职务，遵守职业道德。

（4）诚实信用原则

招标投标活动作为订立合同的一种特殊方式，同样应当遵循诚实信用原则。例如，在招标过程中，招标人不得发布虚假的招标信息，不得擅自终止招标。在投标过程中，投标人不得以他人名义投标，不得与招标人或其他投标人串通投标。中标通知书发出后，招标人不得擅自改变中标结果，中标人不得擅自放弃中标项目。

2.3.1.4 政府行政主管部门对招投标的管理

（1）依法必须采用招投标方式选择承包单位的建设项目

《中华人民共和国招标投标法》第三条规定：在中华人民共和国境内进行下列工程建设项目包括项目的勘察、设计、施工、监理以及与工程建设有关的重要设备、材料等的采购，必须进行招标：

① 大型基础设施、公用事业等关系社会公共利益、公众安全的项目；

② 全部或者部分使用国有资金投资或者国家融资的项目；

③ 使用国际组织或者外国政府贷款、援助资金的项目。

（2）对建筑装饰装修工程招投标方式的规定

我国《建筑装饰装修管理规定》第十三条规定：下列大中型装饰装修工程应当采取公开招标或邀请招标的方式发包：

① 政府投资的工程；

② 行政、事业单位投资的工程；

③ 国有企业投资的工程；

④ 国有企业控股的企业投资的工程；

⑤ 法律、法规规定的其他工程。

前款规定范围内不宜公开招标或邀请招标的军事设施工程、保密设施工程、特殊专业等工

程，可以采取议标或直接发包。

前两款规定以外的其他装饰装修工程的发包方式，由建设单位或房屋所有权人、房屋使用人自行确定。

2.3.2 招投标文件相关内容

在招投标活动中，有一系列编制规范的招投标文件。熟悉这些文件的内容、目的和作用，对于编制规范的投标文件，提高中标率，有很大的帮助。下面就招投标文件中常涉及的重要内容进行介绍。

2.3.2.1 招标公告

招标公告是指招标单位或招标人在进行科学研究、技术攻关、工程建设、合作经营或大宗商品交易公开招标时，公布标准和条件，提出价格和要求等项目内容，以期从中选择承包单位或承包人的一种周知性文书。

招标公告文书应公布招标单位、招标项目、招标时间、招标步骤及联系方法等内容。格式通常由标题、标号、正文和落款四部分组成。

（1）标题

招标公告的标题是其中心内容的概括和提炼，形式上可分为单标题和双标题。单标题如《××大学新校区大礼堂装饰装修工程招标公告》，双标题如《××招标有限公司招标公告——××配套装饰装修工程》。

（2）标号

凡是由招标公司制作的招标公告，都须在标题下一行标明公告文书的编号，以便归档备查。编号一般由招标单位名称的英文编写、年度和招标公告的顺序号组成。

（3）正文

招标公告的正文应当写明招标单位名称、地址、招标项目的性质、数量，实施地点和时间，以及获取招标文件的办法等各项内容，其写作结构一般由开头和主体两部分组成。

① 开头部分

开头部分也叫前言或引言，简要写明招标的缘由、目的或依据，招标项目或商品的名称、规模和批号、招标范围以及资金来源等内容。

② 主体部分

主体部分是招标公告的核心部分，通常采用条文式或分段式结构，要写明以下内容：

招标项目的主要情况。如工程名称或要采购的商品名称，工程概况、规模、质量要求，或大宗商品的型号、数额、规格等。

招标范围。写明投标人应具备的资格、条件，使潜在的投标人明确自己是否能成为投标人。

招标步骤。写明招标的起止日期，投标人购买招标文件的时间、价格和方式，开标的时间和地点，有的还写明签约的时间和期限、项目开工的时间或时限等。

（4）落款

在招标公告正文的末尾写明招标单位的名称、招标公告发布的日期。还要写明招标单位的地址、电话、传真、邮政编码及联系人等，以便投标人与招标人联系。

有的招标公告还带有附件，将一些繁杂的内容，如项目数量、工期、设计勘察资料等作为附件列于文后，或作为另发的招标文件。

与招标公告具有同等效力的"投标邀请书"，其内容与招标公告的内容一样。不同的是，邀请书以书信体行文，标题直书"投标邀请书"，正文有称谓（被邀请单位的名称），开头有对被邀请者的肯定性评价，邀请书的文字更为简洁，语气更恳切。

2.3.2.2 投标人须知

招标文件中一般包括"投标人须知"一章，由招标人编制，是招标文件的一项重要内容。在投标人须知中，着重说明本次招标的基本程序，反映招标人的招标意图，要求投标者应遵循规定和承诺的义务。其中的每个条款都是投标人应该知晓和遵守的规则和说明。

"投标人须知"中包括投标人须知前附表、总则、招标文件、投标文件、投标、开标、评标、合同授予、重新招标和不再招标、纪律和监督以及需要补充的其他内容。其中载明的主要内容包括：工程概况以及招标人情况，招标文件和投标文件的组成，投标文件的编制要求以及密封和递交要求，应当提交的资格、资信证明文件，投标保证金的有关规定，招标文件和投标文件的澄清和修改事项。

"投标人须知前附表"位于"投标人须知"正文之前，以简洁的表格形式明示投标人关于本次招标项目的一些重要信息，一般包括招标人的名称和地址、投标资格条件、现场踏勘、招标范围、分包与合同履行、合同计价、计划工期、质量要求、投标有效期、截标和开标时间、评标办法等招标文件中重要的核心内容，让投标人一目了然。"投标人须知前附表"有以下作用：一是将投标人须知中的关键内容和数据摘要列表，起到强调和提醒作用，为投标人迅速掌握投标人须知内容提供方便；二是对投标人须知正文中的核心内容在前附表中给予具体约定，也可进一步明确和弥补"投标人须知"正文中的未尽事宜。"投标人须知前附表"由招标人或者招标代理机构结合招标项目具体特点和实际需要编制和填写，但不得与"投标人须知"正文内容相抵触，否则抵触内容无效。

可以说，"投标人须知"（包括其中的投标人须知前附表）就是指导投标人参与整个投标过程的重要指导依据。"投标人须知"对投标人很重要，关系到投标能否成功，参与项目的投标时，必须仔细阅读，绝不可掉以轻心。

2.3.2.3 投标文件的编制

投标文件也叫投标书或竞标文件，是指投标单位按照招标文件的条件和要求，在通过招标项目的资格预审后，对自己在本项目中可以投入的人力、物力、财力等方面的情况进行描述，还对自己在本项目的完成能力、报价、完成的细节（如工程招标需有施工组织设计）等制定的响应文件。竞标文件要求密封后邮寄或派专人送到招标单位，故又称标函。

（1）投标文件的编制程序

投标文件的编制程序如图2-1。

（2）投标文件编制格式

投标人按招标公告到指定的地点购买招标文件，并准备投标文件。在招标文件中，通常包括投标人须知，合同书条款（包括合同书格式）、技术规范、竞标文件要求和格式以及附件等。投标单位应认真研究，正确理解招标文件的全部内容，在编制投标文件时，按照招标文件要求和格式编写投标文件。投标文件应当对招标文件提出的实质性要求和条件作出响应。这就要求投标单位必须严格按照招标文件填报，不得对招标文件进行修改，不得遗漏或者回避招标文件中的问题，更不能提出任何附带条件。

投标文件通常由投标函部分、商务部分和技术部分三部分组成，有的由综合部分、商务部分和技术部分三部分组成，也有的由综合部分和技术部分组成，其实质基本相同。

① 投标函部分

投标函部分是反映投标方胜任招标项目的综合实力及业绩信誉，按招标文件要求编制，实质性内容必须与资格预审提供的资料保持一致。其内容包括：企业法人营业执照、法定代表人身份证明书、委托书、投标函、投标函附录、投标担保函、招标文件要求投标人提交的其他投标资料、项目管理机构配备（包括项目经理简历表，项目技术负责人简历表，其他辅助说明资料）。

② 商务部分

商务部分就是工程投标预算和投标报价部分。以清单报价为例，有投标报价说明、投标总报价、工程项目总价表、单位工程汇总表、分部分项工程量清单计价表、措施项目清单计价表、其他项目清单计价表、零星工作项目计价表、分

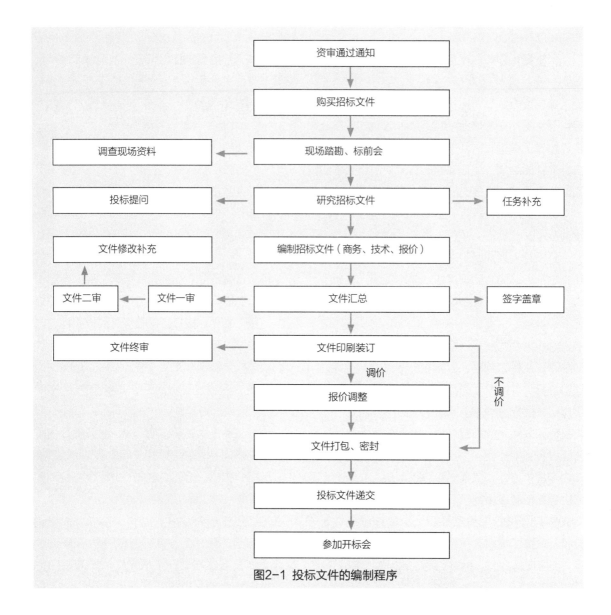

图2-1 投标文件的编制程序

部分项工程量清单综合单价分析表、措施项目费分析表、主要材料价格表、投标报价需要的其他资料。

③ 技术部分

技术部分就是通常所说的施工组织设计。主要包括各分部分项工程的主要施工方法、工程投入的主要施工机械设备情况、主要施工机械设备进场计划、劳动力安排计划、确保工程质量的技术组织措施、确保安全生产的技术组织措施、确保文明施工的技术组织措施、确保工期的技术组织措施、施工总平面布置图、临时用地计划、投资计划、材料进场使用计划及其他需要说明的内容。

2.3.3 招投标程序

招投标要遵循一定的程序，工程建设已经形成了一套相对固定的招投标程序。招投标过程按工作特点的不同，可划分成以下3个阶段。

2.3.3.1 招投标准备阶段

在这个阶段，建设单位要组建招标工作机

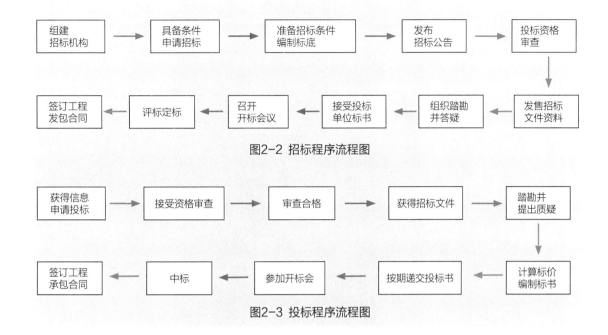

图2-2 招标程序流程图

图2-3 投标程序流程图

构（或委托招标代理机构），决定要采取的招标方式和工程承包方式，准备招标文件编制标底，并向有关工程主管部门申请批准。对投标单位来说，主要是对招标信息的调研，决定是否投标。

2.3.3.2 招投标阶段

在这个阶段，对于招标单位来说，其主要任务包括发布招标信息（招标公告或招标邀请书）、对投标者进行资格预审、确定投标单位、发售招标文件、组织现场勘察、解答标书疑问、发送补充材料、接受投标文件。对于投标单位来说，其主要任务包括索取资格预审文件、填报资格审查文件、确定投标意向、购买招标文件、研究招标文件、参加现场勘察、提出质疑问题、参加标前会议、确定投标策略、编制投标文件。

2.3.3.3 定标成交阶段

在这个阶段，招标单位要开标评标、澄清标书中的问题，并得出评标报告、进行决标谈判、决标、发中标通知书、签订合同，并通知未中标者。投标单位要参加开标会议、述标并回答投标书中的疑问，与招标单位进行谈判、准备履约保证，最后签订合同。

室内装饰装修工程招标程序和投标程序流程图如图2-2和图2-3。

2.4 室内设计的内容

室内设计实际上就是室内设计的施工方案设计。一个好的建筑设计，如果装饰设计和施工跟不上，将会对原有设计意图的实现带来很大的影响。要绘制好室内设计方案图，必须了解室内设计的内容。现代室内设计包含的内容和传统的室内装修相比，涉及的面更广，相关的因素更多，内容更为深入。

2.4.1 室内设计的内容分类

室内设计的内容很复杂，但可就其性质和使用功能来分类。

2.4.1.1 按室内装饰的性质分类

（1）固定装饰

凡是与建筑构造直接相连的固定装饰构件均属固定装饰类。包括室内的墙面、地面、柱子、顶棚、门窗、楼梯、花格等。

（2）活动装饰

凡是不依附于建筑构件的可动的装饰均称之为活动装饰类。包括卫生洁具、各类家具、餐厨用具和各类灯具等。

2.4.1.2 按功能关系分类

（1）实体装饰

实体装饰指依附于建筑物的不动的装饰部位，这种装饰基本上与建筑的寿命同步，所以多使用耐久性的材料。如壁画、壁饰、柱饰、花格、门窗装饰等。

（2）设备装饰

在现代室内设计中，设备装饰成了不可缺少的重要组成部分。它包括室内的空调系统、卫生系统、视听系统、服务系统和防火系统等。设备装饰的造型、造价、功能和配套已成为室内装饰工程的最大内容之一。

（3）纯粹装饰

纯粹装饰是指室内的观赏性公共空间包括大厅、过厅、过廊、梯间、花格和内庭等的装饰。这些装饰虽无多大实用价值，但为了满足人的心理需求，往往成为室内设计的重点和中心。

（4）宣传装饰

宣传装饰是指用于宣传目的的装饰，它也包括室外某些部分的装饰。如门面、看板、灯箱、霓虹灯等，一套完整的装饰甚至包括服务员的服装、标牌、标志和信封、信纸等内容。

2.4.2 室内设计任务书

室内设计的内容，无论怎样分类和划分，在洽谈装饰设计项目时，总要通过设计文件体现出来，我们称它为《装饰设计任务书》。《装饰设计任务书》是装饰设计的内容、要求、工程造价的总依据。

为了介绍的方便和便于联系实际，下面以星级宾馆为例，列举《宾馆装饰设计任务书》的主要内容供读者参考。

2.4.2.1 室内装饰项目

（1）大厅：顶棚、地面、墙面、柱、服务台、灯具、休息间。

（2）梯间：顶棚、地面、墙面、休息座椅。

（3）楼梯：栏板、扶手、缓台、梯底、墙面、梯顶灯、地毯、缓台装饰。

（4）电梯外间：顶棚、地面、墙面、柱、电梯口墙饰。

（5）各层走廊：顶棚、地面、墙面、照明。

（6）接待厅、会议室：顶棚、地面、墙面、灯具、茶几、沙发。

（7）标准客房：标准客房包括卧室和卫生间。其中，卧室的装饰设计内容有顶棚、墙面、地面、床、床头柜（电控柜）、衣柜、行李柜、书桌、茶几、座椅、电视柜、电视机、空调、电话机、烟感设备、照明灯具、梳妆台、梳妆镜、窗帘等；卫生间的装饰设计内容有顶棚、地面、墙面、淋浴间或浴缸、坐便器、洗面盆、盥洗镜、镜前灯、照明灯等。

（8）高级客房：高级客房包括卧室、卫生间、会客室。其中，卧室设大型号床，卫生间同时设淋浴间和浴缸，并增加净身器（盆）等，其他设备与标准客房相同；会客室的装饰内容包括顶棚、墙面、地面、沙发、茶几、台灯、地灯、餐桌、冰箱、食品柜、电视、电话等。

（9）大餐厅：顶棚、墙面、地面、灯具、设备、服务台、桌椅等。

（10）小餐厅、咖啡、酒吧：顶棚、墙面、地面、灯具、设备、吧台、桌椅等。

（11）舞厅：顶棚、墙面、地面、灯具、音响、照明、服务台。

（12）公共卫生间：洗面盆、镜子、卫生设备（设备根据男女区别而有所不同）。

（13）门窗、窗帘、各种活动隔断。

（14）商场：墙、顶棚、地面、照明、货柜、货架、橱窗、展柜等。

（15）邮政、兑汇、医院、图书、洗衣、美容室等。

（16）娱乐设施：健身房、游泳池、保龄球、电子游戏等。

（17）内庭：石、树、亭、喷泉、路、灯、花格、桥、水、花等。

（18）写字间：顶棚、墙面、地面、办公桌、椅、柜、照明等。

2.4.2.2 室内设备项目

（1）闭路电视系统

（2）宽带网络系统

（3）自动电话系统

（4）消防、防盗监控系统

（5）中央空调系统

（6）水暖系统

（7）照明系统

2.4.2.3 室外装饰项目

（1）门面：门、檐、标志、看板、卷帘门、文字等。

（2）建筑小品：喷水池、室外家具、装饰雕塑、灯柱、铺地等。

（3）庭院：水、小桥、道路、水池、花木、喷泉等。

（4）艺术品：壁画、雕塑等。

（5）其他：室外灯柱、铺地、家具等。

2.4.2.4 其他内部用房

如厨房、备餐、工作间等，可做简单装饰处理。

以上各项内容是各类宾馆必不可少的，但有特殊要求的宾馆还可以增加一些新的内容和项目。另外，不同装饰等级的宾馆装饰工程的总造价也不同，因此所选用的材料等级也就不同。

2.5 室内设计的表达

室内设计表达是将装饰工程设计意图进行表达和指导施工的依据。每个设计人员都必须掌握设计表达方法，设计图是设计的表达语言，所以室内设计表达需要学会有关制图的基本知识，按规定和要求绘制设计图。

2.5.1 室内设计制图方法和要求

室内设计表达的制图的基本方法就制图手段而言，大体分为手工制图和计算机制图两种，手工制图必须掌握其基本的制图技能与表现技法，

同时又必须有一定的审美能力；计算机制图是运用绘图软件在计算机中进行制图。计算机制图设计是以手工制图能力为基础的，故又称为计算机辅助设计。

室内设计在我国虽然发展很快，但多年以来，在国内没有统一的室内设计制图国家标准，通常是套用《房屋建筑制图统一标准》和《家具设计制图标准》。也有一些单位，为了工作方便而自行制定一套内部使用的制图办法。

2011年7月国家住房和城乡建设部发布了《房屋建筑室内装饰装修制图标准》（JGJ/T

224—2011），标准于2012年3月1日开始实施。该行业标准是以现行的国家标准《房屋建筑制图统一标准》（GB/T 50001—2010）为基础制定的，这是迄今为止，针对房屋建筑室内装饰装修制图发布的首个行业标准。这对室内设计制图统一规范，提高制图质量和效率有重大的指导意义。

针对目前的情况，为了适应室内设计发展的新形势，使室内设计制图逐步走上科学化和规范化的道路，根据《房屋建筑制图统一标准》（GB/T 50001—2010）和《房屋建筑室内装饰装修制图标准》（JGJ/T 224—2011），下面将目前国内流行和为大家公认的方法归纳成简单的体例，供交流学习。

2.5.1.1 图纸幅面

工程图纸幅面及图框尺寸应符合中华人民共和国国家标准《技术制图——图纸幅面和格式》（GB/T 14689—2008）中有关图纸幅面及图框尺寸规定，其基本尺寸有五种，代号分别为A0、A1、A2、A3、A4。其幅面尺寸如表2-1。

室内设计图纸的图框形式和标题栏，可以按中华人民共和国国家标准《房屋建筑制图统一标准》（GB/T 50001—2010）规定绘制，如图2-4、图2-5、图2-6、图2-7。

幅面的布置分横式和立式两种，以长边（l）作为水平边的称为横式，以短边（b）作为水平边的称为立式。规定A0～A3图纸宜采用横式，

特殊情况下也可采用立式（格式参照图2-4、图2-5），但A4只能采用立式。另外，一个工程设计中，每个专业所用的图纸，不宜多于两种幅面，不含目录及表格所采用的A4幅面。

遇到特殊情况，图纸需要加长时，只能加长长边（l），A0按l/8的整数倍加长，A1、A2按l/4的整数倍加长，A3则按l/2倍数加长。

每张图纸都设有标题栏（简称图标），其位置在图框右侧或底部（参见图2-4～图2-7）。栏内根据工程的需要，选择确定其尺寸、格式及分区，通常应分区标明设计单位名称、工程名称、图号、图名以及设计人、制图人、审批人、工程负责人等签字区，以便图纸的查阅和明确技术责任。涉外工程的标题栏内，各项主要内容的中文下方应附有译文，设计单位的上方或左方，应加"中华人民共和国"字样。

2.5.1.2 图线

在工程制图中为了清楚地表达不同的内容，规定了各种线型和线宽的不同含义。图线的宽度b，宜从1.4、1.0、0.7、0.5、0.25、0.18、0.13mm线宽系列中选取。图线宽度不应小于0.1mm。每个图样，应根据复杂程度与比例大小，先选定基本线宽b，再选用表2-2中相应的线宽组。

图线线型主要分实线、虚线、单点画线、双点画线、折断线和波浪线等种类，其中有一些线型还分为粗、中粗、中、细4种，如表2-3。

表2-1 幅面及图框的尺寸（mm）

尺寸代号 幅面代号	A0	A1	A2	A3	A4
b×l	841×1189	594×841	420×594	297×420	210×297
c	10			5	
a	25				

注：表中b为幅面短边尺寸，l为幅面长边尺寸，c为图框线与幅面线间距宽度，a为图框线与装订边间宽度。

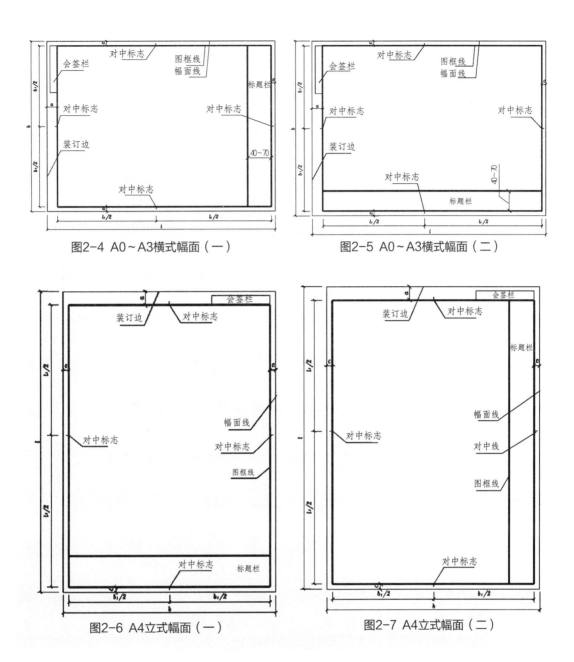

图2-4 A0~A3横式幅面（一）　　　　　图2-5 A0~A3横式幅面（二）

图2-6 A4立式幅面（一）　　　　　图2-7 A4立式幅面（二）

表2-2 线宽组（mm）（摘自GB/T 50001—2010）

类别	线宽组			
b	1.4	1.0	0.7	0.5
$0.7b$	1.0	0.7	0.5	0.35
$0.5b$	0.7	0.5	0.35	0.25
$0.25b$	0.35	0.25	0.18	0.13

注：需要缩微的图纸，不宜采用0.18mm及更细的线宽；同一张图纸内，各不同线宽中的细线，可统一采用较细的线宽组的细线。

表2-3 图线的种类和应用（摘自JGJ/T 224—2011）

名　称		线　型	线　宽	一般用途
实　线	粗	——————	b	1. 平、剖面图中被剖切的房屋建筑和装饰装修构造的主要轮廓线 2. 房屋建筑室内装饰装修立面图的外轮廓线 3. 房屋建筑室内装饰装修构造详图、节点图中被剖切部分的主要轮廓线 4. 平、立、剖面图的剖切符号
	中粗	——————	$0.7b$	1. 平、剖面图中被剖切的房屋建筑和装饰装修构造的次要轮廓线 2. 房屋建筑室内装饰装修详图中的外轮廓线
	中	——————	$0.5b$	1. 房屋建筑室内装饰装修构造详图中的一般轮廓线 2. 小于$0.7b$的图形线、家具线、尺寸线、尺寸界线、索引符号、标高符号、引出线、地面、墙面的高差分界线等
	细	——————	$0.25b$	图形和图例的填充线
虚　线	中粗	— — — — —	$0.7b$	1. 表示被遮挡部分的轮廓线 2. 表示被索引图样的范围 3. 拟建、扩建房屋建筑室内装饰装修部分轮廓线
	中	— — — — —	$0.5b$	1. 表示平面中上部的投影轮廓线 2. 预想放置的房屋建筑或构件
	细	— — — — —	$0.25b$	表示内容与中虚线相同，适合小于$0.5b$的不可见轮廓线
单点长画线	中粗	—·—·—·—	$0.7b$	运动轨迹线
	细	—·—·—·—	$0.25b$	中心线、对称线、定位轴线

名　称		线　型	线　宽	一般用途
折断线	细	——／——	0.25b	不需要画全的断开界线
波浪线	细	～～～～	0.25b	1. 不需要画全的断开界线 2. 构造层次的断开界线 3. 曲线形构件断开界线
点　线	细	··············	0.25b	制图需要的辅助线
样条曲线	细	～	0.25b	1. 不需要画全的断开界线 2. 制图需要的引出线
云　线	中	⌇⌇⌇	0.5b	1. 圈出被索引的图样范围 2. 标注材料的范围 3. 标注需要强调、变更或改动的区域

表2-4 图框线和标题栏线的宽度（mm）（摘自GB/T 50001—2010）

幅面代号	图框线	标题外框线	标题栏分格线
A0、A1	b	0.5b	0.25b
A2、A3、A4	b	0.7b	0.35b

表2-5 文字的字高（mm）（摘自GB/T 50001—2010）

字体种类	中文矢量字体	True type字体及非中文矢量字体
字高	3.5、5、7、10、14、20	3、4、6、8、10、14、20

图纸的图框线和标题栏线可采用表2-4的线宽。

2.5.1.3 字体

工程图纸中所需书写的文字、数字、符号等，均应笔画清晰、字体端正、排列整齐。文字的字高应从表2-5中选取。字高大于10mm的文字宜采用True type字体，当需要书写更大的字体时，其高度应按$\sqrt{2}$的倍数递增。

图样及说明中的汉字，应采用国家正式公布的简化汉字，并按长仿宋体或黑体书写，同一图纸字体种类不应超过两种。长仿宋体的高宽比约为3:2，黑体字的宽度与高度应相同。大标题、图册封面、地形图等的汉字，也可以书写成其他字体，但应易于辨认。汉字的书写方向，除特殊需要外，一律从左到右，横向书写，字体高度不小于3.5mm。

图样及说明中的阿拉伯数字、拉丁字母，宜

表2-6 绘图所用的比例

常用比例	1：1、1：2、1：5、1：10、1：15、1：20、1：25、1：30、1：40、1：50、1：75、1：100、1：150、1：200
可用比例	1：3、1：4、1：6、1：60、1：80、1：250、1：300、1：400、1：500、1：600、1：1000、1：2000

平面图 1：100 1：20

图2-7 比例的注写

采用单线简体或Roman字体，最小字高不应小于2.5mm。数字和字母可书写成直体和斜体，但在同一张图纸中必须统一。当需写成斜体字时，其斜度应顺时针向右倾斜15°。

2.5.1.4 比例

室内设计图纸所画的图形一般都不可能是实际大小的尺寸，只是按一定的比例关系缩小绘制的。而比例就是图形与实物相对应的线性尺寸之比。例如1：200，表示图形上任意一段长度相当于实物相对应部分长度的1/200。绘图所用的比例应根据图样的用途与被绘对象的复杂程度从表2-6中选取，并优先采用表中常用比例。

比例的符号应为"："。比例应以阿拉伯数字表示，注写在图名的右侧，字的底部基准线应平齐，无下划线，字高宜比图名的字高小一号或二号，如图2-7。如一张图纸采用的是同一比例也可将比例注写在标题栏内。

2.5.1.5 尺寸标注

工程图样虽然按一定的比例绘制，并注明具体比例，但还不能直截了当表达各部分尺寸大小，为保证正确无误地按图施工，还必须注有完整的尺寸。图样的尺寸标注由尺寸界线、尺寸线、尺寸起止符号和尺寸数字组成。尺寸宜标注在图形轮廓以外，当需要注在图形内时，不应与

图线、文字及符号等相交或重叠。

尺寸界线应用细实线绘制，应与被注长度垂直，其一端应离开图形轮廓线不小于2mm，另一端超出尺寸线2mm～3mm，图形的轮廓线也可当作尺寸界线。

尺寸线应用细实线绘制，与被注长度平行，图形本身的任何图线均不得用作尺寸线。互相平行的尺寸线，应从被注写的图形轮廓线由近向远整齐排列，较小尺寸应离轮廓线较近，较大的尺寸应离轮廓线较远。图形轮廓线以外的尺寸线，距图形最外轮廓之间的距离不宜小于10mm。平行排列的尺寸线间距宜为7mm～10mm，并应保持一致。

起止符号用中粗短线绘制，长度约2mm～3mm，其倾斜方向应与尺寸界线成顺时针45°。也可用实心圆点绘制，其直径宜为1mm，但同一图样中，两者不能混用。半径、直径、角度与弧长的尺寸起止符号须用箭头表示。

尺寸数字应依据其方向注写在靠近尺寸线的上方中部，如没有足够的注写位置，最外边的尺寸数字可注写在尺寸界线的外侧，中间相邻的尺寸数字可上下错开注写或加引出线注写，如图2-8。图样上的尺寸单位，除标高及总平面以米为单位外，其他必须以毫米为单位，并无须在尺寸数字后写出单位，即表示其单位为毫米。尺寸数字表达了实物上的实际长度值，与绘图采用的比例大小无关，图样上的尺寸必须以尺寸数字为准，不得从图上直接量取。

标注圆弧半径尺寸时，半径数字前应加符号"R"，标注圆的直径尺寸时，直径数字前应加符号"Φ"，标注球体的半径或直径尺寸时，应在尺寸数字前加符号"SR"或"SΦ"，如图2-9。

标注角度时，其角度数字应水平方向注写，数字右上角加注"°、′、″"符号，意为"度、分、秒"，如图2-10（a）。

圆弧的弧长和弦长的标注方法，如图2-10（b）、图2-10（c）。

对于连续排列的相等距离尺寸，可用简化标注方法，如图2-11。

建筑物各部分或各个位置的高度在图纸上常用标高来表示，顶棚平面图、立面图、剖面图及详图等不易标注垂直高度尺寸时，也可在相应位置标注标高。标高符号应以等腰直角三角形表示，用细实线绘制，如图2-12（a）。当标注位置不够，也可按图2-12（b）形式绘制。标高符号的尖端应指在被注高度的位置，尖端宜向下，也可向上，如图2-12（c）。总平面图室外地坪标高符号应涂黑，如图2-12（d）。

标高数字注写在三角形的上面或右上角，标高数字规定以米（m）为单位，标高注写至小

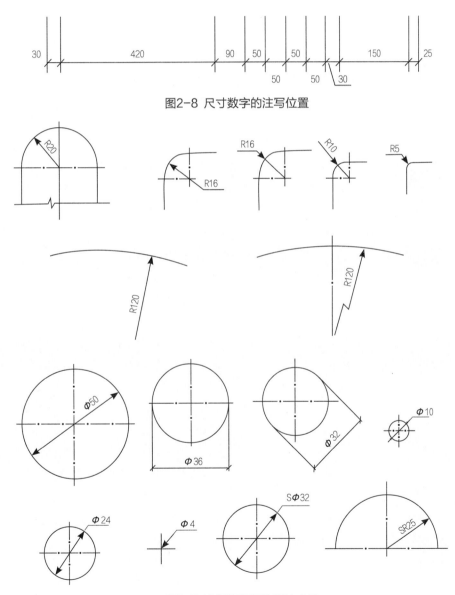

图2-8 尺寸数字的注写位置

图2-9 半径和直径的标注方法

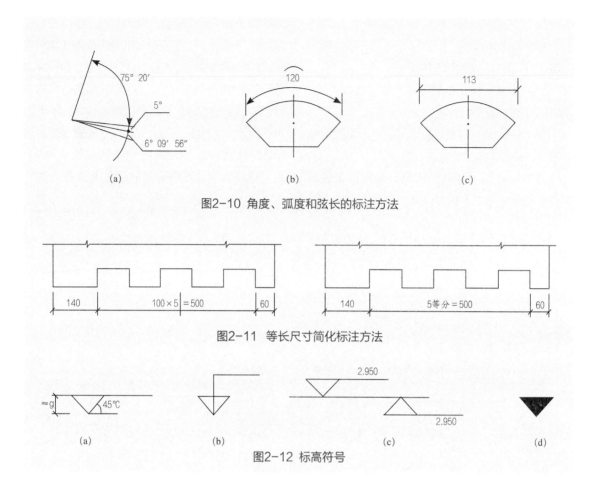

图2-10 角度、弧度和弦长的标注方法

图2-11 等长尺寸简化标注方法

图2-12 标高符号

数点后第三位，总平面图上的标高可注至小数点后第二位，在标高数字后面不写单位。零点标高注写成±0.000，零点标高以上位置的标高为正数，零点以下位置的标高为负数，正数标高不注"+"号，如注写为6.000、9.000，负数标高要注"－"号，如注写为－0.450、－3.000。

2.5.1.6 符号

（1）索引符号

图样中需要表现的细部做法，由于受图幅、比例的限制，有时无法在基本视图中表达清楚，需在本张图纸或其他图纸上绘出详图。图样中需要另画详图表示的局部或构件时，为了读图方便，应在图中相应位置，用索引符号注明详图编号与所在图纸的编号，以便对照查阅。索引符号是用直径为8mm～10mm的圆和水直径组成，圆及水平直径应以细实线绘制。在圆圈内用阿拉伯数字注明详图的编号及所在图纸的编号。索引符号的上半圆中的数字表示详图编号，下半圆中的数字表示索引部分的详图在整套图纸的编号，即在第几张图纸上。如被索引部分与其详图在同一张上，所在下半圆中用一段水平的细实线表示。如索引的详图为标准图册中的详图，可在索引符号直径的延长线上加注标准图册的代号，符号中的数字则表示标准图册中详图的编号和所在页数，如图2-13（a）、（b）、（c）。

用于索引剖面详图时，应在被剖切的位置用粗实线画出剖切位置线，再用引出线引出索引符号，引出线的一侧表示剖切投影方向。索引符号的编号含意与上述相同，如图2-13（d）。

在室内设计平面图中，表示室内立面在平面上的位置及立面图所在图纸编号，应在平面图上使用立面索引符号。立面索引符号也称内视符号，其立面编号常用大写字母表示，立面所在图纸编号可注写也可不注写。立面索引符号的常用画法和含义见图2-14。

（2）详图符号

与索引符号相对应，在详图所在位置的下方应标有详图符号，以便对照查阅，详图符号规定以直径为14mm的粗实线圆绘制，在圆内用阿拉伯数字注明详图的编号，如图2-15。当详图与被索引的图样在同一张图纸上时，只需在详图符号内注明详图编号，如图2-15（a）。当详图与被索引的图样不在同一张图纸上时，可用细实线在详图符号圆圈中部画一条水平直线，上半圆圈中注明详图编号，下半圆圈中注明被索引图样的图纸编号，如图2-15（b）。

（3）引出线

对图样中需要说明的可用引出线和文字加以说明。引出线用细实线绘制，引出方向可采用水平方向的直线或与水平方向成30°、45°、60°、90°的直线以及采用与水平方向成以上角度再折为水平的折线，文字说明宜注写在水平线上方，也可注写在水线的端部。引出线后是索引符号时，引出线方向要指向索引符号的圆心。引出几个相同部分的引出线可画成相互平行或汇集一点的放射形引出线。引出线形式如图2-16。必要时，也可以绘制引出线起止符，起止符宜用实心圆点绘制，也可以绘制成箭头形式。起止符号的大小应与本图样尺寸的比例相协调，如图2-17。

对于多层构造或多个部分共用引出线，应通过被引出的各层或各部分，并以引出线起止符号指出相应位置。文字说明宜注写在引出线上方，或注写在水平线的端部。如层次为纵向排列，说明的顺序应由上至下，并应与被说明的层次对应一致，如图2-18（a）；如层次为横向排列，说明的顺序应由上至下与由左至右的层次对应一致，如图2-18（b）、（c）。

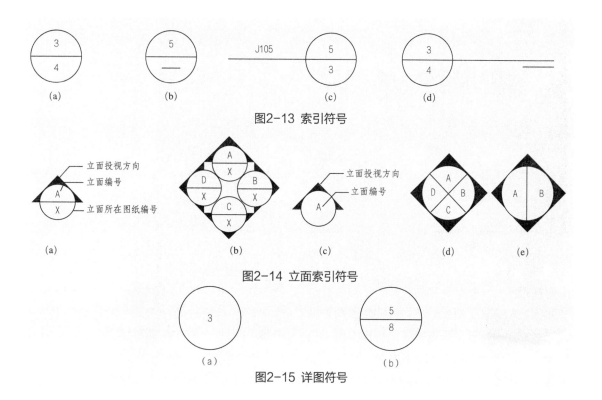

图2-13 索引符号

图2-14 立面索引符号

图2-15 详图符号

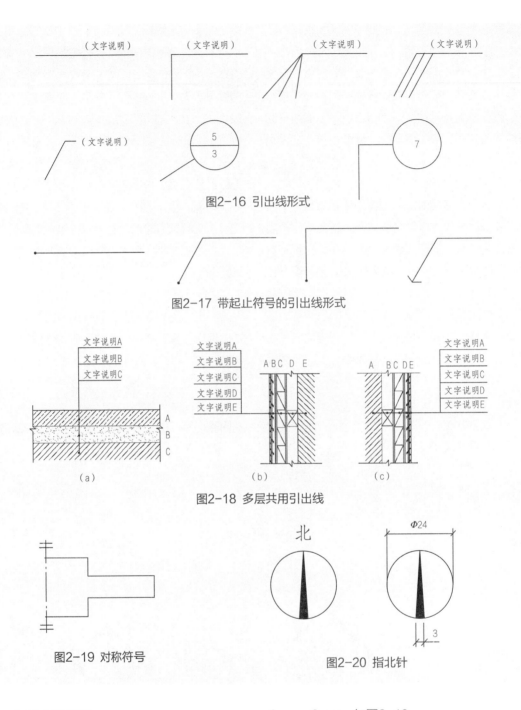

图2-16 引出线形式

图2-17 带起止符号的引出线形式

图2-18 多层共用引出线

图2-19 对称符号

图2-20 指北针

（4）对称符号

对于完全对称的图样，可在对称线上画上对称符号，只绘制一半图样即可。对称符号由对称线和两对平行线组成。对称线用细单点画线绘制；平行线用细实线绘制，其长度宜为6mm～10mm，每对的间距为2mm～3mm；对称线垂直平分于两对平行线，两端超出平线宜为2mm～3mm。如图2-19。

如需要在图纸中表明房屋户型朝向时，可以在整套图纸的第一张平面图上明显位置绘制指北针。指北针形状如图2-20，其圆的直径宜为24mm，用细实线绘制；指针尾部宽度宜为3mm，指针头部应注"北"或"N"字样。需要较大直径绘制指北针时，指针的尾部宽度宜为直径的1/8。

2.5.2 室内设计制图图例

室内设计图样中，对于家具、设施、织物、绿化、摆设等怎样用图示符号表达呢？一般地说，我们应遵循这样一条原则：按照相应的比例绘制其轮廓，作为简单的作图法和示意性符号来表示，这些符号就称为图例，必要时图例也可附加文字说明。对于室内设计者来说，必须认识并使用这些符号，以达到简化制图，方便交流的目的。以下常用家具、电器、厨具、洁具等图例（表2-7至表2-10）摘自《房屋建筑室内装饰装修制图标准》（JGJ/T 224—2011），作为专业图例供使用和参考。

2.5.3 室内设计工程图样的绘制

室内设计工程图样的绘制与建筑工程图的画法基本相同，是在一般房屋建筑工程图的基础上，遵循房屋建筑制图和家具制图的一般规定，更详细地表达出空间整体效果，用图形方式表达家具、设施、织物、摆设、绿化、灯具、开关、插座、水管等的布置安装和墙面、地面、顶面装饰的做法。室内设计工程图样一般包括平面图、地面铺装图、立面图、顶棚图、详图、开关布置图、插座布置图、水路布置图和透视效果图等。

有时还针对用途或设计阶段和施工阶段对图样要求的不同，将室内设计工程图样分别对应为室内设计方案图和室内设计施工图。特别是参与招投标的工程项目，投标时提供室内设计方案图，中标后再提交室内设计施工图，其作为精确、详细的设计文件，将直接运用于指导装饰施工，是保证设计效果最终能否变为现实的主要依据，因此要求十分详尽和规范。

通常室内设计方案图包括平面图、顶棚图、立面图和透视效果图，室内设计施工图则包括平面图、地面铺装图、立面图、顶棚图、详图、开关布置图、插座布置图、水路布置图等。其中，

平面图、立面图和顶棚图的绘制方法和基本要求与室内设计方案图几乎是一样的，只是尺寸更精确、标注更详细，并注明各种材料和做法。对非常规的做法要另外绘制局部施工详图，对必须现场制作的家具、设施、装饰构件等，还要画出精确的细部图样即详图。

2.5.3.1 平面图

平面图可以清楚地展示室内空间各物体的平面关系，是装饰设计思想的重要体现，是室内设计工程的重要图样。通过平面图中固定设施的设置和可动的家具、家电等在房间的摆放情况，可以看出各个房间的使用功能与其合理性。正确绘出平面图是整个室内设计的关键，也是室内设计者的基本功。正确的制图不但增强了图示的表达力，而且大大减少了以后工作中的错误。

（1）平面图的概念

室内平面图是假想有一个水平剖切面在窗台上方、门窗洞口之间将房屋剖开，移去剖切平面以上部分，将余下的部分直接用正投影法投影到水平投影面上而得到的正投影图即为平面图。通常平面图也称为平面布置图，其包括了墙体、柱子、隔断等的轮廓线，家具、装饰物等摆设的布置以及地面铺设造型与用材等内容，所表达的内容比较全面。有时也可以根据需要表达的意图和目的不同，在平面图中表达的内容有所侧重。如只表达毛坯房的平面而无家具等摆设的平面图称为原始平面图；根据设计的需要，将原始平面图中某些部位适合改造的墙体，进行了拆除或改动的平面图称为墙体拆改图；当地面装饰要求较复杂时（地面设计有较复杂的拼花和图案、装饰用材类型较多且加工较复杂、地面高度变化较多等），可单独画出地面铺装的造型、拼花图案，注明所用材料和施工方法，而不表达家具等摆设物的平面图称为地面铺设图。

（2）平面图的内容

平面图应清晰、疏密适当地表示出平面图中应具有的内容，一般应包括：

表2-7 常用家具图例

序　号	名　称		图　例	备　注
1	沙发	单人沙发		
		双人沙发		
		三人沙发		
2	办公桌			1. 立面样式根据设计自定 2. 其他家具图例根据设计自定
3	椅	办公椅		
		休闲椅		
		躺椅		
4	床	单人床		
		双人床		

序　号	名　称		图　例	备　注
5	橱柜	衣柜		1. 柜体的长度及立面样式根据设计自定 2. 其他家具图例根据设计自定
		低柜		
		高柜		

表2-8 常用电器符号

序　号	名　称	图　例	备　注
1	电视	TV	1. 立面样式根据设计自定 2. 其他电器图例根据设计自定
2	冰箱	REF	
3	空调	A C	
4	洗衣机	W M	
5	饮水机	WD	
6	电脑	PC	
7	电话	T E L	

表2-9 常用厨具图例

序 号	名 称	名 称	图 例	备 注
1	灶具	单头灶		1. 立面样式根据设计自定 2. 其他厨具图例根据设计自定
		双头灶		
		三头灶		
		四头灶		
		六头灶		
2	水槽	单盆		
		双盆		

表2-10 常用洁具图例

序　号	名　称		图　例	备　注
1	大便器	坐式		1. 立面样式根据设计自定 2. 其他洁具图例根据设计自定
		蹲式		
2	小便器			
3	台盆	立式		
		台式		
		挂式		
4	污水池			

序 号	名 称		图 例	备 注
5	浴缸	长方形	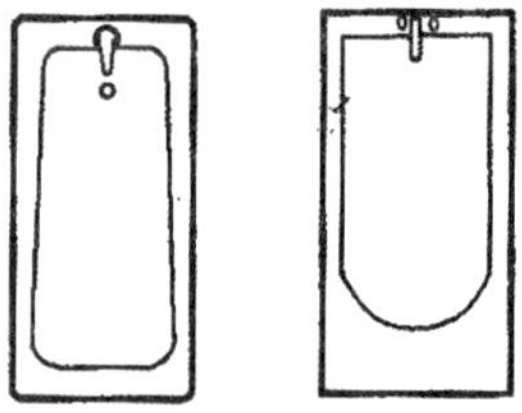	1. 立面样式根据设计自定 2. 其他洁具图例根据设计自定
		三角形	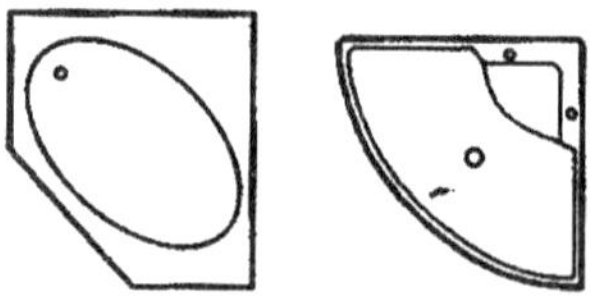	
		圆形	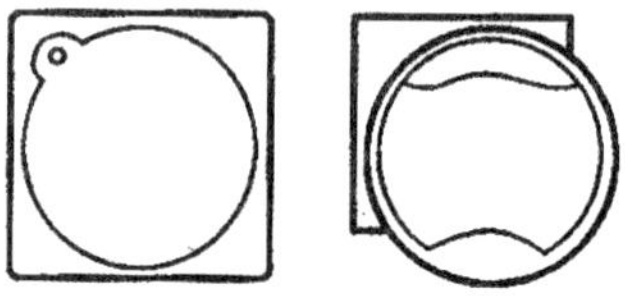	
6	淋浴房		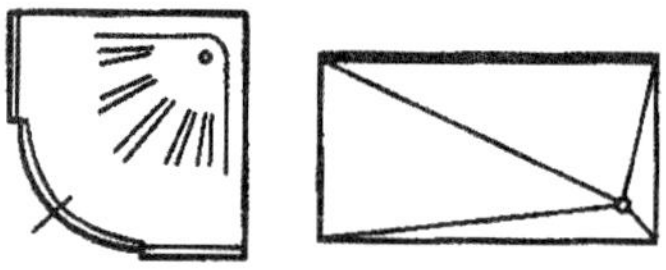	

① 反映建筑的平面结构形式和内部空间的平面尺寸，以及墙柱断面的形状和尺寸；

② 表明门窗的位置、水平方向尺寸、开启方向和范围，门窗的类型、编号可不标注；

（上述两项内容，在建筑施工图中已经给出无特殊要求可套用。）

③ 室内空间布置的家具、设施设备（如电器设备、卫生间设备等）、装饰摆件（如木雕、观赏鱼缸等）、景观植物等平面布置的具体位置；

④ 当地面装饰不太复杂时，可直接在平面布置图中表明地面装饰设计与做法，而不用另画地面铺设图，即将平面布置图与地面铺设图合二为一。否则，应单独画地面铺设图；

⑤ 标注各种必要的定位、定形尺寸，如开间尺寸、装饰构造尺寸、细部尺寸及不同高度地面的标高等；

⑥ 必要的符号、附加文字说明等，如详图索引符号、立面索引符号（内视符号）、有必要以文字注明的房间名称、家具名称、摆设物件名称、材料名称等。

（3）图线

图样中为了使所画图形清晰、美观，画图时应根据所画图线表达的内容主次和用途的不同而选用不同的线型和线宽，具体用法参见"表3-3 图线的种类和应用"。

（4）比例

一般平面常采用的比例是1：30、1：40、1：50、1：60、1：100、1：150等。

（5）图例符号

家具、设施设备等图例符号可参考室内设计制图图例。

2.5.3.2 立面图

在室内设计中，平面图仅图示了家具、设施设备、装饰摆件、景观植物等的平面空间位置，而立面图则反映的是它们竖向的空间关系，一些嵌入项目的具体位置和空间关系。因此，立面图也是室内设计中必不可少的图样之一。

（1）立面图的概念

室内设计中的立面图实质上是室内某个墙面的正投影图即是一个墙面的正视图。但是它表现的内容不仅仅是墙面本身，它同时还表明了墙面上的或与墙面相连的固定设施如壁柱、壁龛、壁炉等，以及与墙面相关的可移动的主要家具和装饰摆设物如靠墙摆放的沙发、床、桌椅、橱柜、观赏鱼缸、盆景和墙上的灯具、挂画、挂件等。

（2）立面图的内容

立面图应按内视符中给定的编号命名，表达的内容大体如下：

① 反映投影方向可见的室内立面轮廓、装饰造型及墙面装饰的工艺要求等；

② 门窗及构配件的位置及造型；

③ 靠墙的固定家具、灯具及需要表达的靠墙非固定家具、装饰摆设物、灯具的形状及空间位置关系；

④ 墙面使用的装饰材料名称、规格、颜色及工艺做法；

⑤ 靠墙的各部分的详细尺寸，图示符号以及附加文字说明。

（3）图线

粗实线：房间的轮廓线（剖切的天棚，墙体、地面）；

中实线：图示的家具、设施的轮廓线，嵌入项目的可见部分（不可见部分用中虚线）；

细实线：引出线、尺寸标注线。

立面图中图线使用规定，详见"表3-3 图线的种类和应用"。

（4）常用比例

立面图所用的比例，原则上应和平面图一致，特殊情况下可选用其他比例。

需要指出的是，当墙面有特殊装饰与划分，墙面的设计造型和结构比较复杂、涉及的装饰材料种类较多时，为了更好地表达出墙面这种特殊设计造型和装饰施工要求，这时可只画出与墙面上本身装饰和施工有关的内容，而其他靠墙摆放的家具和装饰摆设物等无关的物品不予表达，这样绘制的立面图又称为墙立面图。

墙立面图是指某个墙面的正投影，如墙面只是粉刷、贴壁纸等一般的装饰，墙立面图可省略，一般情况墙立面图和立面图是合二为一的。墙立面图所用的比例及图线的用法和前面所介绍的立面图画法是一致的。

2.5.3.3 顶棚图

顶棚图是对室内顶部空间界面装饰造型、灯具和通风等设施设备位置、标高、尺寸、材料运用的表达。

（1）顶棚图的概念

顶棚图是顶棚平面图的简称，也称天花平面图或称吊顶平面图等，一般采用镜像视图进行绘制。镜像视图，即假想在室内地面水平放置一平面镜，将顶棚在平面镜上所成的像进行水平投影获得的投影图。镜像视图能够使得顶棚平面布置与地面布置有良好的上下对应关系，这样既方便设计和绘图，也方便读图，建筑制图标准中也推荐使用这种画法。当然也允许用仰视图绘制顶棚图，值得注意的是顶棚仰视图与镜像视图的前后位置在图形上是相反的。因此，采用镜像方式画顶棚图时应在图名后括号内注明"镜像"字样。

（2）顶棚图的内容

顶棚图主要包括以下几个方面：

① 主要墙体、分隔墙、柱、梁等轮廓线，通常与平面图的墙体轮廓一致，电脑绘图时可直接将平面图复制后经修改即可；

② 墙上的门、窗与洞口（有时也可不画）；

③ 顶棚的划分形式和构造及其详细的尺寸关系；

④ 顶棚上的灯具类型、通风、烟感报警器、

扬声器等设施设备的位置尺寸及其名称、规格，以及浮雕、线角等装饰构件；

⑤ 顶棚及相关装饰的材料和颜色；

⑥ 顶棚底面及分层吊顶底面的标高；

⑦ 标注详图索引符号、剖切符号。

（3）比例与图线

顶棚平面图采用的比例一般和平面图一致，特殊情况下可采用扩大的比例。顶棚平面图中可见的部分用中实线，不可见的部分均用中虚线表示。

2.5.3.4 详图

详图的作用是要详细表达局部的结构形状、连接方式和制作要求等。详图是装饰工程细部施工、制作及编制预算的依据，详图务必明确无误。

（1）详图的概念

由于室内平面图及室内立面图大都采用较小的比例绘制，所以一些细部构造往往难以表达清楚。为解决此问题，实际画图时将室内平面图或立面图中需要详细表达的部分，采用适当的表达方式（投影图、剖视图、断面图等）以较大的比例单独画出，这种图样称为详图，也叫局部放大图、构造详图、大样图等。以剖视图或断面图表达的详图又称为节点图或节点详图。

（2）详图的内容

① 表达出各面本身的详细结构、所用材料及构件间的连接关系；

② 反映各面间的相互衔接方式；

③ 需表达部位的详细构造、材料名称、规格及工艺要求；

④ 有关施工要求和制作方法的文字说明；

⑤ 表达室内配件设施的位置、安装及固定方式等；

⑥ 标注有关详细尺寸。

（3）比例与图线

详图的比例常采用1∶1、1∶2、1∶5等较大比例。结构层和装饰的构配件用粗实线，可见部分用中实线，不可见的部分用中虚线。引出线、尺寸标注线用细实线。

（4）符号

详图的符号见室内设计制图要求和方法，同时要参考各种材料的表达符号。

2.5.3.5 插座布置图和开关布置图

插座布置图和开关布置图用于说明插座和开关的分布和配置情况，开关布置图还表明了各开关与对应灯具的控制情况。目前还没有对插座和开关布置图的统一画法，通常是在平面图和顶棚图的基础上，用插座和开关图例在相应位置表达插座和开关的布局，同时还用曲线或折线连接开关与所控制的灯具，用来表明开关与灯具对应的控制关系。一般地，插座、开关布置图仅图示某个位置范围需要设置插座、开关，可不用精确注明插座、开关所处位置的墙边距或离地高度等。当然，如果工程实际中确实有必要非常明确，也可以注明其所处位置的定位尺寸，如距门框150 mm、距地面高300mm、床头柜上方800 mm、办公桌上方50mm等。

2.5.3.6 效果图

在室内设计中，不论是初步设计阶段还是正式设计阶段一般都需要画效果图。效果图也称为表现图，可按透视原理绘制透视效果图，也可按轴测原理绘制轴测效果图，可用手绘也可用电脑绘制（在创意阶段多用手绘）。

效果图的作用主要是用来表现房间装饰完成后的整体设计效果以及装饰的风格与流派。通过效果图的表现也可以加深对装饰施工图所提出的设计要求的理解，从而也会使装饰施工更好地体现设计者的原创思想。

以上简要介绍了室内设计制图基本知识和制图标准规定以及室内设计工程中常用的图样，为了让读者对上述要点更好地理解，下面附一套较为完整的室内设计实际工程图样供读者参考。

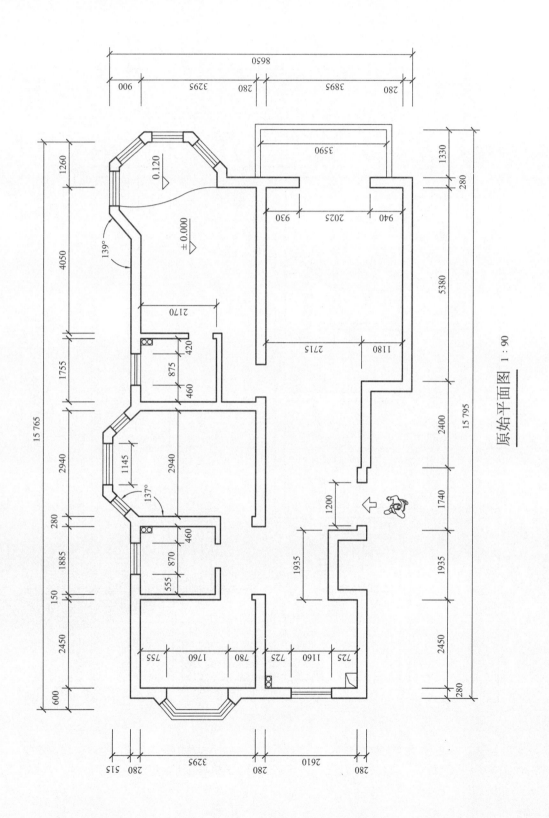

原始平面图 1：90

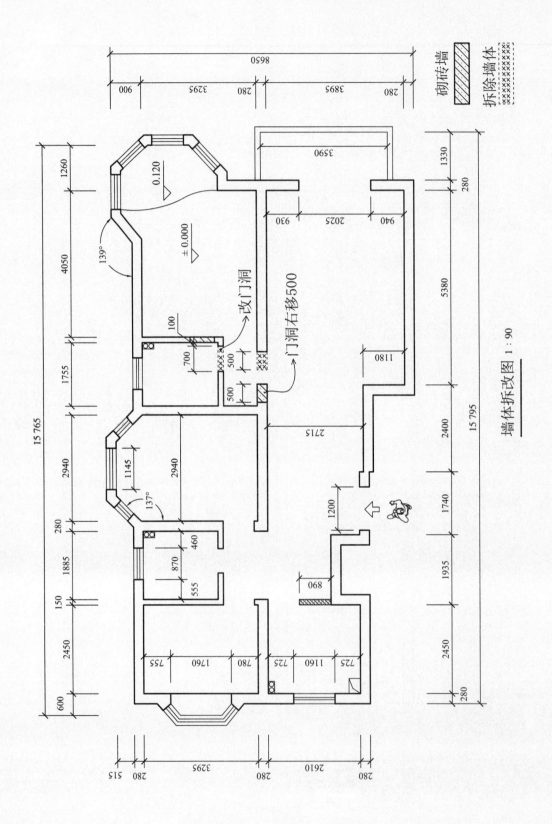

墙体拆改图 1:90

砌砖墙

拆除墙体

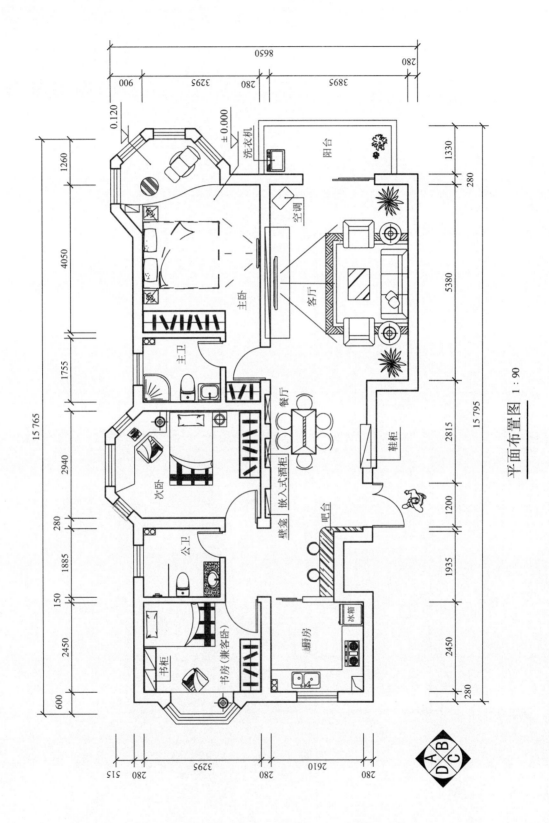

平面布置图 1 : 90

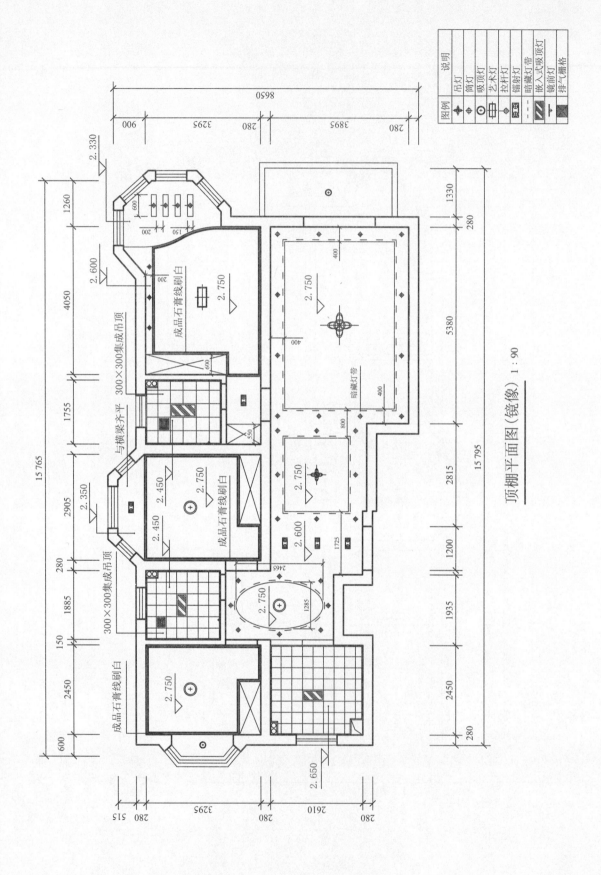

顶棚平面图（镜像）1：90

成品石膏线刷白

成品石膏线刷白

与横梁齐平 300×300集成吊顶

300×300集成吊顶

成品石膏线刷白

成品石膏线刷白

暗藏灯带

2.330
2.600
2.350

2.750
2.450
2.450
2.450
2.600
2.750
2.750
2.750
2.750
2.750
2.650
2.750

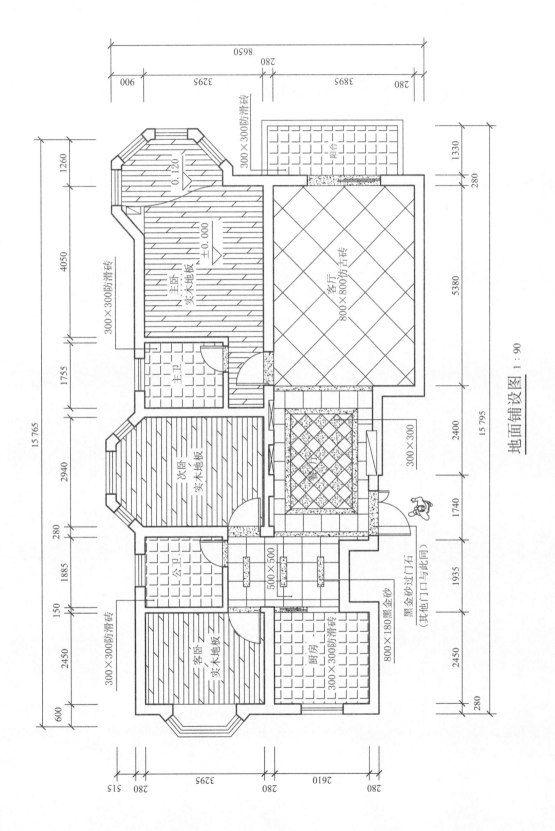

地面铺设图 1 : 90

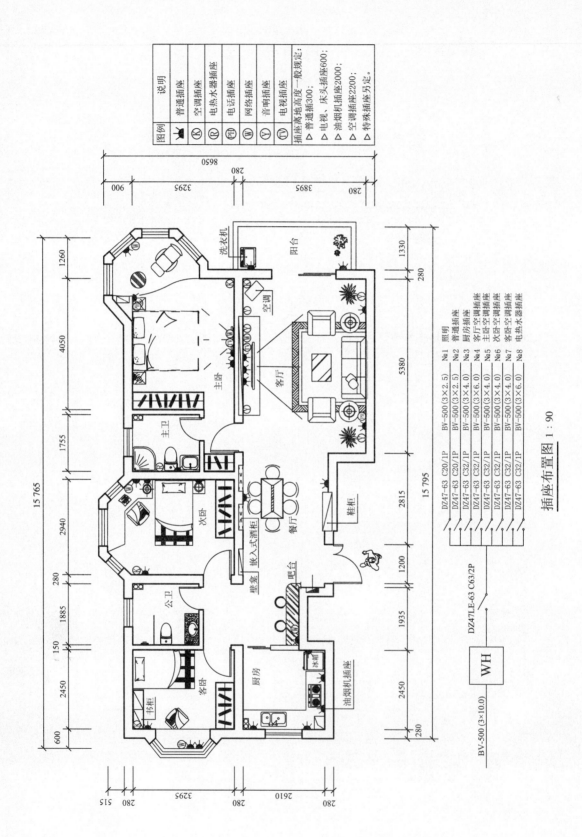

插座布置图 1 : 90

图例	说明
⊥	普通插座
Ⓚ	空调插座
Ⓡ	电热水器插座
Ⓟ	电话插座
Ⓦ	网络插座
Ⓨ	音响插座
Ⓣⓥ	电视插座

插座离地高度一般规定：
△普通插300；
△电视、床头插座600；
△油烟机插座2000；
△空调机插座2200；
△特殊插座另定。

No1　照明　　　　　　DZ47-63 C20/1P　　BV-500(3×2.5)
No2　普通插座　　　　DZ47-63 C20/1P　　BV-500(3×2.5)
No3　厨房插座　　　　DZ47-63 C32/1P　　BV-500(3×4.0)
No4　客厅空调插座　　DZ47-63 C32/1P　　BV-500(3×4.0)
No5　主卧空调插座　　DZ47-63 C32/1P　　BV-500(3×4.0)
No6　次卧空调插座　　DZ47-63 C32/1P　　BV-500(3×4.0)
No7　客卧空调插座　　DZ47-63 C32/1P　　BV-500(3×4.0)
No8　电热水器插座　　DZ47-63 C32/1P　　BV-500(3×6.0)

DZ47LE-63 C63/2P

WH

BV-500 (3×10.0)

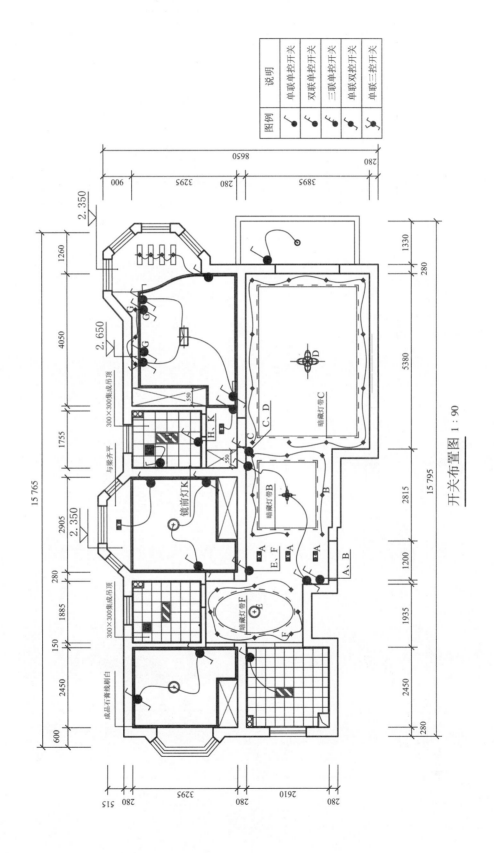

图例	说明
↗	单联单控开关
↗	双联单控开关
↗	三联单控开关
↗	单联双控开关
↗	单联三控开关

开关布置图 1：90

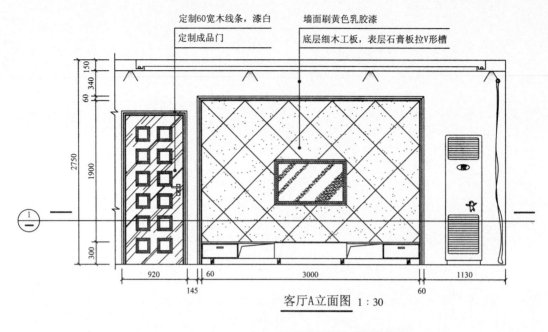

定制60宽木线条，漆白　　墙面刷黄色乳胶漆

定制成品门　　底层细木工板，表层石膏板拉V形槽

客厅A立面图 1：30

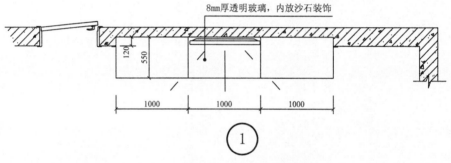

8mm厚透明玻璃，内放沙石装饰

①

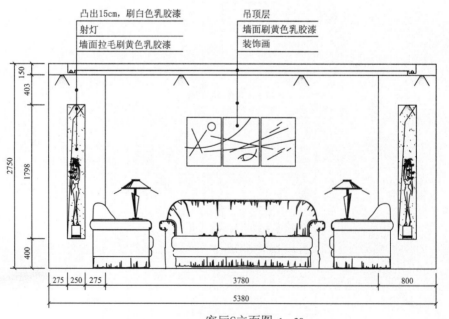

凸出15cm，刷白色乳胶漆　　吊顶层

射灯　　墙面刷黄色乳胶漆

墙面拉毛刷黄色乳胶漆　　装饰画

客厅C立面图 1：30

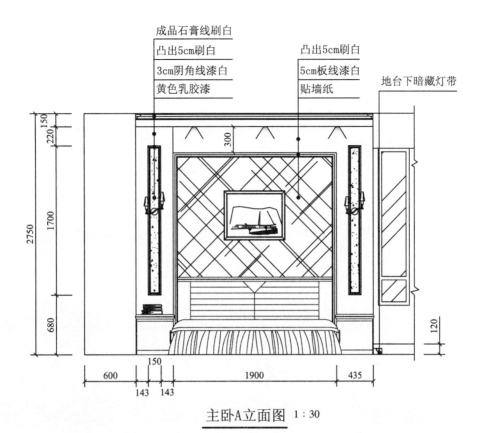

成品石膏线刷白
凸出5cm刷白
3cm阴角线漆白
黄色乳胶漆

凸出5cm刷白
5cm板线漆白
贴墙纸

地台下暗藏灯带

主卧A立面图　1：30

柜体深600,定制成品移门(2扇)

成品石膏线刷白
白色亚光漆

柜体深600,定制成品移门(4扇)

主卧D立面(衣柜)图　1：30

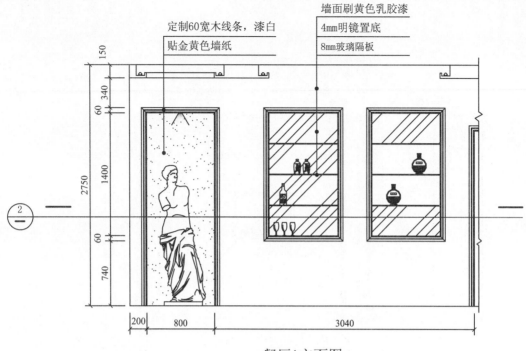

定制60宽木线条，漆白
贴金黄色墙纸

墙面刷黄色乳胶漆
4mm明镜置底
8mm玻璃隔板

150
60 340
2750
1400
60
740

200 800 3040

餐厅A立面图 1:30

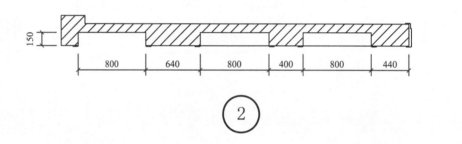

150

800 640 800 400 800 440

②

大理石台面
樱桃木刷清漆

柜体深度350

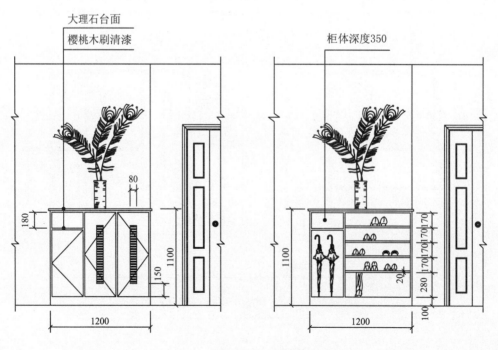

80
180
150
1100
1200

170 170 170 170
280
20
100
1100
1200

餐厅C立面(鞋柜)图 1:30

主卧室效果图

思考与练习

1. 室内设计公司业务开发的途径和方式有哪些？

2. 试述室内设计公司业务开发和洽谈技巧。

3. 试述室内设计的程序步骤及其工作内容。

4. 工程招投标的一般程序是怎样进行的？

5. 一套三室二厅的普通住房，需要中等装修，试述这套住房室内设计有哪些具体内容？

本章推荐阅读书目与相关网上链接

1. 贾森.室内设计接单技巧与快速手绘表达提高.北京：中国建筑工业出版社，2006

2. 楼滨.室内设计与制作实务.北京：机械工业出版社，2009

3. 姚美康.建筑装饰工程实务.北京：清华大学出版社，2007

4. 夏万爽.室内设计基础与实务.石家庄：河北美术出版社，2008

5. 国家住房和城乡建设部.中华人民共和国国家标准《房屋建筑制图统一标准》（GB/T 50001—2010）.北京：中国计划出版社，2011

6. 国家住房和城乡建设部.中华人民共和国行业标准《房屋建筑建筑室内装饰装修制图标准》（JGJ/T 223—2011）.北京：中国建筑工业出版社，2011

7. 刘甦，太良平.室内装饰工程制图.北京：中国轻工业出版社，2005

8. 夏万爽.建筑装饰制图与识图.北京：化学工业出版社，2010

9. 纯粹手绘室内设计快速表现.连柏慧.福州：福建美术出版社，2010

10. 设计师之路（http://www.sjszl.com/）

11. 招标投标法（http://www.law-lib.com/law/law_view.asp?id=8）

技能训练2　室内设计表达方法训练

→ **训练目标**

通过抄图练习，学习室内装饰设计方案的内容及规范。

→ **训练场所与组织**

学生以个人为单位，利用1周课余时间，抄图训练。

→ **训练设备与材料**

手工绘图工具、A4图纸、电脑等绘图工具。

→ **训练内容与方法**

通过手工绘图或计算机辅助绘图，利用A4图纸，按横式幅面布局，完整抄绘本项目中的附录：室内设计工程图样案例，绘制内容包括平面图、地面铺装图、顶棚图、立面图、详图、开关插座布置图等图样，装订成册。

→ **训练考核标准**

依据各学生抄绘案例的完整程度和绘图规范进行考核。具体评定标准见下表。

室内设计表达方法训练考核标准

班级：_____　学号：_____　姓名：_____　考核地点：_____

考核项目	考核内容	考核方式	考核时间	满分	得分	备注
1.方案内容的完整性	● 设计方案内容完整，包括平面图、地面铺装图、顶棚图、立面图、详图、开关插座布置图。	考核学生提交的抄绘案例。	课余时间1周	60		
2.设计表达的规范性	● 设计表达符合制图规范，图纸幅面布局合理。			40		
总分						
考核教师签字						

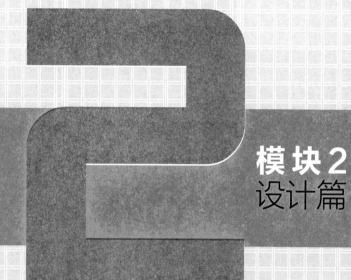

模块2
设计篇

项目3
室内风格与流派的选择与体现

学习目标：

【知识目标】

1. 了解室内设计的风格和流派；

2. 熟悉几种典型的室内设计风格；

3. 熟悉当代室内设计主要流派。

【技能目标】

1. 掌握典型的室内设计风格与流派的主要特征；

2. 能够辨识室内装饰设计案例所属风格与流派；

3. 学会对室内空间不同装饰风格采用相应的特征元素进行室内装饰风格体现。

工作任务：

分析典型的室内设计风格与流派，成果是能正确判断室内设计案例的风格与流派，能采用相应的特征元素表达客户需要的室内装饰风格。

建筑思潮的动荡不定，促使室内设计不断发展。室内设计与民族特性、社会制度、生活方式、文化思潮、宗教信仰、风俗习惯、自然条件等多种因素有关，人们从多方位来探求理想的室内设计方法和理论以及对新材料的应用，因而产生了五花八门的风格与流派。

3.1 风格、流派的概念

3.1.1 风格

风格可以理解成精神风貌与格调。风格要通过特定的艺术语言来表现，在室内设计中，就是要通过室内设计的语言来表现。室内设计语言会汇集成一种式样，风格就体现在这种特定的式样中。在这里，需要强调两点：一是风格要靠有形的式样来体现，它不可能游离于具体的载体之外，故"风格"和"式样"常常混称，如"和风"有时又称"和式"或"日式"等；二是风格

又是抽象的、无形的，要求欣赏者根据"式样"传递的信息加以认识和理解。

风格具有时代性和民族性。风格的时代性系指由时代的社会生活所决定的时代精神、时代风尚、时代审美等在作品格调上的反映。同一时代的艺术家，个人风格可能各不相同，但无论是谁的作品，都不能不烙上这个时代的烙印。风格的民族性系民族特点在艺术作品中的反映。一个民族的社会生活、文化传统、心理素质、精神状态、风土人情和审美要求等都会反映到艺术作品

中，因此，不同民族的艺术作品也就往往会因各自的风格而不同。以室内设计为例，中国的、日本的、伊斯兰教的……均有独特的风格，其中的一些"式样"，甚至久远不衰，成了"经典"和"传统"。

3.1.2 流派

流，有流变之意；派，有派别之意。艺术流派可以理解为在艺术发展长河中形成的派别，即在一定历史条件下，由于某些艺术家社会思想、艺术造诣、风格、创作方法相近或相似而形成的集合体。

与流派相联系的另一个概念是"思潮"，它可以理解为具有广泛社会倾向性的潮流或运动。艺术流派可以带动艺术潮流。艺术流派的传播方式有三种，即人与人之间的感染传播、媒体传播和由于崇拜偶像而出现的效仿传播。

从以上介绍中不难看出，风格与流派是两个不同的但又有相互联系的概念，风格接近"样式"，流派更接近社会"思潮"。

3.2 几种典型的室内设计风格

在室内设计的发展史上，出现并流行过多种多样的风格。其中一部分由于流行时间长、影响范围广，早已超越了时代和国界，成了所谓传统的风格。

这些风格概括起来无非有三大类，即传统的（包括中国的和外国的）、现代的、传统与现代结合的。考虑到其影响力的大小，以及篇幅原因，本节着重介绍几种在历史上和当代室内设计中都有广泛影响的风格。

3.2.1 中国传统风格

中国有五千多年的历史文明，就古代室内设计而言，成就最高、影响最大的莫过于明清两代。故所谓中国传统风格（也叫中国古典风格），主要就是明清时期的风格，如图3-1。当今所谓的"中式"室内设计，在一定程度上也是明清室内设计风格的模仿、借鉴与发展。中国传统的室内设计风格数千年来一直保持着自己优秀的民族传统特色，继承和发展民族风格，使我国室内环境设计出现新面貌，是时代发展对我们的要求。

以明清为代表的中国传统建筑的室内设计与装饰有以下几个主要特点：

（1）内外关系上注意关联性

组织空间是室内设计的一项重要任务，它不仅涉及内部空间的组织，如空间的形状、大小、衔接与过渡等，还涉及如何处理内外空间的关系。而正是在这一方面，中国传统建筑室内设计为我们提供了极其有益的启示和十分丰富的经验。

从总体上看，中国传统建筑有内向、封闭的特点，如城有城墙、宫有宫墙、园有园墙、院有

图3-1 中国传统的室内设计风格（周庄沈厅的正堂）

院墙……以致有人把中国文化称为"墙文化"。但从另一个方面看，这些墙内的建筑又是开放的，即所有建筑都与其外的空间如广场、街道、庭院等具有密切的联系，这种联系表现为以下几种方式：

①直接沟通

即室内的厅、堂及店铺等直接面对广场、街道、天井或院落。中国的许多传统建筑都在厅、堂、店铺的进口处设置隔扇门，多扇隔扇组成可开、可闭甚至可以拆卸，开启时可以引入自然风和自然光；拆卸后可使内外空间连成一体。如拆卸了堂屋前的隔扇门，堂屋便与院落相连，院落成了堂屋的补充和延续。在农村，这种室内室外连成一体的空间，是进行劳作、举行婚礼、寿庆的理想场所。

②经过过渡

即内部空间与外部空间之间有一个过渡空间。以民居为例，屋前的廊子便是一个可以避雨、防晒、小憩和从事某些家务劳动的过渡空间。

③向外延伸

即通过挑台、月台等把厅、堂等内部空间直接延伸至室外。这种情形多见于园林建筑，这些挑台和月台或者进入花丛、或者架在水面之上，多面凌空，贴近自然，置身其上可以抬头赏月、可以俯身观鱼，心旷神怡之境界，是很难用言语表达的。

④借景

包括"近借"与"远借"。借景是中国造园中的一个重要的手法。所谓"近借"指的是通过景窗、景门或玻璃窗等，将外部的奇花异石等引入室内；所谓"远借"指的是通过合适的观景点，将远山、村野纳入眼帘，正如计成在《园冶》中所说的那样："纳千顷之汪洋，收四时之烂漫。"

图3-2，是苏州留园五峰仙馆前的隔扇门，可以全部开启，开启后，馆内空间便与外部的园林紧密地结合在一起了。

中国传统建筑在内外空间上的关联性，不仅仅表现为上述几种方式。就拿中国传统建筑类型中的亭、台、楼、廊、榭来说，几乎全有置身自然、贴近自然和便于欣赏自然的特点。

中国传统建筑室内设计的上述特点，对今天的室内设计仍有重要意义。室内设计绝非"闭门造车"，必须把正确处理内外的关系、加强室内外的联系作为一项重要的任务。

（2）在内部空间的组织上具有灵活性

中国传统建筑以木结构为主要结构体系，木构架采用榫卯结合，使用斗拱承托梁枋和屋檐，这种木构架对抗震很有好处。以梁、柱承重，门、窗、墙等仅起维护作用，有"墙倒屋不塌"之说。这种结构体系，为灵活组织内部空间提供了极大的方便，故中国传统建筑中多有渗透、彼此穿插、隔而不断的空间，并有隔扇、罩、屏风、帷幕等多种特色鲜明的空间分隔物。如图3-3，是苏州留园鸳鸯厅的屏板和圆光罩，它们把该厅分成了前后两部分。

中国传统建筑的平面以"间"为单位，早在

图3-2 内外相通空间（苏州留园五峰仙馆前）

图3-3 空间的组织灵活性（苏州留园鸳鸯厅的屏板和圆光罩）

图3-4 装饰与陈设的独特性（北京故宫金銮殿）

图3-5 传统厅堂的陈设格局

汉代就有了"一堂二内"的型制。这种型制逐渐演变，形成了相对稳定的"一明两暗"的平面，并衍生出多间单排的十字形、曲尺形、凹槽形以及工字形等平面。在这些以"间"为单位的平面中，厅、堂、室等空间可以占一间，也可以跨几间，在某些情况下，还可以在一间之内划分出几个室或几个虚空间，这正体现了中国传统建筑的空间组织是非常灵活的。

中国传统建筑的这一特点，为建筑的合理利用、为丰富空间的层次、为形成空间序列和灵活布置家具提供了极大便利，也使内部空间因为有了许多独特的分隔物而更具装饰性。

（3）在装饰与陈设上具有独特性

中国传统建筑中，不仅有成就极高的明清家具，还有许多陈设如书法、绘画、匾幅、挂屏、盆景、奇石、瓷器、古玩、宫灯、民间工艺品、屏风、博古架等是外国少有或没有的，追求一种修身养性的生活境界。

综观中国传统建筑的陈设，可以看出几个特点：一是重视陈设的作用，即在界面装饰相对简单的情况下，着重用陈设体现空间的特色；二是注重陈设的文化内涵，把陈设看成审美心理、人文精神的表露，用陈设表达丰富的意愿与情感；三是采用了对称形式和均衡手法构图和陈设。如图3-4，北京故宫金銮殿的陈设可以看出，其中的屏风、香炉、仙鹤等均取对称式，这些除有自

身的功能和含义外，无一不在烘托轴线上的宝座，强调帝王的地位。

（4）在总体构图上注重严整性

中国传统建筑的空间形式大多十分规则，多个空间组合时，常常组成一个完整的系列。在比较重要的空间，室内陈设往往由轴线控制，采取左右对称的布局。这种情形，折射了中国人的伦理观念、哲学思想和审美习惯，直到今天仍然为人们所乐见。

图3-5，体现了中国传统厅、堂陈设的格局，这种格局，在中国传统建筑的室内设计与装饰中具有一定的代表性，充分反映了中国人在审美方面追求完整、均衡、稳定、和谐的心理。

（5）在形式与内容的关系上具有统一性

在中国传统建筑中，许多构件既有结构功能，又有装饰意义。许多艺术加工都是在不损害结构功能，甚至还能进一步显示功能的条件下实现的。做到了功能、技术、形象具有高度的统一性。

下面以中国传统建筑中的隔扇、雀替、斗拱、柱础等构件为例进行分析。

隔扇本是用来分隔空间的屏障（如图3-6），由于在格心裱糊绢、纱、纸张，格心就必须做得密一些。这本属于功能需要，但匠人们却赋予格心以艺术性，于是便出现了灯笼锦、步步锦等多种格心棂花造型，隔扇也就成了中国传

统建筑常见的立面装饰形式。

雀替本是一个具有结构意义的构件，起着支撑梁枋、缩短跨距的作用，但外形往往被做成曲线，中间又常有雕刻或彩画等装饰，从而又有了良好的视觉效果，如图3-7。

斗拱是我国木结构建筑中的构件，本来是为了承托深远的屋檐而设计的，但经过技术与艺术加工后，又成了一个极好的装饰，如图3-8。

上述实例表明，在中国传统建筑中，几乎所有构配件的装饰无不体现出美观、功能和技术的统一。只是到了清代，才有部分构配件（如斗拱）逐渐丧失了功能意义，成了纯粹的装饰，并且越来越繁琐。

（6）在装饰手法上具有象征性

象征，是中国传统艺术中应用颇广的一种创作手法。在中国传统建筑的装饰中，常常使用直观的形象表达抽象的感情，达到因物喻志、托物寄兴、感物兴怀的目的。常用的形式有以下几种：

①形声，即用谐音使物与音义巧妙应和。

如金玉（鱼）满堂、富贵（桂）平（瓶）安、连（莲）年有余（鱼）、喜（鹊）上眉（梅）梢等。在使用这种手法时，装饰图案是具体的，如"莲"和"鱼"暗含的则是"连年有余"的意思。

②形意，即用形象表示延伸了的而并非形象本身的意义。如用翠竹寓意"有节"，用松、鹤寓意长寿，用牡丹寓意富贵等。这种手法在中国传统艺术中颇为多见，绘画中常以梅、兰、竹、菊、松、柏等作为题材就是一个极好的例证。何以如此？让我们先看两句咏竹诗："未曾出土时就有节，纵凌云处也虚心"，在这里人们把竹的"有节"和"空心"这一生物特征与人品上的"气节"和"虚心"作了异质同构的关联，用画竹来赞颂"气节"和"虚心"的人格，并用来勉励他人和自勉。

③符号，即使用大家认同的具有象征性的符号，如"双钱"、"如意头"等。中国传统建筑装饰的种种特征，是由中国的地理背景和文化背景所决定的。它表现出浓厚的陆地色彩、农业色

图3-6 传统格扇造型（清代）

图3-7 雀替装饰

图3-8 斗拱及装饰

彩和儒家文化的色彩，包含着独特的文化特性和人文精神。

④崇数，即用数字暗含一些特定的意义。中国古代流行阴阳五行的观念，并以此把世间万物分成阴阳两部分，如日为阳、月为阴，帝为阳、后为阴，男为阳、女为阴，奇数为阳数、偶数为阴数等。在阳数一、三、五、七、九中，以九为最大，因此，与皇帝相关的装饰便常常用九表示，如"九龙壁"和"九龙御道"等。除此之外，还有许多用数字暗喻某种内容的其他做法，如在天坛祈年殿中，以四条龙暗喻一年中的四个季节。

（7）在用色上突出浓烈色彩

中国传统的室内装饰多用不混调的原色，色彩强烈，雕梁画栋十分富丽，对建筑构件还具有保护作用。这种特点尤其体现在顶棚装饰上，顶棚有"天花"和"藻井"两种形式，天花与木条

图3-9 中国传统天花板色彩

相交构成方格形，上部覆盖木板，多用蓝或绿色为底色，圆尖和岔角部分用鲜明色彩，板条色彩与底色相同，如图3-9。

除上述特点，在中国传统建筑装饰中，有许多如柱础、落地罩、隔扇门、各式窗洞、屏风、椽头以及花饰图案等常用形式，更是体现着中国传统室内设计的特有风格元素，如图3-10至图3-16。

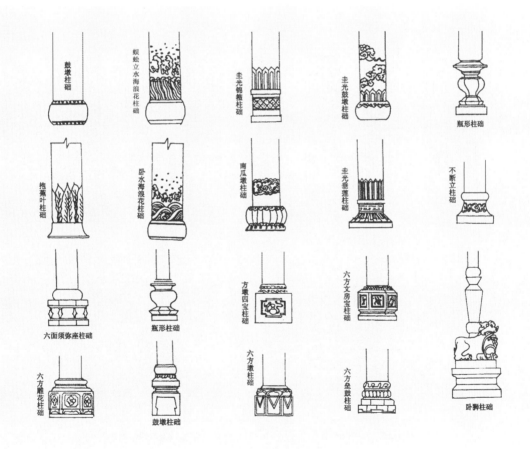

图3-10 中国传统柱础

明式拐纹洞式落地罩

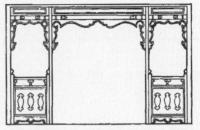

明式如意栏杆罩

清式硬拐纹落地罩

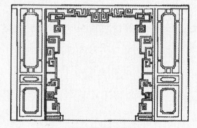

清式硬拐纹落地罩

图3-11 中国传统落地罩

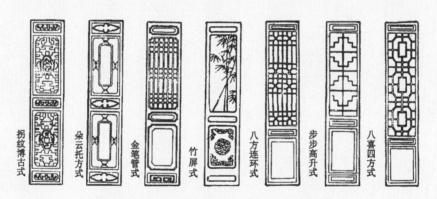

拐纹博古式　　朵云托方式　　金笔管式　　竹屏式　　八方连环式　　步步高升式　　八喜四方式

图3-12 中国传统隔扇门

明清宫殿"五龙朝圣"屏风

明清文官衙门或公堂"指日高升"屏风

图3-13 中国传统屏风图案

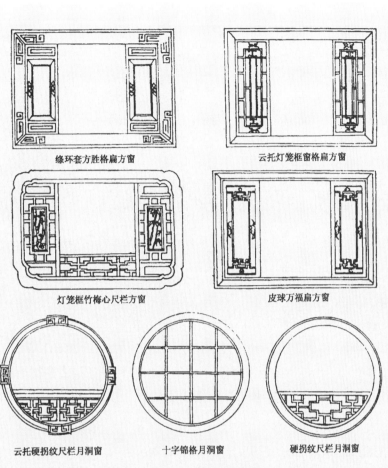

缘环套方胜格扁方窗

云托灯笼框窗格扁方窗

灯笼框竹梅心尺栏方窗

皮球万福扁方窗

云托硬拐纹尺栏月洞窗

十字锦格月洞窗

硬拐纹尺栏月洞窗

图3-14 中国传统窗洞

四叶方椽头　　四叶方椽头　　八叶方椽头　　四瓣花方椽头　　四合云方椽头

四福齐至方椽头　四福齐至方椽头　如意四合方椽头　福寿方椽头　　方福椽头

四瓣花椽头　　福庆圆椽头　　牡丹花圆椽头　　团寿椽头　　团福圆椽头

图3-15 中国传统椽头图案

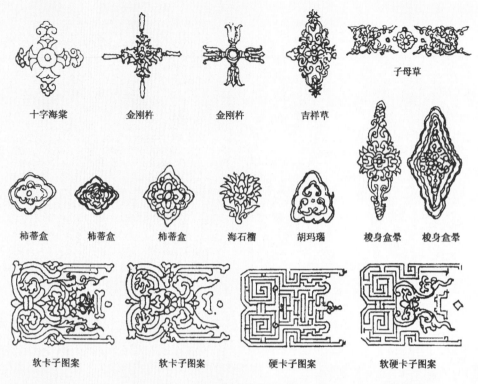

子母草

十字海棠　　金刚杵　　金刚杵　　吉祥草

柿蒂盒　　柿蒂盒　　柿蒂盒　　海石榴　　胡玛瑙　　梭身盒晕　　梭身盒晕

软卡子图案　　软卡子图案　　硬卡子图案　　软硬卡子图案

图3-16 中国传统花饰图案

以上所介绍的中国传统建筑室内设计与装饰特点，也是中国传统建筑装饰设计的优点，这些优点非常值得我们进一步发扬、学习和借鉴。

3.2.2 现代中式风格

现代中式风格也称新中式风格，是指将中国古典建筑装饰元素提炼融合到现代室内设计的一种装饰风格，如图3-17。现代中式风格将传统与现代有机地结合起来，是中国传统建筑装饰文化的合理继承与发展，让现代家居装饰设计更具有中国文化韵味，体现中国传统家居文化的独特魅力。

现代中式风格在设计上继承了唐代、明清时期家居理念的精华，将其中的经典元素提炼并加以丰富，同时摒弃原有空间布局中等级、尊卑等封建思想，给传统家居文化注入了新的气息。现代中式风格更多地运用了后现代手法，把传统的结构形式通过重新设计组合，将民族传统特色的室内隔断、陈设装饰及装饰图案等元素融入到现代中式风格中。

例如，厅中摆一套明清式的红木家具，墙上挂一幅中国山水画；用带有传统民居大门特色的装饰应用到实木门上，以适度简化的传统风格形式装饰门窗；将经过抽象、简化的传统民居装饰图案应用到家具、陈设、灯具等家居用品中；将碧纱橱、花罩等的造型经过简化应用在玄关、壁面设计上；室内装饰品采用传统韵味的书法、剪纸、扎染、绘画、木雕等；依据住宅功能的需要，采用"垭口"或简约化的"博古架"来进行功能区的划分，而在需要阻隔视线的地方，则使用中式的屏风或窗棂，这样的分隔方式，延续了传统中式家居的层次之美。

任何一种装饰风格都讲究搭配，中式风格的色彩一般以棕色为主，比较注重古色古香的基调，讲究家具、配饰与中式特色的搭配。现代中式风格多为性格沉稳、喜欢中国传统文化的人士所热爱。

要把握好现代中式风格的设计，与设计者本身的文化素养和设计功底是密不可分的，是多方位的知识积累。需要了解中国传统文化并善于捕捉当代社会时尚元素，将二者有效结合，相得益彰。这二者深入研究起来就是一门博大精深的学问，前者包括了中国历史、人文、地理、古典建筑、儒家、佛家、道家、绘画书法、园林、风水等知识的融会贯通；后者包括现代建筑、材料、技术、美学，熟知现代生活潮流、敏锐捕捉时尚元素等。

3.2.3 欧式风格

欧式风格泛指具有欧洲传统文化艺术特色的建筑及其装饰设计的风格。欧式风格根据不同的时期可分为古典风格（包括古罗马风格、古希腊风格等）、中世纪风格、文艺复兴风格、巴洛克风格、新古典主义风格、洛可可风格等；根据地域文化的不同，欧式风格又可分为北欧风格、法国巴洛克风格、英国巴洛克风格、地中海风格和美式风格等。欧式风格在形式上以浪漫主义为基础，装饰材料常用大理石、多彩的织物、精美的地毯、精致的法国壁挂，整体风格给人以豪华、大气的感觉。

3.2.3.1 欧式风格主要装饰构件及其形式特征

体现欧式风格的装饰构件也被称为"欧式元素"，如罗马柱、壁炉、拱券等。

（1）罗马柱

罗马柱被广泛用来建造规模宏大、装饰华丽的欧式建筑，是欧式建筑及装饰最为显著的一个特征。罗马柱的形式包括多立克柱式、爱奥尼柱式、科林斯柱式、塔斯干柱式和混合柱式，称为古典五柱式，其中前三种是古希腊建筑的基本柱式，如图3-18。古罗马人在继承了希腊柱式的基础上加以改造，将多立克柱式改造，创造了塔斯干柱式，在科林斯柱头上加上爱奥尼柱头创造了混合柱式。随着时代的发展，已衍生出了许多各式各样的罗马柱形式，如方柱、半剖柱等，在现代欧式风格设计中大量使用。

（2）壁炉

在西方国家，壁炉原本是在室内靠墙砌筑、用于生火取暖的设施，有采暖功能和装饰作用。现在多失去了原有的采暖功能，更倾向于观赏和装饰功能，如图3-19。

在西方，壁炉区常是人们友好交往、情感交流的场合，也是家庭的核心区域。壁炉是一种情感和文化象征，关系着爱、温暖、友谊，它意味

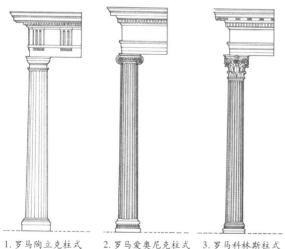

1. 罗马陶立克柱式（DORIC）柱高＝8D　2. 罗马爱奥尼克柱式（IONIC）柱高＝9D　3. 罗马科林斯柱式（CORINTHIAN）柱高＝10D

图3-18 部分罗马柱形式

图3-19 装饰壁炉

着一个温馨的家，可以让人放松心情，享受浪漫生活。壁炉已超越了简单的使用功能而承载着特有的文化功能。

（3）拱券（"券"音xuàn）

拱券是用块状料（砖、石、土坯）砌成跨空砌体的一种建筑结构，一般外形为圆弧状或带尖的弧形，是欧式风格中的门洞和窗口常采用的造型和装饰形式，如图3-20和图3-21分别为拱券门和拱券窗的造型。半圆形和尖形的拱券分别为古罗马建筑和哥特式建筑拱券的特征。拱券除了起装饰美化作用外，还对竖向载荷具有良好的支承作用。

（4）拱顶

拱顶是指建筑物的屋顶造型为弧形或尖肋状，在欧式的巴洛克风格和哥特风格中较为常用，如图3-22。

（5）顶部灯盘或壁画

中国也有顶部绘画的习惯，但不同的是欧式风格中的绘画多带有宗教色彩，而中国更多的是祥云及吉祥图案，宗教色彩相对较少。顶部造型常用藻井、拱顶、尖肋拱顶、穹顶，与中式的藻井方式不同的是欧式的藻井吊顶有更丰富的阴角线。

（6）梁托

梁与柱或墙的交接处常用的构件，其作用是将梁支座的力分散传递给下面的砖墙，以免集中力过大，压坏墙体，现在多起装饰作用。

（7）阴角线

阴角线是阴角装饰线的简称，在墙面和天花顶面的交界处，用饰有浮雕图案或花纹的装饰线条（也叫板条或板块）加以镶嵌装饰，达到对阴角进行掩盖和装饰的目的。阴角线常用石膏、水泥和树脂等材料浇铸成型，也有用木材加工成实木质角线的。

（8）挂镜线

固定在室内四周墙壁上部的水平木条，用来悬挂镜框或画幅等。

3.2.3.2 几种主要欧式风格

欧式风格种类较多，下面介绍几种比较重要的欧式风格及其装饰特征。

（1）古典欧式风格

古典欧式风格主要指以古希腊和古罗马为代表的西洋传统室内设计风格。受当时宗教建筑盛行的影响，古典欧式风格主要由欧洲长方形的教堂发展而来，并将古罗马样式与地方特色相结合。这种风格最大的特点是在造型上极其讲究，强调以华丽的装饰、浓烈的色彩、精美的造型达到雍容华贵的装饰效果，如图3-23。罗马柱、壁炉、石膏线等典型的欧式装饰元素是古典欧式风格不可或缺的构成要素。

古典欧式风格的装饰，墙面或镶贴一些比较有特色的圣经故事以及人物等内容的墙纸和浮雕图案，或镶以木板或皮革，再涂上金色漆或绘

图3-20 伦敦威斯敏斯特大厅

图3-21 拱券窗

图3-22 意大利锡耶纳大教堂　　　　图3-23 古典欧式风格

画优美图案。天花以石膏工艺装饰或饰以珠光宝气的油画或图案作为点缀，灯具色彩以金黄色为主。地面一般铺大理石，并以拼花图案点缀。家具选配上，一般采用体量宽大而做工精美的家具，配以精致的雕刻，轮廓和转折部分由对称而富有节奏感的曲线或曲面构成，并装饰镀金铜饰，结构复杂，线条流畅，艺术感强，在色彩上经常以白色系或黄色系为基础，搭配墨绿色、深棕色、金色等。

（2）北欧风格

北欧风格一般指欧洲北部的挪威、瑞典、芬兰、丹麦和冰岛等几个国家的室内设计风格，如图3-24。由于地处北极圈附近，气候非常寒冷，所以北欧人在进行室内装修时大量使用了隔热性能好的木材。北欧风格以简洁著称，并影响到后来的"极简主义"、"简约主义"和"后现代主义"等风格。现在常说的北欧风格更接近于现代风格，原因就在于它的简练。

北欧风格以自然简洁为原则，以浅色为整体基调，黑白色常作为主色调或重要的点缀色使用。材质上精挑细选，工艺上尽善尽美。枫木、橡木、云杉、松木和白桦等原木是北欧风格制作家具的常用木材，特别是松木家具的大量使用，

满足了人们亲近自然、崇尚原木韵味和环保的需要。北欧风格强调简单结构与舒适功能的完美结合，即便是设计一把椅子，不仅要追求它的造型美，更注重从人体结构出发，讲究它的曲线如何与人体接触时完美地吻合在一起，使其与人体协调，让人倍感舒适。北欧风格还常采用少量的金属及玻璃材质作为点缀，同时配置多彩的地毯、靠背和抱枕。

（3）地中海风格

地中海风格原来是特指沿欧洲地中海北岸一线的西班牙、葡萄牙、法国、意大利、希腊等这些国家南部沿海地区的住宅及其装饰风格，如图3-25。后来殖民者把这种建筑风格带到美洲，而加利福尼亚由于气候类似地中海沿岸，天气更为晴朗，因此，地中海风格在加利福尼亚得以发扬光大。不仅住宅更为奢华，也融入欧洲南部其他地区的一些特点，比如托斯卡纳、卡塔罗尼亚和法国的普洛旺斯，这种淳厚的风格很符合当地富豪的居住心态，逐渐成为美国时尚名宅的主流。之后，这种风格又传到佛罗里达、夏威夷等地区，成为一种豪宅的符号。

"蔚蓝色的浪漫情怀，海天一色、艳阳高照的纯美自然"是地中海风格的灵魂。地中海风格

图3-24 北欧风格

图3-25 地中海风格

的主要特点是：

①拱门与半拱门、马蹄状的门窗

建筑中的圆形拱门及回廊通常采用数个连接或以垂直交接的方式，在走动观赏中，出现延伸般的透视感。此外，家中的墙（只要不是承重墙），均可运用半穿凿或者全穿凿的方式来塑造

室内的景中窗，增强实用性和美观性，这也是地中海家居的一个十分特别之处。

②色彩搭配有固定形式

地中海风格用色主要受到民族宗教和当地土生植物和自然景观的影响，常用使用三种典型颜色搭配。一是蓝与白搭配，这是最为典型的地中海颜色搭配，这或许与该地区国家大多数信仰伊斯兰教有关，而伊斯兰教的主色调就是蓝白两色；二是黄、蓝紫和绿搭配，意大利南部的向日葵、法国南部的薰衣草，金黄、蓝紫的花卉与绿叶相映，形成一种别有情调的色彩组合，十分具有自然的美感；三是土黄及红褐搭配，这是北非特有的沙漠、岩石、泥、沙等天然景观颜色，再辅以北非土生植物的深红、靛蓝，加上黄铜，带来一种大地般的浩瀚感觉。

③装饰独特简约

地中海风格的装饰较为独特和简约。如利用小石子、瓷砖、贝类、玻璃片、玻璃珠等素材，经切割后再进行创意组合，以马赛克形式进行镶嵌、拼贴装饰，成为很好的点缀装饰；独特的锻打铁艺家具及饰品，如栏杆、植物挂篮等；非常注重室内绿化，随处可见小巧的绿色盆栽，尤其喜欢藤类植物；窗帘、桌布、沙发套、灯罩等常以低彩度色调和棉织品为主，配以素雅的小碎花、条纹格子等图案。

（4）美式风格

美式风格特指在传承了欧洲文化的基础上，结合美国自身文化的特点，而衍生出的独特风格。美式风格实际上是一种混合风格，不像欧洲的建筑风格是一步步逐渐发展演变而来的，它在同一时期接受了许多种成熟的建筑风格，相互之间又有融合和影响，如图3-26。

美式风格的室内设计主要有以下特点：

①简洁明快的客厅

客厅作为待客区域，美式风格的客厅一般要求简洁明快、明亮光鲜，通常使用大量的石材和木饰面装饰。美国人喜欢有历史感的东西，如仿古艺术品、仿古墙地砖、仿古石材和仿旧工艺。

②开敞式的厨房

由于其饮食烹饪习惯，厨房在美国人眼中一般是开敞的，在厨房的一隅设置一个便餐台，如图3-27。美式风格的厨房在装饰上喜好仿古面的墙砖、实木做的橱柜门板或是仿木纹色模压门板。现代的美式厨房通常都配备各种功能完善的厨具设备，如足够宽的操作台面、烤箱、水槽下的残渣粉碎机、双开门电冰箱等。

③布置温馨的卧室

美式家居的卧室布置较为温馨，作为主人的私密空间，主要以功能性和实用舒适为考虑重点。卧室多以温馨柔软的成套布艺来装点，在软装和用色上讲究统一，一般不设或少设顶灯，如图3-28是按美式风格设计的卧室。

④简单实用的书房

美式家居的书房简单实用，但软性装饰较为丰富，各种象征主人过去生活经历的陈设一应俱全，被翻卷的古旧书籍、颜色发黄的航海地图、乡村风景的油画、一支鹅毛笔……这些东西都能营造美式风格书房的气氛。

⑤崇尚古典韵味的美式家具

美式风格家具多以樱桃木、枫木及松木等实木制造，精心涂饰和雕刻家具，保留了古典家具的色泽和质感，表现粗犷大气的家居特色。

图3-26 美式风格

图3-27 美式风格厨房

图3-28 美式风格卧室

图3-29 日本传统风格

3.2.3.3 欧式风格的应用

欧式风格表现豪华大气，因此在许多别墅、会所和酒店等高档场所大量运用欧式风格的装饰设计。那些追求欧式风格的浪漫、优雅和高品质生活的住宅公寓，在装饰设计中也常用欧式风格。

在我国当今室内设计中，洋为中用是很常见的，将欧式风格中的很多元素加以提炼，运用到当代室内设计中，而出现"简欧风格"的概念。如果不是出于研究的需要，一般都不会去准确区分其具体风格，社会上常根据设计中运用了一定数量的具有某些明显西洋特征的造型装饰元素，而习惯将之统称为欧式风格。

3.2.4 日本传统风格

日本和式建筑及其室内装饰所表现的风格，又称"日式风格"或"和风"，亦称"日本传统风格"。日本古代文化深受中国古代文化的影响。中国人的起居方式，以唐代为界，可分为两个时期：唐代以前，盛行席地而坐或跪坐，因此家具都较低矮；入唐以后，受西方影响，垂足而坐渐渐流行，椅子、凳子等高形家具开始发展起来。而日本学习并接受了中国初唐低床、矮案的生活方式后，一直保留至今，形成了独特完整的体制。唐之后，中国的装饰和家具风格依然不断传往日本，例如日本现在常用的格子门窗，就是在中国宋朝时期传过去的。

但日本室内设计的传统风格又非常明显地体现着日本民族的思想观念、审美情趣和本土精神。日本人的自然观是亲近自然，把自己看作是自然的一部分，追求的是人与自然的融合。日本人在审美方面强调心领神会，在艺术创作方面强调气氛和神韵。日本国土面积较小，所以国民有追求精致、重视细部的个性，而所有这一切，几乎都体现在日本的建筑和室内设计中，如图3-29。

日本传统室内设计风格主要表现在以下几个方面：

①崇善自然，不求奢华

传统的日式家居将自然界的材质大量运用于居室的装饰中，不推崇豪华奢侈、金碧辉煌，以淡雅节制、深邃禅意为境界，重视实际功能。

②家具低矮，多用隔扇和推拉门

空间形状和尺度适合"榻榻米"的规格，符合席地而坐、席地而卧的习惯。内部空间惯用隔扇、推拉门、帘幔等分隔。空间规整、通透，与庭院具有密切的联系，利于融入大自然。

③造型简洁，重视细部

日本传统风格的室内造型设计十分简洁、干净利落，但非常重视细部的精细做工。正像丹下健三在《我的履历书》说的那样：它的细部，它的每一条缝的处理都十分精确，都给人以极深的印象。

④用活"木元素"

日本传统建筑多为木造，日本人在使用木材

的过程中高度重视材质的表现力，能充分利用其触感、色泽和肌理，展示其美的本质。此外，日本人不仅善用木材，还善用竹、草、树皮、泥土和毛石等天然材料。

⑤讲究的室内陈设

日本传统建筑的室内陈设十分讲究，无论是插花、盆景，还是灯具，都能渗透出一种平静、内敛的神韵。

以上是日本传统室内风格的主要特点，其中给人印象非常深刻的是，一说到日式家具，会立即让人想到榻榻米、低床矮案，以及日本人相对跪坐的生活方式的特点。但在这里必须指出的是，"日式家具"和"日本家具"是两个不同的范畴，"日式家具"特指日本传统家具，而"日本家具"无疑还包括非常重要的日本现代家具。传统日式家具的形成，与古代中国文化有着莫大的关系，而现代日本家具的产生，则完全是受欧美国家熏陶的结果。明治维新以后，西洋家具伴随着西洋建筑和装饰工艺强势登陆日本，对传统日式家具形成了巨大的冲击。时至今日，西式家具在日本仍然占据主流，但传统家具并没有消亡，而双重结构的做法也一直沿用至今。

一般日本居民的住所、客厅、餐厅等对外部分是使用沙发、椅子等现代家具的"洋室"，卧室等对内部分则是使用榻榻米、灰砂墙、杉木板、糊纸格子拉门等传统家具的"和室"。"和洋并用"的生活方式为绝大多数日本人所接受，而全西式或全和式并不多见。

3.2.5 现代风格

现代风格即现代主义风格，是比较流行的一种风格，追求时尚与潮流，非常注重居室空间的布局与使用功能的完美结合。现代主义也称功能主义，是工业社会的产物。

3.2.5.1 现代风格的起源

现代风格起源于1919年德国魏玛市的包豪斯（Bauhaus)学校（后改称"设计学院"，习惯上仍称"包豪斯"），如图3-30。两德统一后，设计学院更名为"魏玛包豪斯大学"，是世界上第一所完全为发展现代设计教育而建立的学院，这标志着现代设计的诞生，对世界现代设计的发展产生了深远的影响。包豪斯的设计思想强调突破旧传统，创造新建筑，重视功能和空间组织；注意发挥结构构成本身的形式美，造型简洁，反对多余装饰；尊重材料的性能，讲究材料自身的质地和色彩配置效果；重视实际的工艺制作操作，强调设计与工业生产的联系。包豪斯在推动现代建筑及装饰的发展方面起了巨大的作用，当今的室内设计尽管流派纷呈、风格各异，但上述现代风格的特点和原则仍为许多设计师喜爱和推崇。

包豪斯创始人、德国现代建筑师和建筑教育家、现代主义建筑学派的倡导人和奠基人之一瓦尔特·格罗皮乌斯对现代建筑的观点非常鲜明，他认为"美的观念随着思想和技术的进步而改变"、"建筑没有终极，只有不断的变革"、"在建筑表现中不能抹杀现代建筑技术，建筑表现要应用前所未有的形象"，如图3-31是格罗皮乌斯作品。当时杰出的代表人物还有德国的密斯·凡·德罗，他在空间处理上主张灵活多变，在造型设计上主张"少就是多"。图3-32为1951年密斯·凡·德罗设计建成的芝加哥滨湖大道公寓大楼外观和内景，这是密斯·凡·德罗的代表作，也是现代风格的代表作。

图3-30 包豪斯校舍（格罗皮乌斯设计）

图3-31 格罗皮乌斯作品

图3-33 上海广播电视塔及其内景

图3-32 密斯·凡德罗设计作品（芝加哥滨湖大道
公寓大楼外观和内景）

图3-34 现代风格的室内设计之一

图3-35 现代风格的室内设计之二

3.2.5.2 现代风格的发展

现代风格的出现是建筑史上的一次飞跃，对当今的建筑设计和室内设计产生了极大的影响。现在，广义的现代风格也可泛指造型简洁新颖，具有当今时代感的建筑形象和室内环境。如图 3-33，是黄浦江沿岸上海广播电视塔及其室内局部景观，与外形球体造型相协调的圆球形室内空间，具有现代风格中流畅简洁的神韵。如图3-34、图3-35均为现代风格的作品。

3.3 当代室内设计主要流派

20世纪后，室内设计流派纷呈，这是设计思想空前活跃的表现，也是室内设计发展进步中必然经历的过程。室内设计的流派在很大程度上与建筑设计的流派相呼应，但也有一些流派是室内设计所独有的。我们了解和研究这些流派的目的不是为了简单模仿或照抄，而是要探究不同流派产生的背景和原因，分析其向背曲直，进一步寻求正确的设计原则和理念。现代室内设计有许多流派，这里介绍其中较有影响的几种。

3.3.1 光洁派

光洁派，又称"极少主义派"，盛行于20世纪六七十年代。光洁派的室内设计师善于抽象形体的构成，常用雕塑感强的几何构成来塑造室内空间，室内空间具有明晰的轮廓，在简洁明快的空间里运用现代材料和现代加工技术，功能上实用舒适，加工上讲究精细，没有多余的装饰，符合现代主义建筑大师密斯提出的"少就是多"的原则，如图3-36。

光洁派的室内设计特征为：

①为追求空间和光线，窗口、门洞开启较大，与室外环境通透、连贯。窗户的装饰常采用卷轴式、垂直式遮帘和软百叶帘，便于采光和通风。

②室内空间流通，隔而不断，装饰上较多使用玻璃、金属、塑料等硬质光亮材料，具有活泼、宽敞的感觉。

③简化室内梁、板、柱、门、柜等所有构成元素，顶棚、地板、墙面多光洁平整，重点装饰部位刻意追求材质明理效果，没有多余的家具，选用色彩明亮、造型独特的工业化产品，个别家具的安放也担任着室内雕塑的作用。

④采用几何图形装饰和现代版画的鲜艳色彩，墙上悬挂窄边金属画框的现代派绘画作品或艺术品，室内陈设盆栽观叶植物，显示出令人愉快、别具情趣的现代装饰特点。

光洁派的室内设计给人以清新整洁的印象，由于结构上没有繁琐的细部装饰，因此便于加工制作，也便于使用过程中的清洁维护工作。但是，光洁派的设计作品过于理性，缺少人情味，以致后来受到人们的冷落。

图3-36 光洁派

3.3.2 繁琐派

繁琐派又叫新"洛可可"派。"洛可可"派是16世纪风行于法国和欧洲其他国家的一种建筑装饰风格。它是贵族生活日益没落、专制制度走向晚期的反映。其主要特点是崇尚装饰，繁琐堆砌，纤细娇俏，体现了上层社会腐朽的生活观，具有浓重的脂粉气息。

繁琐派继承"洛可可"派的基本特点，但不同的是繁琐派不过多使用附加的东西，而是通过新型装饰材料和现代的加工技术获得华丽而略显浪漫的效果，讲究丰富和夸张的手法，乐于采用矫揉造作、富有戏剧性的装饰效果，如图3-37。繁琐派室内设计特征为：

①主张利用现代科学技术，大量使用表面光滑、反光性能好的材料装饰，如不锈钢、铝合金、玻璃镜面、大理石、花岗岩等。

②重视光影效果，喜欢采用槽灯和反射板。

③选用新颖的家具和艳丽地毯，追求高贵华丽、光彩夺目的动感气氛。

3.3.3 高技派

高技派，亦称"重技派"。高技派这一设计流派形成于在20世纪50年代，当时，美国等发达国家要建造超高层的大楼，混凝土结构已无法达到其要求，于是开始使用钢结构，为减轻荷载，又大量采用玻璃，这样，一种新的建筑形式形成并开始流行。到20世纪70年代，把航天技术上的一些材料和技术掺和在建筑技术之中，用金属结构、铝材、玻璃等技术结合起来构筑成了一种新的建筑结构元素和视觉元素，逐渐形成一种成熟的建筑设计语言，突出当代工业技术成就，崇尚"机械美"，因其技术含量高而被称为"高技派"。高技派的设计特征可归纳为：

①将本应隐匿起来的内部服务构造及某些设备外翻（如暴露梁板、网架等结构构件以及风管、线缆等各种设备和管道），并涂上红、绿、黄、蓝等鲜艳的原色，丰富空间效果、增强室内装饰工艺技术与时代感。

②强调透明和半透明的空间效果。采用透明的玻璃、半透明的金属网、格子等来分隔空间，形成室内层层相叠的空间效果。为了表现机械运行的状况和传送装置的程序，如将电梯、自动扶梯的传送装置处都做透明处理。

③不断探索各种新型高质材料和空间结构，提倡采用高强钢、硬铝、塑料和各种化学制品等最新的材料来制造体量轻、用料少，能够快速与灵活装配的建筑，着意表现建筑框架、构件的轻巧。

④强调系统设计和参数设计，主张采用与表现预制装配化标准构件。破除传统的半手工、半机械的加工特点，要工厂化批量生产标准单元化构件。

法国巴黎蓬皮杜国家艺术与文化中心（图3-38、图3-39）、香港中国银行大厦等，都是高技派的典型代表。

3.3.4 后现代主义派

后现代主义派也称"装饰主义派"或"隐喻主义派"。

现代设计产生于20世纪20年代，并在欧美等国家流行发展，一直繁荣到20世纪70年代。在现代主义的影响下，从建筑设计上发展起来的"国际主义风格"在20世纪50年代晚期达到发展的鼎盛时期，垄断了整个建筑界。但是，现代主义风格的冷漠、单调、缺乏个性的设计理念也使许多青年建筑家与设计师们感到厌倦，急于寻找和发现一种全新的表达方式。从20世纪60年代的波普设计开始，各国设计师们开始了各种各样的反现代主义设计的尝试，运用美国的通俗文化对现代主义设计进行改造，后现代主义设计由此拉开了帷幕。

后现代主义派强调建筑的复杂性与矛盾性，反映简单化、模式化，讲求文脉，崇尚隐喻与象征手法，提倡多元化和多样化。目前设计主要表现在提取传统古典的符号和形式揉进现代的造

图3-37 繁琐派

图3-38 高技派（巴黎蓬皮杜艺术中心）

图3-39 高技派（巴黎蓬皮杜艺术中心）

图3-40 后现代主义派

型、新设备、新材料、新工艺之中，如图3-40。后现代主义派的设计特征可归纳为：

①室内设计的特点趋向繁多复杂，强调象征隐喻的形体特征和空间关系。

②在设计构图时往往采用夸张、变形、断裂、折射、错位、扭曲、矛盾共处等手法，构图变化的自由度大，大胆运用图案和色彩装饰。

③室内设置的家具、陈设艺术品往往被突出其象征隐喻意义。

④设计时用传统的室内符号或形式通过新手法、新符号或新形式加以组合、混合或叠加，最终表现含混的特点。

3.4　风格与流派的选择和体现

室内装饰风格与流派的选择需要根据室内的功能、造型、结构、材料、色彩等设计要素等方面决定。首先通过查看众多的案例，根据室内装饰功能、造型、结构、材料、色彩、户型、面积、资金、时间等因素，选择合适的风格与流派；然后通过与业主沟通，尽量考虑业主的兴趣、个性、职业、生活，让业主内心隐约的审美情趣一点点的展现，设计师应有重点地进行设计表达，确定能与设计反映的生活方式较贴切的装饰风格与流派。

风格与流派的体现一般是设计师根据经验、驾驭设计元素的能力以及对所面对的业主的深度分析后，得出的一套量身定制的方案，在设计过程中，要对功能、造型、结构、材料、色彩等室内装饰设计要素进行通盘考虑，如材料的选用，在装修前多逛逛建材市场，用所选材料搭配出的装修风格犹如漂亮的衣服穿在适合的人身上，衣服漂亮，人更漂亮。设计也可以从点到面的延伸，根据喜欢的配饰、家具、地板等一步步地拓展起来，逐渐让意识中的风格与流派丰满起来，例如：你非常喜欢某一款中式的桌子，一定要拥有它，说明你对中式的设计情有独钟，将这种感觉延伸到配饰、家具、地板、墙体色彩、灯光、一点点延展，从点到面，从局部到整体，整个家居风格与流派也就成型了。

思考与练习

1.室内设计中不同的装饰风格与流派各有哪些主要特征？

2.本地区目前有哪几种典型的室内设计风格？

3.当代室内设计有哪几种主要的流派？

4. 怎样通过不同的特征进行室内装饰风格体现？

本章推荐阅读书目与相关网上链接

1. 张绮曼，郑曙旸. 室内设计资料集. 北京：中国建筑工业出版社，1994.

2. 高钰. 室内设计风格图文速查. 北京：机械工业出版社，2010.

3. 来增祥，陆震纬. 室内设计原理. 北京：中国建筑工业出版社，2006.

4. 文健. 室内设计原理.北京：清华大学出版社，2011.

5. 中国室内设计网 http://www.ciid.com.cn/

6. 室内设计联盟 http://www.cool-de.com/

7. 深圳室内设计网 http://www.tianwu.com.cn/

技能训练3 室内装饰风格与流派的判断

→ **训练目标**

学会根据不同室内装饰的风格与流派的特征判断室内空间装饰设计所属风格与流派。

→ **训练场所与组织**

在室内设计展示室、多媒体教室或楼盘样板房对室内装饰空间现场或照片进行装饰设计特点介绍，判断所属风格与流派，并说明理由。

→ **训练设备与材料**

多媒体设备、室内装饰展示空间、室内设计效果图。

→ **训练内容与方法**

教师示范→学生示范→教师讲评→分组进行讲、听、评与考核→实训总结。

→ **训练考核标准**

根据学生对室内设计装饰风格、流派的判别和阐述理由的合理程度，制定具体评定标准（详见下表）。

室内装饰风格与流派判断技能考核标准

班级：_____ 学号：_____ 姓名：_____ 考核地点：_____

考核项目	考核内容	考核方式	考核时间	满分	得分	备注
1.风格流派的理解	● 说出五种以上的室内装饰风格与流派； ● 介绍各种风格与流派的主要特征。	单人口试考核	6min	50		
2.风格流派的判别	● 判别指定效果图或现场装饰所属风格与流派； ● 说明理由。	单人口试考核	4min	50		
总分						
考核教师签字						

项目4
室内空间设计

学习目标：

【知识目标】

1. 熟悉构成室内空间的基面、顶面和垂直面的特点及其表现形式；

2. 理解室内空间序列的组成和室内空间布局；

3. 理解室内空间利用原则。

【技能目标】

1. 学会对室内空间界面进行设计处理；

2. 学会设计空间序列和室内空间合理布局；

3. 能够灵活运用空间划分的手法和形式，对室内空间进行充分利用。

工作任务：

学习室内空间的构成、序列、布局、划分与利用的方法，可视化成果是设计和表达室内设计方案中的户型图（原始平面图）、墙体拆改图、平面布置图、地面铺装图。

建筑像一座巨大的空心雕塑，人们不仅可以领略其外观的风采，还能感受其内部空间的艺术表现效果，空间设计着重考虑室内空间的构成、室内空间的序列与布局和室内空间的划分与利用。

4.1 室内空间的构成

从三维空间的表现形式而言，可以将室内空间的构成分成基面、顶面和垂直面。不同界面的艺术处理，是通过对形、色、光、质等造型因素的恰当运用，使室内空间丰富多彩、层次分明，又能使室内空间的形态变化万千，重点突出。我们可以从不同的表现形式上去划分、学习和研究室内空间。

4.1.1 基面

基面通常是室内空间的底面，建筑上称为楼地面。是人们日常行走、活动的基础面。地面常通过凹凸变化来表现不同的空间形式，常见基面形式有水平基面、抬高基面和降低基面。

（1）水平基面

为了明确划定的基面范围，使水平界面的轮廓更清楚，在一个大的空间范围里划出一个被人感知的界面，必须在质地、色彩上加以变化。例如，在一个大的空间里用与地面色彩不同的地毯划出一块会客的空间，如图4-1。

（2）抬高基面

为在大的室内空间范围里创造一个富于变化

图4-1 利用地毯划分基面

图4-2 抬高基面

图4-3 降低地面

的空间领域，可采用抬高部分空间的边缘形式以及利用基面质地、色彩的变化来达到这一目的，如图4-2。抬高部分所形成的空间范围便成为一个与周围大空间分离的界面明确领域。抬高基面的高度和范围要根据使用情况的需要以及空间视觉连续性而定。

由于基面抬高所形成的台座和周围空间相比显得十分突出而醒目，因此常用于区别空间范围或作为引人注目的展示和陈列的空间，但其高度不宜过高，以保持整体空间的连续性。如商店利用局部基面的抬高以展示新商品或贵重特殊的商品。又如现代住宅的起居室或卧室常利用局部基面的抬高布置床位或座位，并和室内家具相配合，产生更为简洁而富有变化的新颖室内环境。

（3）降低基面

在室内空间中将部分基面下降来明确一个特殊的空间范围，这个范围的界限可用下降的垂直表面来限定。如图4-3，设计下沉的台阶将地面进行圆周区域上的划分，暖黄色的下沉式圆形沙发组合，温暖中有一丝安静，与整体的装修风格一致搭配，颜色各异的抱枕整齐地

排列在沙发上。圆形小茶几采用沙发的质地设计，体现整体的协调性，共同营造一个时尚而又温馨的生活空间。

下降基面所形成的空间，往往暗示着空间的内向性、保护性，富有隐蔽感和宁静感。室内局部基面的降低也可改变空间的尺度感。为了加强围护感，充分利用空间，提供导向和美化环境，在高差边界处可布置座位、柜架、绿化、围栏、陈设等。由于受到结构的限制，下降基面所形成的空间有时是靠抬高周边的地面来实现的。

4.1.2 顶面

空间的顶面，建筑上称为天花或顶棚。顶面可以限定它本身和地面之间的空间范围。顶面加上垂直面和基面构成限定的室内空间。

顶面的高低直接影响着人们的感受，顶面太低使人感到压抑，顶面太高又让人感到空旷，如图4-4（a）。所以可以根据室内活动所需要的感受，来调整室内局部空间的顶面高度，如图4-4（b）。

装饰顶面一般不需承担结构载荷，它可以

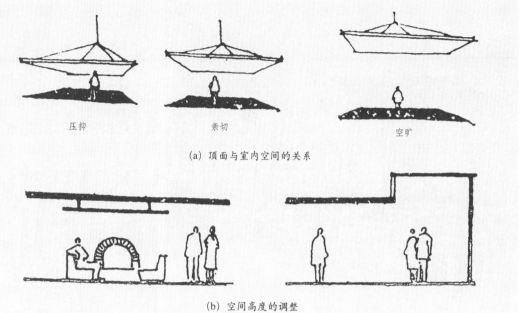

压抑　　　　　　　亲切　　　　　　　　　空旷

(a) 顶面与室内空间的关系

(b) 空间高度的调整

图4-4 顶面与室内空间

和结构层分开，悬挂于结构层下，这也就是通常所说的"吊顶"。吊顶可做成波浪形、凹凸形等多种形式，还可以和灯具组合构成各种图案。根据空间结构特点和功能要求，利用不同的几何形体、结构、色彩、光影、质感等要素，可以创造一个丰富多彩顶面，以满足空间的使用需要和艺术、音响效果以及其他特殊需要。根据使用情况，通过降低或升高顶面来改变空间尺度和突出主题，以取得良好的室内空间效果。如体育馆的比赛大厅，为了突出赛场的照明、音响等，需降低局部顶面，这样既满足了功能又突出主体，丰富了空间效果。

4.1.3 垂直面

　　垂直的形体是视野中较为活跃的，它一方面限定空间的形态，另一方面给人一种强烈的空间围合之感。建筑的室内空间垂直面是指墙面、立面，它与楼（地）面、顶面组成一个围合的室内空间。垂直面的开敞程度对控制室内外环境之间的视觉和空间连续性，以及调节、约束室内光线、气流、噪声有着密切的关系。

　　垂直面是人们走进室内的主要视觉中心，其界面的空间艺术处理就是利用几何中的点、线、面等要素，利用不同材质的质感、光影、色彩等要素，来表现丰富的立面空间造型艺术，满足不同空间的功能要求和艺术要求。

　　风景区的亭子是由多根柱子支撑起来形成空间，四周的内外视线几乎不受柱子的阻碍，形成一个开敞的空间环境，如图4-5。这里的垂直面是由连续的线围合形成连续的面，每条垂直线要素又可以限定空间形体的垂直边缘。

图4-5 柱子围合形成垂直面

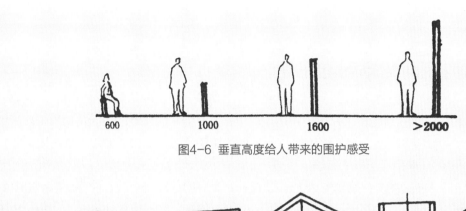

图4-6 垂直高度给人带来的围护感受

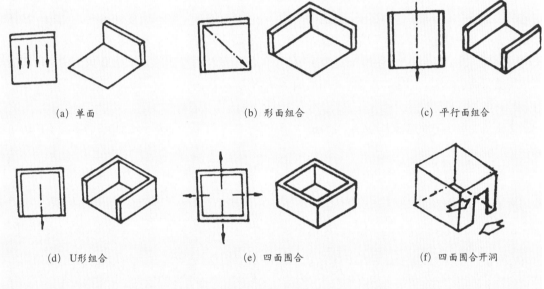

(a) 单面　　　　　　　　(b) 形面组合　　　　　　　(c) 平行面组合

(d) U形组合　　　　　　(e) 四面围合　　　　　　　(f) 四面围合开洞

图4-7 垂直的关系

　　一个垂直面可以明确表达它前面的空间，如室内实体屏风。而垂直面的高度不同，给人产生的围护感程度也不同。当垂直面高度在600mm以下时，对人来讲并无围护之感；当其高度在1600mm时，开始有围护之感，但仍可保持视觉上的连续性；当高度升至2000mm以上时，将起到划分空间的作用，具有明显的围护感，如图4-6。

　　不同数量的垂直面围合形成的空间，给人的空间感有很大的区别：

　　一个"L"形的垂直面，可以派生出一个从转角处沿其对角线向外延伸的静态空间。如室内两面墙交接的转角处通常放一组沙发，形成静态空间，如图4-7（a）、（b）。

　　两个互相平行的垂直面，限定了两个面之间的空间，这种空间有一定的导向性，如室内走廊空间，如图4-7（c）。

　　三个垂直面所组成的"U"形空间其动向方位主要是朝向敞开的一面，如图4-7（d）所示。

　　四个垂直面所围合的空间，具有明确的限定的围合感。这种空间是封闭的内向围合空间，如图4-7（e）。四个垂直面所围合的范围中，在某个垂直面上开一些小洞口，能提供和邻接空间的连续感。所开洞口的大小、位置和数量，能够不同程度地改变空间围合感，同时与相邻空间增加了连续感和流动感，如图4-7（f）。

4.2　室内空间的序列与布局

建筑内部空间加上时间因素就是一个四维空间，其内部空间组合丰富而复杂，人不可能一目了然。空间的序列，是指不同活动空间先后顺序的排列，是设计者根据建筑的不同功能给予一组空间的合理组织与安排，只有在行进过程中，才会逐一看到，并且去感受每一个空间的艺术表现形式，从而形成室内整体空间的印象。空间序列和布局要符合功能和人的活动规律，将空间组合与人的活动流线有机地统一起来，使人不仅在静止状态下获得良好的观赏效果，而且在运动中获得美好的感受。

4.2.1　室内空间的序列组成

室内空间的不同使用功能，其空间序列设计的构思、布局以至处理手法也是不同的，是千变万化的，但首要一点是功能决定形式。具体设计时，除了熟悉和掌握空间设计的一般规律之外，还要根据环境的条件具体分析，采取灵活的处理方式。空间序列可以比作一部影视剧，同样可以由序幕、展开、高潮和结尾等几部分组成。

（1）序幕

序幕是序列空间设计的开端，它预示着将要展开的空间内容。设计要使空间具有足够的吸引力，同时起到引导空间和过渡空间的作用。序幕空间往往处在空间序列的入口处，常常具有标志物和说明，还要考虑与展开阶段的衔接和融合过渡。

（2）展开

空间的过渡部分是空间序列的展开部分。在整个空间序列中起到相当关键的作用，处理时要循序渐进，起伏跌宕，处理巧妙精细，起到

烘托主要空间的作用。空间序列的展开即是空间的流动，在流动的过程中，常选用循环、往复、立体交叉型的人流路线。必要时可适当地插入过渡空间或转折空间，使整个序列空间中相互独立的各个空间自然地衔接、过渡、转折，从而使流动的空间产生连续的节奏感，也起到引导与暗示的作用，增强空间与空间之间的连续性。

（3）高潮

高潮是空间序列设计的主体，是室内的主要空间，是空间艺术的最高体现形式，是激发人们情绪达到顶峰的阶段。在满足功能的前提下，将空间进行艺术化处理，使人情绪高涨，在空间环境中得到最佳的感受。

不同功能的空间，其高潮出现的位置和次数各不相同，多功能综合性较强的大空间序列具有多中心和多高潮的特点，在多高潮中也有主要高潮和次要高潮之分，整个空间序列高低起伏。高潮的位置一般在整个空间序列的中部偏后，也有特殊，如宾馆为了吸引和招揽旅客，将高潮布置在接近门厅入口和建筑中心位置的中庭。

（4）结尾

结尾是空间序列设计的结束部分，由高潮回复到平静，是序列设计中必不可少的一环。结尾时空间序列的设计要让人去回味，从而加深整个空间序列的印象。

4.2.2　室内空间序列设计处理手法

在设计空间序列时应掌握以下几种基本的处理手法：

（1）引导与暗示

在建筑上，通常采用建筑所特有的语言传

递信息，如利用列柱、墙面、灯具、绿化等连续的有规律的排列手法，引导和暗示人们沿着一定的方向行走。有时也利用带有方向性的线条、色彩，结合地面和顶面的装饰处理来引导、暗示人们的行动方向，使人在动态中领略空间序列全过程，给人留下强烈的印象和美的享受，如图4-8。

图4-8 引导性序列空间

（2）重点与一般

要使整体空间具有一定的吸引力和凝聚力，必须使空间要素主、次分明，有重点也有一般。从空间序列的几个阶段来看，重点应放在起始阶段或高潮阶段，只有这样才使空间序列富有层次和变化。要使空间重点突出，除采用体量大小、形状变化、色彩对比等手段外，还要注意室内空间视觉中心的作用。在重点部位应设置吸引人视线的物体和色块，如利用建筑构件本身的造型、形态生动的转梯、装饰华丽的灯具、金碧辉煌的壁画、奇异多姿的盆景、造型独特的雕塑等，以吸引人的注意力，使重点部分更为突出。只有这样才能使空间序列有起有伏，有重点又有一般，互相衬托、互相协调，成为有机的整体。

（3）对比与统一

为适应复杂的功能要求，内部空间必然具有各种各样的差异，正是这种差异使空间更加丰富多彩。对于不同的序列阶段，其在空间的大小、形状、方向、色彩和装饰等处理上各有不同，以创造各不相同的空间氛围，而相互空间之间彼此联系、前后衔接形成统一的整体，既有变化又统一完整。

组合空间的对比与变化，主要体现在三个方面：一是方向的对比与统一，通过空间横向、竖向、左右、前后关系和构图法则进行组合，如图4-9（a）；二是形状对比与变化，通过多种形体空间的组合突出主题，如图4-9（b）；三是线型的对比与统一，利用曲线、折线、直线形体的变化，如图4-9（c）。

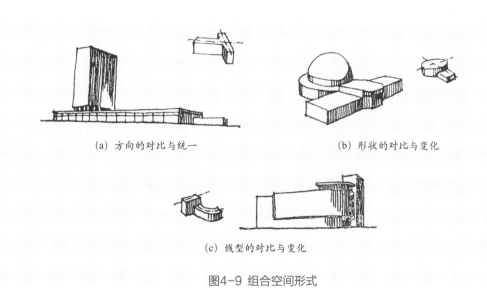

（a）方向的对比与统一　　　　　　　（b）形状的对比与变化

（c）线型的对比与变化

图4-9 组合空间形式

4.2.3 室内空间的布局

建筑的功能是通过室内空间来表现出来的。体量、形状各异的室内空间为人类提供了居住、办公、娱乐、生产等不同的功能。因此，功能问题是设计中的主要矛盾，设计时室内空间的布局必须满足功能要求，脱离了功能要求的空间，徒有形式美而与实际需要相背离，则是毫无意义的。设计者要通过各种不同的艺术处理手法，在满足功能要求的前提下，对室内空间的布局形式认真研究、仔细推敲、敢于突破常规，才能设计出耐人寻味的作品，让使用者感受到美感，精神上得到陶冶。

空间布局设计中要注意把握以下要点：

（1）空间的主次

在确定了空间的性质以后，要根据其使用功能对空间进行合理的布局。首先要明确定空间的主次，所谓空间主次，是指供人们从事特定活动的主要空间和辅助人们完成这一活动的从属空间之间的关系。只有分清主次，才能对空间进行详略得当的分割处理。设计者的头脑中必须牢固建立起主从空间的概念，这样有助于分析复杂空间的主要矛盾，才能有条不紊地组织空间。

（2）空间的分区

从不同的角度来理解，空间的分区也就有多种类型，如公共空间与私密空间、营业空间与休息空间、办公空间与通行空间、办公空间与生产空间

等。公共空间与私密空间、办公空间与生产空间等布局是需要绝对分隔的，如公共建筑中的门厅、休息室、餐厅等属公共空间，而公共建筑中的高级办公室、客房等属于私密空间，这些公共空间和私密空间在分区时就应明确的分隔开来。而有些空间的布局则需要共享的空间，如营业空间与休息空间，为了方便顾客在大型商场中安排了一些休息、就餐的空间。因此，进行室内空间布局设计时，必须进行合理的空间分区，达到功能明确、互不干扰，更好地符合功能的需要。

（3）空间的流动

人在空间中的所有活动都是流动的、变化的，具有一定的方式与顺序。空间的布局必须符合这种方式与顺序。例如去电影院看电影，要完成买票、候演、观看、散场等不同活动的过程。因此，在设计一个电影院时，就必须按上述行为方式进行空间的安排和组织：将售票口置于最外边，然后是门厅、观演大厅，散场时人多、时间短，应安排多个疏散口。另一个与空间流通紧密相关的问题是水平、垂直交通合理组织的问题。即人在水平方向与垂直方向都有活动的方式与顺序。流线设计的好坏关系到空间的使用效率、建筑的使用效果。在现代建筑中，空间流动纵横交错，室内空间流线要通畅、直接，不要过于迂回曲折，方向要清晰、明确、易于识别。同时空间流线功能要尽量单一，避免交叉，以免干扰交通和造成不同功能的室内空间相互干扰。

4.3 室内空间的划分与利用

4.3.1 室内空间的划分

室内空间的组合与分割是室内设计的基础，划分得合理、流畅、有艺术，可以为进一步的室内设计奠定良好基础。室内空间的划分方式很

多，采取什么样的方式，没有固定的形式和要求，须根据具体的空间特点及功能要求来确定。从人的感受和物体自身视觉特性变化来看，要考虑人的心理要求和艺术特点。划分空间时可利用建筑结构、装饰结构、隔断、家具、陈设、凹凸面、材质、颜色、照明、自然景物等手法进行空

间划分。从三维空间角度，利用上述划分手法，可以垂直划分空间或水平划分空间。

4.3.1.1 垂直划分

垂直划分空间的形式是分隔体与地面呈垂直关系，就是对地面进行区域划分。主要形式有：

（1）建筑结构划分空间

利用建筑本身固有的结构，加之特定空间的要求而设置的结构来划分空间。能够充分利用原有建筑因素进行巧妙设计。将空间划分成既有区别又有联系的不同的空间区域，使之合理地成为空间整体的一部分。如图4-10，几根连续的方柱既是建筑结构的一部分，对建筑起支承作用，又起到空间划分作用——从连续的空间中划分出一部分就餐区域。

（2）装饰结构划分空间

装饰结构具有实用和装饰之用，起到分割空间和美化空间的作用。使空间趋于一种象征意义上的构成，从而提高视觉欣赏及审美的要求，设计时要注意空间的整体协调，避免生搬硬套。如图4-11，电视背景墙是一面只起分割和装饰作用的"再造"墙，将空间划分为客厅区域与餐厅区域，起到分割和美化空间的作用。

（3）隔断、家具划分空间

用隔断与家具分割空间是非常方便实用的方法。用隔断分割组合的空间灵活，尤其是半隔断，能够产生小中见大的艺术效果，常用于半私密性的空间划分。而利用家具陈设分割空间既能增强空间的使用功能，又能增添空间的趣味性。这类空间的营造，往往要求家具与空间构造同步考虑，使之与空间成为一个和谐的整体，如图4-12。

（4）陈设与绿化划分空间

水体、绿化、陈设等景物，常用来点缀和构造室内空间，具有"返璞归真"的审美倾向和清新、亲切的意境，设计时应尽量根据空间的地形进行合理的分布，同时根据使用功能进行适度的点缀，如图4-13。

图4-10 建筑结构划分空间

图4-11 装饰结构划分空间

图4-12 家具隔断划分空间

（5）照明划分空间

灯光照明能使视觉凝聚于某一空间，由明暗的感应而起到分隔空间的作用。这类空间的构造，需要把光照范围与光照强度综合起来考虑。不同的光源强度和光照形式所产生的空间视觉感也应不一样，这种似"无"胜"有"的空间营造形式是构造室内空间的独特手段，如图4-14。

图4-13 陈设与绿化划分空间

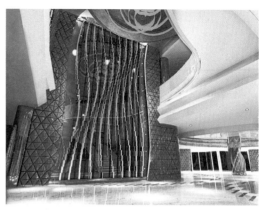

图4-15 结构挑台划分空间

图4-14 照明划分空间

4.3.1.2 水平划分

水平划分空间的形式是分隔体与地面呈180°的平行关系，目的是充分利用纵向的三维空间，使室内空间组织更加丰富，增加生动感。主要形式有：

（1）结构挑台划分空间

利用建筑原有的挑台结构或根据空间划分需要而增加挑台结构来划分空间，形成通透的上、下层空间，增加空间的造型效果，使空间组织更丰富。这种划分方式常用于层高较高的大型公共室内空间，特别是公共建筑底层的门厅设计，如图4-15。

（2）凹凸面差划分空间

利用水平方向或垂直方向的面之间所形成的凹凸差来划分空间，如地面的下沉空间、突出的不同高差的地台、吊顶的凹入空间或凸出棚面等都可以划分出各种形态的空间，从而增强原空间的实用性和观赏性，满足人们日趋复杂的求新、求奇心理。设计时要注意原空间结构的可塑程度、凹凸空间的尺度，并与使用功能相协调，如图4-16。

（3）颜色色差划分空间

不同颜色既能调节空间的氛围和空间性格，又能增强空间的领域感，同时区分同一空间内的不同区域是营造空间时常采用的简便手段，如图4-17。

（4）利用材料质差划分空间

利用材质的不同区分空间区域，既能从心理上领略不同的空间氛围，又能在视觉上满足不同空间区域连续欣赏的需求。构造这类空间时，应注意区域之间的材料搭配与呼应和空间风格上的和谐统一，如图4-18。

室内空间的划分与组合是复杂的、变化的，不是固定的、僵死的。只有不断地学习、研究，在实践中摸索总结规律，设计时具体问题具体分析，充分利用各种因素，才能创造出合理的、具有艺术品位的室内空间。

4.3.2 室内空间的利用

由建筑围合成的室内空间都是有成本的，必须充分利用好室内空间，降低空间的使用成本。如何进一步开发室内空间资源，在有限的小面积空间里增加空间功能，充分提高空间的利用率，是室内设计中不可忽视的问题。

4.3.2.1 室内空间利用原则

对于室内空间的利用要树立综合的辩证的设计观念，将实用功能与美学原则统一起来。不能为了美观而降低实用效果，也不能认为"屋子挤怎么摆也不会好看"。对于空间利用的设计方案应精心推敲，力求解决功能和美观上的矛盾。

4.3.2.2 利用室内空间的方法

（1）弹性利用室内空间

在寸土寸金、房价高昂的现代都市里，商品住宅空间多数比较小，如何将小空间化为大空间来使用是室内设计要考虑的一个重要问题。

如图4-19是弹性使用空间，体现小空间大利用的实例。这是一间面积较小的卧室，兼有书房功能。工作时，可以将床很方便地翻转

图4-16 凹凸面差划分空间

图4-17 颜色色差划分空间

图4-18 利用材料质差划分空间

图4-19 弹性利用室内空间

图4-20 加层利用室内空间

图4-21 阁楼式利用室内空间

图4-22 利用柜架隔断划分空间

图4-23 利用装饰竖板划分空间

立起，并隐藏于衣柜中，此时床与衣柜浑然一体，外观不易看出床的痕迹，并且占用地面空间很小，留出较宽敞的工作空间；睡觉休息时，可以把床放下，一张非常舒适的床很快就展现出来。这样可根据需要进行快速调整空间使用功能，即能使有限空间得到充分利用，又不影响美观。

（2）加层利用室内空间

加层是在较高的空间中进行部分空间的垂直分割，使一层大空间中又附属了一些小空间，很像公共建筑大厅与回廊的关系。这种加层的手法，既不影响室内空间的高度感，又使室内增加了实用空间。如图4-20，在门口通道上方由一个平台分割竖向空间，进行加层处理，将室内局部空间分成两层，上面为床铺，下面靠墙部位设置了衣柜和楼梯，其中楼梯下面设计成储物柜。这样，再配合些其他环境的灯具和家具等处理，室

内的环境效果既开敞而又有动感。

（3）阁楼式利用室内空间

阁楼式利用室内空间的手法与加层法相似，它的分层面积较大，往往把室内大部分空间都加层了。这种办法对空间的高大感有较大的减弱，但增加了空间使用面积，也增强了亲近感。如图4-21，阁楼的上面可以设计为工作室或卧室，下面是餐厅。这种阁楼式的利用室内空间形式，适于房间较小、竖向又较高的房子。

（4）隔断利用室内空间

隔断法利用空间是将室内空间将水平方向上加以分割，把单一功能的空间划分出具有多种不同功能的空间来。这种形式在室内设计中是最常用的。但分隔空间的具体形式又不尽相同，主要有家具隔断、立板隔断和软隔断等形式。如图4-22，利用柜架（隔断）将室内空间自然地分割为睡床和学习室两个功能的小空间，它们之间有

分有合，由于空间是流动的，所以室内空间在感觉上并未感到缩小，相反地增加了对相邻空间的联想性和趣味性。又如图4-23，在室内设一个装饰性竖板，将室内分别划分为会客和进餐两个不同功能的空间。再如图4-24，利用活动软隔断，是现代室内设计中用来分隔室内空间的惯用手段，可分可合，灵活分隔空间，布帘也可根据需要任意开闭。

合理利用室内空间的方法除以上方法外，利用吊柜、地台、入墙柜、沙发和门斗上部等空间，也能构建出很好的分隔方案来。

图4-24 利用软隔断分隔空间

思考与练习

1. 室内空间一般由哪几部分构成？
2. 室内空间的序列一般如何进行安排？
3. 怎样进行室内空间的布局？
4. 室内空间有哪几种常用的划分方式？
5. 室内空间利用原则和利用方法有哪些？

推荐阅读书目与相关链接

1. 杨豪中，王葆华. 室内空间设计. 武汉：华中科技大学出版社，2010.
2. 郑韬凯. 家居住宅室内空间设计. 武汉：华中科技大学出版社，2011.
3. 谭晓东. 室内空间设计. 北京：中国建筑工业出版社，2010.
4. 马澜. 室内设计. 北京：清华大学出版社，2012.
5. 室内设计联盟论坛 http://bbs.cool-de.com/
6. 中国室内设计网 http://www.ciid.com.cn/
7. 设计之家 http://www.sj33.cn/
8. 中国建筑与室内设计师网 http://www.china-designer.com/index.htm

技能训练4 平面布置设计与表达

→ **训练目标**

学会住宅空间功能分析与室内平面布局设计，绘制出室内设计方案中的户型图（原始平面图）、墙体拆改图、平面布置图、地面铺装图。

→ **训练场所与组织**

在教室或计算机设计室，由教师统一指导下，参考"项目2 室内设计实务"中平面图的绘制方法，进行室内平面布局设计练习，绘画室内设计方案中的户型图（原始平面图）、墙体拆改图、平面布置图、地面铺装图。

→ **训练设备与材料**

1. 手绘设计练习：铅笔、直尺、三角板、橡皮擦等制图工具和A3图纸；
2. 计算机设计练习：计算机、CAD图块模型等。

→ **训练内容与方法**

向学生提供三房两厅毛坯房由学生现场测量画出户型图，也可由学生收集一套三房两厅住宅户型图，每个学生根据该户型图独立完成住宅功能空间的功能分区与布局设计，通过手工制图或计算机辅助绘制完成户型图（原始平面图）、墙体拆改图、平面布置图、地面铺装图。

→ **可视化作品**

提交一套三房两厅居室的装饰设计方案中的户型图（原始平面图）、墙体拆改图、平面布置图、地面铺装图。

→ **训练考核标准**

根据空间的功能分析和划分原理，考核学生完成的室内平面布局设计方案，以其功能分析和划分的合理性，以及制图表达的规范程度，制定具体评定标准（详见下表）。

平面布置设计与表达考核标准

班级：_____ 学号：_____ 姓名：_____ 考核地点：_____

考核项目	考核内容	考核方式	考核时间	满分	得分	备注
1. 功能区分合理性	● 功能分析和划分的完整性； ● 功能分析和划分的实用性和合理性。	根据提交的平面图布局设计方案进行考核评定	课堂集中训练2学时，利用1周课余时间，个人独立完成	60		训练和考核时，可根据具体情况，选择手绘设计练习或计算机设计练习的形式进行
2. 平面图表达	● 平面图表达的完整性与准确性； ● 平面图表达的规范性。			40		
总分						
考核教师签字						

项目5
室内物理环境设计

学习目标:

【知识目标】

1. 了解室内物理环境的概念和常用照明术语;

2. 了解常用光源和灯具的种类、特性及主要用途;

3. 理解灯光配置应遵循的基本原则;

4. 熟悉常用构造化照明的形式、结构、特点和用途;

5. 了解室内温度、湿度、空气质量等其他环境因素对室内环境的影响和要求。

【技能目标】

1. 学会根据不同空间照明要求合理选择灯具;

2. 学会设计住宅、办公、商业等空间的照明;

3. 学会光、声、温度、湿度、空气质量等环境因素与顶棚设计。

工作任务:

学习光、声、温度、湿度、空气质量等与顶棚造型结合进行顶棚设计。可视化成果是设计和表达室内设计方案中的顶棚图、开关布置图和插座布置图。

室内物理环境,是指室内采光照明、室内吸声隔声、室内空气的冷热干湿(概括为光、声、热)等室内物理现象、物理条件所形成的室内环境。这些室内物理环境与人体生理感受直接密切相连,影响着人的心理感受,对人的学习、工作效率、生活质量、身心健康等有着巨大的影响。因此,室内物理环境是室内设计必须关注的重要内容,是提高室内环境质量不可忽视的因素。

5.1 室内光环境设计

室内光环境是室内空间被赋予光照因素后所呈现的环境状态与环境性质。世界著名建筑大师法国的柯布西耶曾说过:"建筑物必须透过光的照射,才能产生生命。"人对室内空间色彩、质感、构造细节的感受,主要依赖视觉来完成。独特的室内照明和采光环境设计能够强化空间的表现力,增强室内空间的艺术效果,室内光环境设计也是室内装饰设计中的重要审美环节。

5.1.1 常用照明术语

在进行照明设计时,有许多照明指标,从而使照明设计走上了量化的轨道。特别是使用计算机以后,照明设计更为细致,这也就要求设计者更为科学地使用照明术语、照明物理量及计量单位。

（1）光通量

光源在单位时间内向周围空间辐射出去的并使人眼睛产生光感的能量，即光源每秒发出可见光量的总和，称为光通量。光通量用符号Φ表示，单位为流明（lm）。一般情况下，同类型灯的功率越高，光通量也越大。

（2）发光强度

发光强度简称光强，是指光源在指定方向的单位立体角内发出的光通量。光强用I表示，单位为坎德拉（cd）。在相同光通量下，光强与光的分布与照射方向有关，如桌子上有一盏无罩的白炽灯，加上灯罩后，桌面显得亮多了。同一灯光，不加灯罩与加灯罩所发出的光通量是一样的，只不过加上灯罩后，光线经灯罩反射，使光通量在空间的分布发生了变化，射向桌面的光能量比未加灯罩时增多了。

（3）光照强度

光照强度是指被照单位面积上所接收的光通量，简称照度。照度用E表示，单位为勒克斯（lx）。光通量和光强主要表征光源或发光体发射光的强弱，而照度是用来表征被照面上接收光的强弱。如在40W白炽灯下1m处的照度为30 lx，加一灯罩后照度就增加到73 lx；阴天中午室外照度为8000 lx～20000 lx；晴天中午在阳光下的室外照度可达8000 lx～120000 lx。

（4）亮度

亮度可看成人眼从一个方向观察光源，在这个方向上的光强与人眼所见到的光源面积之比，即单位投影面积上的发光强度。亮度用L表示，单位是坎德拉/平方米（cd/m^2）。

亮度作为一种主观的评价和感觉，和照度的概念不同，亮度大小与被照面的反射率有关。在同样的照度下，白纸看起来比黑纸要亮，就是两者反射率不相同的缘故。这说明了被照物体表面的照度并不能直接表达人眼对它的视觉感受，因此引入亮度参数来衡量。

室内的亮度分布是由照度分布和表面反射率所决定的，从节能的角度看，室内界面宜采用反射率较高的颜色和材料。以下是部分光源的亮度值：太阳1500cd/m^2、荧光灯（5～10）cd/m^2、月光（满月）2.5cd/m^2、电视机荧光屏80cd/m^2。

（5）眩光

眩光是由于光线的亮度分布不适当或者亮度变化太大所产生的刺眼效应。眩光分直射眩光和反射眩光两种形式，前者是指光源发出的光线直接射入人眼，后者是指在具有光泽的墙面、桌面、镜子等表面反射的光射入人眼。强烈的眩光会使室内光线不和谐，使人感到不舒适，严重时会觉得昏眩，甚至短暂失明。

在一般场所，轻微的眩光不会造成太大妨碍。但某些特殊场所中眩光则必须予以降低或消除，如展览馆、博物馆等，如果在这种场合光线太强，就会产生眩光，就很难看清展品。另外，改变光线的传播方式，使光线不直射眼睛，也能达到消除眩光的目的。同一光源的眩光程度与视线角度有关，调整位置关系则不会出现眩光。

（6）显色性

显色性即光源照射到物体上呈现物体颜色的程度，是照明装饰设计上非常重要的因素，直接影响着装饰效果。显色性越高，则光源对颜色的表现越好，我们见到的颜色也就越接近自然颜色。国际照明委员会CIE把太阳的显色指数定为$Ra=100$，各类光源的显色指数各不相同。通常认为，Ra在80以上时，显色性为优良；Ra在50～79时，显色性为一般；Ra小于50时，显色性为较差。就住宅室内照明而言，显色性指数最好在80以上。

常用光源中的显色性指数，白炽灯Ra约为97、白色荧光灯Ra为55～85、日光色荧光灯Ra为75～94。

（7）色温

色温可以用来描述光的颜色，用绝对温度K表示，即把一标准黑体加热，温度升高到一定程度时，颜色开始由"深红—浅红—橙红—白—蓝"，逐步变化，某光源与该黑体此时的颜色相同时，我们将黑体此时的绝对温度称为该光源的色温。色温在3000K以下，光色偏红给人以温暖感觉（暖色调）；色温在3000K～6300K之间的为中间色；色温在5300K以上，光色偏蓝（冷色调）。

选择光源的色温应该参照照度的高低。照度高时，色温也要高；照度低时，色温也要低。否则，照度高而色温低，会使人感到闷热；照度低而色温高，会使人感到惨淡甚至阴森。

一般说来，白炽灯色温低，荧光灯色温高。近年来，荧光灯种类增多了，其中色温较低者，光色已经接近白炽灯。

（8）发光效率

发光效率是指光源消耗单位功率所发出的光通量，即光源发出的光通量与光源功率的比值，单位为流明每瓦（lm/W）。发光效率是一个光源能耗使用效率的参数，反映了光源将电能转换为可见光的能力，其数值越高表示光源的效率越高。所以对于使用人工照明时间较长的场所，如办公大厅、走廊、酒店等，光源效率通常是一个重要的考虑因素。

（9）频闪效应

电感式荧光灯随着电压电流的周期性变化，光通量也随之产生周期性的强弱变化，使人眼观察物体产生闪烁的感觉，叫作频闪效应。若被照物体处于转动状态，且转动频率刚好是电源频率的整倍数时，则转动的物体看上去就如没有转动一样。频闪效应会使人产生不舒服的感觉，降低工作效率，还易使人产生错觉而造成事故。电子式荧光灯不会产生频闪效应，是"绿色照明工程"产品。

5.1.2 室内光环境基本要求

室内照明来源于自然光照明和人工光照明两个方面。由于光源的性质不同，室内光环境对自然光照明和人工照明也有各自不同的要求。

5.1.2.1 自然光照明

自然光也叫天然光，是由太阳光经过大气层时发生直射和漫射而形成的直射光和天空扩散光组成。自然光是大自然所赐予的一种免费的装饰材料，给人带来温暖、热烈、开朗的心理感受，给空间注入了生机。自然光与窗、墙等建筑构件一起形成明暗对比和不断变化的动态环境，利用得当可以形成丰富多彩的光影艺术效果。另外，自然光是一种取之不尽、用之不竭的巨大能源，合理安排使用自然光还可以起到节约能源、减少环境污染的作用。

（1）采光标准

采光标准是为室内采光设计和采光设施维护管理所制定的规范。合理的采光标准对于满足生产和生活要求、保护视力和确保安全具有重要的作用。采光标准主要包括采光系数和采光质量。采光系数是指在全阴天时室内某一点的天然光照度与室外露天无遮挡处的水平面照度之比。采光系数值越大，采光效果越好。采光质量不仅取决于被识别对象的表面照度，而且还取决于投射在物体表面的光的方向性，识别对象与背景的亮度对比，视野内有无眩光，以及房间内各围护结构表面间的亮度比。

采光设计的基本原则是对应于无遮挡的情况下，室内照度的最低值是在室内得到需要的最小照度。我国采光设计标准规定，室内临界照度一般取5000lx。室内因采光口面积不同和房间地面面积的不同而有不同的采光系数，如表5-1。

（2）室内自然光的采光形式

在建筑的围护结构上开设的各种形式的洞口，装上各种透光材料，如玻璃、磨砂玻璃等，形成某种采光的形式。按照采光形式可分为侧面采光、顶部采光和侧面底部采光等。

① 侧面采光

侧面采光是在室内的墙面上开口的一种采

表5-1 民用建筑采光系数（日本）

建筑用途	住宅	旅馆、宿舍		儿童福利设施		医院、幼儿园、学校	
房间用途	起居室	客房、卧室	其他居室	主要活动室	其他居室	病房、教室	其他居室
有效采光面积	≥1/7	≥1/7	≥1/10	≥1/5	≥1/10	≥1/5	≥1/10
居室地面面积							

光形式，在建筑上也称侧窗。侧窗的形式通常是长方形。其特点是：构造简单，光线具有明显的方向性，并具有方便开启、防雨、透风、隔热等优点，但采光量少，分布不均匀，受邻近地段干扰。侧窗一般置于1m左右的高度。有些较大型的室内空间将侧窗设置到2m以上，称之为高侧窗。从照度的均匀性来看，长方形采光口在室内空间所形成的照度比较均匀。

室内自然采光的形式对照度有很大的影响。其一，室内采光口的位置高低会影响到房间进深方向的采光均匀性，一般采用低窗，近窗处的照度很高，室内距窗较远处照度会迅速地下降。反之，若提高采光口的位置，则近窗处的照度有所下降，但室内距窗较远处的照度却会提高，从而增加室内照度的均匀性。其二，窗间墙的宽度会影响房间横向采光均匀性。窗间墙越宽，则横向的采光均匀程度越差。如采用通长采光口，则横向采光均匀性会大大提高。其三，采光口的朝向对室内采光状况也有较大的影响。南向与东西向的采光口采光量大，有直射光，照度不太稳定，北向采光口采光量小，但较为稳定。

②顶部采光

顶部采光是在建筑物的顶部结构设置采光口的一种形式，即我们平时所说的天窗，常用于大型室内空间。天窗一般有矩形天窗、平天窗、横向天窗、井式天窗即室内中庭采光天窗等。顶部采光的最大特点是采光量均匀分布，对临近室内空间没有干扰。

③ 侧面底部采光

侧面底部采光方式的采光口在室内距地面较近之处。这种方式力求避免直射日光，可以利用室内表面反射光得到照度，且与遮阳构造密切相关。它有利于采光量及其分布，并兼有一些侧面采光的优点。

④ 顶部侧面采光

顶部侧面采光就利用屋顶天窗侧面采光，其优点是利于光量分布、防水、施工、不受邻近地段干扰。这种方式多用于美术馆、工业厂房。

⑤ 玻璃幕墙

玻璃幕墙以独特的方式使内外空间联通起来，让建筑变得轻盈，使采光量达到了近乎极限。其常用的玻璃有透明浮法玻璃、电浮法玻璃、反射涂膜玻璃等。后两种具有良好的装饰效果，又可以避免日晒，节约空间耗能、减少眩光，但造价较高。玻璃幕墙牵涉的技术条件较多，所以在设计中应反复推敲，慎重考虑。

除了以上几种采光方式外，采光处的一些设施也会对采光产生影响，如利用窗帷、百叶窗、遮阳板、花格、绿化或对透光材料的选择来改善和调节采光。

5.1.2.2 人工照明

人工照明是为创造夜间良好的室内光照环境，或补充白昼因时间、气候、地点不同造成的采光不足，为满足工作、学习和生活的需求而采取的人为照明措施。人工照明除必须满足功能上的要求外，有些以艺术环境观感为主的场合，如旅馆大堂、KTV包房等，则需强调人工照明艺术效果。因此，必须在照明方式上和灯具选择上考虑功能与艺术的统一。

照明设计主要是确定照明的位置、灯光照明的投射范围，确定照度标准以及灯具的选择。

（1）照度标准

任何空间的照明设计都首先要满足使用功能所需的照度。不同的功能要求，也就有不同的照度要求，表5-2是中国试行的照度规范。

（2）灯光照明位置

人们习惯于把灯安放在房间的中心，但这种布置不能很好解决所有的实际照明问题。正确的灯光布置应由室内人们活动范围和家具陈设的布置范围来决定。例如供人们看书写字用的灯具应布置在与桌面或座位有恰当距离的位置，如图5-1，这样，不仅照明设计能满足功能要求，而且能加强整体空间的意境和空间层次。

照明的位置与人的视线和距离有着密切的关系，主要是要解决耀眼现象——眩光。眩光的程度与发光体相对眼睛的角度有关，角度越小，眩光现象越强，照度损失也越大，如图5-2。

（3）灯光照明的投射范围

所谓灯光照明的投射范围就是达到照度标准的范围有多大，这取决于人们在室内活动的范围和被照物体的体积和面积，根据投射范围大小要求选择适合的照明方式。

① 整体照明

整体照明也叫一般照明，是一种为照亮整个空间场所而设置的照明。其特点是光线分布均匀，空间场所照明显得得宽敞明亮。因此，整体照明适合于教室、办公室、商场、工厂等大多数公共场所。

② 局部照明

局部照明是一种专门为某个局部设置的照明。其特点是光线相对集中，提高局部工作区的照度，满足工作面的需求，还能集中光源创造小环境空间意境，形成某种局部氛围。这种照明方式适用于住宅的客厅、书房、卧室、餐厅以及舞台和展馆等公共场所。

③ 混合照明

整体照明和局部照明相结合就是混合照明。常见的混合照明，其实就是在整体照明的基础

表5-2 中国试行的照度规范

建筑类型	最低照度（lx）		建筑类型	最低照度（lx）	
	白炽灯	日光灯		白炽灯	日光灯
卧室	10	–	理发厅	30	60
起居室	20	40	银行	20	40
手术室	40	100	篮球场	50	–
门诊	30	60	羽毛球馆	50	100
制图室	50	100	楼梯	10	20
教室	40	80	邮局	20	40
阅览室	40	80	百货店	20	40
书库	10	20	高级商店	30	60
休息室	20	40	商场休息室	20	40
体操馆	20	40	剧场门厅	20	40
游泳馆	50	–	售票处	10	20
办公室	25	50	放映室	15	30
打字室	50	100	化妆室	25	50
会议室	20	40	修理间	15	–
晒图室	10	20	工具库	10	–
餐厅	15	30	车库	5	–
高级餐厅	20	40	走廊	10	20
备餐间	15	30			

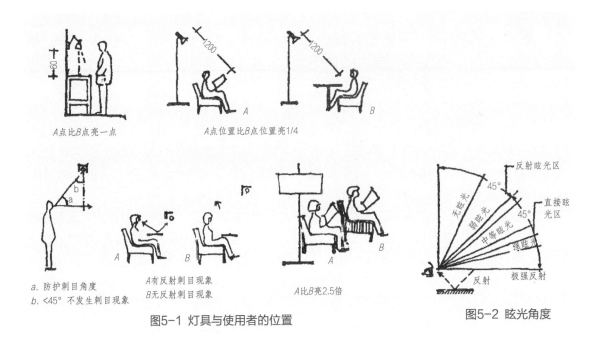

a. 防护刺目角度
b. <45° 不发生刺目现象

A点比B点亮一点　　　　A点位置比B点位置亮1/4

A有反射刺目现象　　　A比B亮2.5倍
B无反射刺目现象

图5-1 灯具与使用者的位置

图5-2 眩光角度

上，为需要提供更多光照的区域或景物增设照明，以强调该区域及其景物。混合照明应用广泛，多见于商场、医院、旅馆等。

④ 装饰照明

装饰照明的主要目的除了满足照度的使用要求，往往更多地考虑用光源的光色变化和灯具的排列组合达到美化和艺术照明的效果。用于装饰照明的灯具可以是一般灯具，也可以是霓虹灯，这些能够组成多种图案，显示多种颜色，甚至闪烁和跳动。通常展示某些物品用的射灯以及与水景、石景、绿化相配合的水下灯等也属于装饰照明。装饰照明在娱乐、商业和展示设计中应用更多。

⑤ 特种照明

特种照明一般指用于指示、引导行人流动方向或注明房间功能、分区的指示牌。广告灯箱也常被认为是特种照明的一种。

5.1.3 人工照明光源种类和灯具形式

5.1.3.1 人工照明光源的种类

随着科技的发展，高效节能是人工照明光源发展的必然趋势。人工照明光源主要有白炽灯、荧光灯、高压放电灯、LED灯等。不同类型的光源有不同的色光及显色性能，对室内的氛围和物体的色彩产生不同的效果和影响。

（1）白炽灯

白炽灯即常说的灯泡，是人类最早使用的电灯，其原理是将灯丝通电加热到白炽状态，利用热辐射发出可见光的电光源。白炽灯的优点是光源小，价格便宜，通用性强，可用多种灯罩加以装饰。白炽灯又分为普通照明白炽灯、反射型白炽灯和卤钨灯。

① 普通照明白炽灯

普通照明白炽灯消耗的电能仅有一小部分转为可见光，故发光效率低，约为（8~22）lm/W，大部分电能转化成红外线辐射热能。有的白炽灯在泡壳内壁涂上带颜色的涂层，有乳白色、蓝色、红色等，发出的光线柔和、多彩，如图5-3。

②反射型白炽灯

反射型白炽灯有吹制泡壳和压制泡壳两种。吹制泡壳反射部分为真空蒸镀的铝层，常称为薄玻璃射灯，有多种色彩，适用于商店橱窗、柜台、博物馆的展台等的局部照明；后者有一个高温压制一体成形的抛物面反光镜，反光镜的内表面一般以光亮的真空蒸镀铝作为光反射材料，这类灯通常称为PAR灯（Parabolic Aluminum Reflector，抛物面形铝反射灯）或厚玻璃射灯，如图5-4。

③卤钨灯

卤钨灯的发光原理与普通白炽灯相同，不同之处在于卤钨灯填充惰性气体中含有微量卤族元素或卤化物。普通白炽灯的灯丝高温造成钨的蒸发，蒸发的钨沉淀在玻壳上，导致灯泡玻璃壳发黑，加入微量卤族元素或卤化物的目的就是消除这种发黑现象。PAR灯的小灯泡也常采用卤钨灯。

（2）荧光灯

荧光灯俗称日光灯，是低压水银灯的一种，其发光原理与白炽灯完全不同，而且发光效率高于白炽灯。荧光灯可做成白色和彩色。荧光灯的最大优点是发光效率远比白炽灯和卤钨灯高，属于节能电光源，使用寿命长（2000h以上），光线柔和，发热量较少。常用的荧光灯都需带有镇流器才能工作。

荧光灯主要有直管型、环型和紧凑型（CFL）三种类型，如图5-5、图5-6。其中紧凑型（CFL）荧光灯是将荧光灯与镇流器（安定器）组合成整体，这种灯发光效率高，是普通白炽灯的5倍以上，因此又称为节能灯。节能灯还具有使用寿命长（是普通灯泡的8倍）、体积小、使用方便等优点，已被公认为目前取代白炽灯的适宜光源。

（3）霓虹灯（氖管灯）

霓虹灯的外形是一根直的或弯曲的玻璃管，内充低压氖气或其他惰性气体，以微弱的直流或交流电激发管内的荧光粉涂层放电而发出红、黄、蓝、绿等彩色光，其色彩变化是由管内的荧光粉涂层和管内所充的混合气体决定的。

霓虹灯可以制作成文字、图案等多种造型，主要用于商业照明和艺术照明，如营造城市夜景，装扮酒吧、KTV等娱乐场所，以及制作广告招牌、灯箱等。

（4）高压气体放电灯

高压气体放电灯是气体放电灯的一类，是通过灯管中的弧光放电，再结合灯管中填充的惰性

图5-3 普通白炽灯泡

图5-4 PAR灯

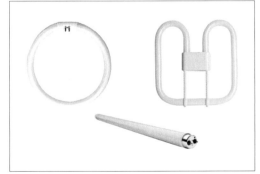

图5-5 直管型、环型荧光灯

图5-6 紧凑型荧光灯

气体或金属蒸气发出很强的光线。室内照明所涉及的高压气体放电灯主要有荧光高压汞灯、高压钠灯图5-7和金属卤化物灯三种。这三种光源发光原理相同，主要区别在于电弧管所使用的材料和管内填充的化合物不同。高压放电灯除主要用于工业和街道照外，高压钠灯还广泛应用于体育馆、展览厅、娱乐场、百货商店和宾馆等公共场所照明。

（5）LED灯

LED 是英文light emitting diode（发光二极管）的缩写，所谓的 LED 灯是指采用发光二极管（LED）作为主要发光源的灯具产品，如图5-8。PAR灯的发光灯泡也可用LED。

LED灯具有环保节能的优点，其发光效率可达100 lm/W以上，而与之相比，普通白炽灯只能达到40 lm/W，1W的LED灯亮度相当于2W左右的节能灯，相同功率下，LED灯比白炽灯和节能灯亮得多。LED灯被广泛用于室内照明、广告招牌、户外电视墙、路灯、信号灯、电源指示、手电筒等。

在倡导节能环保、绿色照明工程的今天，一些像白炽灯等发光效率低、能耗大的光源将逐步被淘汰，取而代之的是节能灯和LED灯等高效节能型光源。许多国家制定了淘汰和停止生产白炽灯的进程。如欧盟已在2012年8月31日后境内全面禁售白炽灯；我国淘汰白炽灯的规划是：2012年10月1日起禁止销售和进口100W及以上普通照明用白炽灯，2014年10月1日起禁止销售和进口60W及以上普通照明白炽灯，2016年10月1日起禁止销售和进口15W及以上普通照明白炽灯。

5.1.3.2 灯具的形式

在灯具选择之前，首先应熟悉灯具的种类和形式。

（1）吊灯

吊灯的灯体与顶棚拉开一定距离，用导管和电线连接灯体，吊灯一般设有装饰灯罩，用金属、塑料、玻璃、竹、木、藤、纸等材料制作。吊灯多用于整体照明，大堂或大厅等处的吊灯，大多体积较大、豪华美观。吊灯有时也用于局部照片明，如餐桌和吧台上的吊灯，一般体积小、外形纤细轻巧，以营造气氛。

吊灯的花样繁多，有欧式烛台吊灯、中式吊灯、水晶吊灯、羊皮纸吊灯、时尚吊灯、锥形罩花灯、尖扁罩花灯、束腰罩花灯、五叉圆球吊灯、玉兰罩花灯、橄榄吊灯等，如图5-9。

（2）吸顶灯

吸顶灯的灯体直接吸附并固定在天花板上，连接体很小，不像吊灯那样有很长的连线管。整个灯体包括灯源和灯罩，灯源通常为白炽灯、直管或环形的荧光灯，灯罩材料一般为磨砂玻璃、有机玻璃或其他透光塑料，颜色多为白色或乳白色，也有淡黄色、淡红色等其他颜色。

吸顶灯常用的有方罩吸顶灯、半圆球吸顶灯、小长方罩吸顶灯等，如图5-10。吸顶灯适合

图5-7 高压钠灯

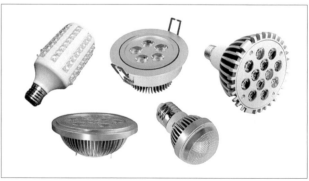

图5-8 LED灯

图5-9 吊灯

图5-10 吸顶灯

图5-11 嵌顶灯

图5-12 射灯

于客厅、卧室、厨房、卫生间等处照明。

（3）嵌顶灯

嵌顶灯泛指嵌装到顶棚上的灯具形式，灯口往往与顶棚平齐，有时也叫筒灯，如图5-11。这种嵌装于顶棚内部的隐藏式灯具，光线通常是向下投射，属于直接配光，分为散光型和聚光型两种。

常用的嵌顶灯（筒灯）口径有大（5吋）、中（4吋）、小（2.5吋）三种。有的嵌顶灯反射杯与灯泡是分体式的，反射杯顶部有一个螺口灯头，可以直接装上白炽灯、节能灯或LED灯泡。

也有将嵌顶灯反射杯与灯泡制成一体的，如PAR灯、LED嵌顶灯等。

嵌顶灯占据空间小，便于布置整体照明，适用客厅、卧室等设置吊顶的较低空间。

（4）射灯

射灯是一种用于局部照明、照度极强的灯具，其种类较多，有吊杆式、嵌入式、吸顶式和轨道式，如图5-12。射灯的照射角度可以任意调节，在室内多用于局部需要特别照射的装饰物上，如挂画、工艺品、雕塑、壁画和其他装饰物等。

（5）壁灯

壁灯是安装在室内墙壁上用于辅助照明的装饰灯具。光线淡雅的壁灯可把环境点缀得优雅、富丽。壁灯常用于大厅、走廊、过道、柱子、门厅、浴室镜前和卧室床头等地方，其种类和样式较多，如图5-13。

（6）落地灯

落地灯是直接站立在地上的局部照明灯具，也叫立灯，如图5-14。落地灯由灯罩、支架和底座组成，一般比较高，并可以根据需要而移动，多数落地灯可以调节高度和投射角度，因而容易控制照射方向和范围。落地灯一般布置在客厅和休息区域里，与沙发、茶几配合使用，以满足空间局部照明和点缀装饰的需要。落地灯的材料和形式多种多样，不同的室内风格环境可以选择配合相应风格的落地灯。

（7）台灯

台灯是一种主要置于书桌、茶几、床头柜或值班台上的典型局部照明灯具，如图5-15。台灯不仅有对阅读和工作提供局部照明的作用，还对环境有很强的装饰效果。台灯的装饰表现力主要体现在灯罩和灯座上，其形式和制作材料也是多种多样，根据台灯的制作材料不同有五金台灯、树脂台灯、玻璃台灯、水晶台灯、实木台灯、陶瓷台灯等；根据表现风格的不同有现代台灯、仿古台灯、欧式台灯、中式台灯、奢华台灯、简约台灯、时尚台灯等。

上面介绍的是一般室内设计中的灯具形式，对于特殊功能空间还有不同种类的特殊灯具，如舞厅中的各种彩色闪动灯、医院手术室的无影灯、实验室中的专用灯等。

5.1.3.3 灯具的选择

由于现代照明工业的快速发展，灯具的种类繁多，形式日新月异。现代灯具发展总趋势是重视功能，外形简洁，线条流畅，注重发掘和展现材料自身的自然美。灯具的选择和配置应遵循以下原则：

（1）灯具选择要符合空间的性质和功能

正确选择灯具，应该了解各种灯具的照明特性，才能很好发挥灯具照明的表现力，如图5-16。灯具选择还要与照明空间的功能和要求相符合，如宴会厅应当富丽豪华，办公楼应当简洁、明快等。

（2）灯具要适合空间的大小和形状

灯具的选配应让灯具改善空间感，而不要加剧空间的缺陷，如大空间可以选用体量大一些的灯具，而小空间切忌使用大体量的灯具。

（3）灯具配置要符合形式美的法则

灯具配置要符合形式美的基本法则：呈点、呈线、呈面，有主、有次，主次相宜；要有节奏、有韵律，做到统一中有变化，变化中有统一。有些灯具本身并不复杂，但可以通过"构图法则"组成多变的图案，形成灯具组合，也能取

图5-13 壁灯

图5-14 落地灯

图5-15 台灯

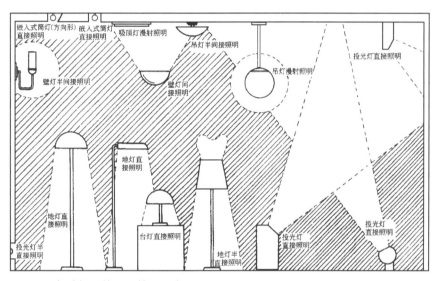

图5-16 各种灯具的照明效果示意图

得良好的照明和视觉效果。

（4）灯具造型应与室内设计风格相适宜

灯具的品种花样繁多，有些灯具具有浓厚的欧式、中式或和式等地域与民族风格。因此，选配灯具时应充分考虑灯具与室内装饰设计风格相映衬，通过特有的灯具风格装饰效果，体现室内空间的风格和民族区域特色。

5.1.4 室内光环境设计

现在光环境设计的总趋势是从工业时代的"户户灯火通明"的高照度照明方式转向以低照度照明为主、局部高照度相结合的混合照明方式。这是后工业时代追求生理、心理的自然和谐，也是追求个性的反映，以及对节能环保、绿色照明工程的响应。

现代照明设计应注意以下几个因素：适合的照明度、适当的亮度对比、宜人的光色、良好的显色性、正确的投光方向和避免眩光。

5.1.4.1 自然采光环境设计

室内自然采光设计，常见的手法是运用采光口的朝向、部位、大小、形状来获得所需的照度，同时可运用窗帷、百叶窗、格片、格栅等形式调节光线，使之在室内环境中形成光束或阴影，从而在白天获得理想的光环境。

5.1.4.2 人工照明光环境设计

（1）构造化照明的形式

台灯、立灯、壁灯等既是一种灯具，也是

一种陈设，这些灯具可以随时移动，与建筑主体的施工和界面装修没有直接的联系。此处所说的"构造化照明"，与上述灯具不同，构造化照明是与建筑实体密切相关，而且是在建筑主体施工和界面装饰装修过程同步完成的。

① 檐口照明

檐口照明通常处于墙面与顶棚的交接处，以荧光灯为主要光源，灯具隐藏在檐板之后，可将灯光投向下，如图5-17（a），或同时投向下方和上方，如图5-17（b），也可以全部投向顶棚，再反射到下方，如图5-17（c）。也可以采用半透明的檐板，灯光可部分透过檐板直接扩散到空间。檐口照明光线柔和、气氛明快，常用于宾馆客房等。

② 平衡照明

平衡照明是檐口照明的一种发展形式，平衡板（遮光板）后的灯光可以投向上方和下方，如图5-18（a）。这种照明可以用在床头上方，也可用在靠墙的楼梯扶手处，或将灯具隐蔽在茶几、桌面边沿，其面板类似平衡板，起到遮光作用，给人以飘浮感。

图5-17（d）是一个服务台的剖面示意图，这样的照明既不产生眩光，又能突出服务台的位置，还能照亮服务台跟前地面。

③ 反光槽

反光槽是将荧光灯管或灯带等灯具隐藏在沟槽或檐板后面，靠反光来照明，这种构造形式又称为之为槽灯，其光线比较柔和，属于间接照明。客厅吊顶常设计反光槽灯的形式营造氛围，其做法是在顶棚下面水平悬挑出一块装饰板，在装饰板外侧边沿与天花板之间设置灯槽，里面放置灯带。这种从侧面反射出柔和灯光的灯槽，又叫悬挑式灯槽。

反光槽通常有五种形式：

平行反光槽 所有灯槽以平行方式排列，槽口均面向同一方向。这种形式多见于报告厅、演艺厅、阶梯教室等，所有反光槽均面对讲台或舞台，如图5-18（b）。

外向反光槽 一般布置于四周墙面与顶棚的交接处附近，四周形成一个连续环形的灯槽。从四周灯槽发出的光线先射向顶棚或墙面，再反射到空间，如图5-18（c）。

内向反光槽 灯光首先射向空间的中央，经过反射后再投向工作面，如图5-18（d）。外向反光槽和内向反光槽可为一道、两道或三道，常用于客厅、会议室吊顶等。

组合反光槽 是将多个方形（或六边形、八边形、圆形等）的反光槽组合，形成一定的图案，以增加空间的装饰性，如图5-18（e）。组合反光槽多用于顶棚面积较大的空间。

悬吊式反光槽 在顶棚上悬吊弧形或折线型反光槽，将灯管安装在反光槽上面，如图5-18（f）。这种形式的反光槽灵活性大，适应性强，多用于设计室、办公室等。

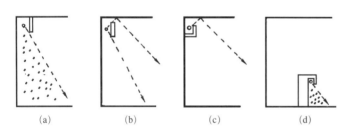

图5-17 檐口照明及平衡照明示意图

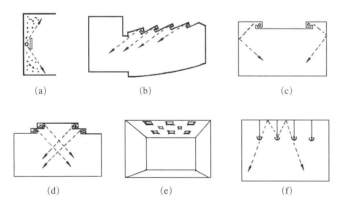

图5-18 平衡照明及如此光槽照明示意图

④ 光龛

光龛是一种块状照明，表面多为乳白色半透明的玻璃板或塑料板，内部装有灯管，外形多为长方形，一般整个光龛嵌入到吊顶内。也可以将多块光龛组合起来，形成一定的图案，如图5-19。这种照明方式适用于办公室、会议室和候机、候车大厅等。

⑤ 光梁

发光体呈横梁状，有外露的和嵌入的两种类型，如图5-20。外露式光梁立体感强，顶棚亮度高，但占用一定空间；嵌入式光梁底部与天花平齐，照度相对均匀，空间简洁。光梁大多采用平行布置，有时也纵横交错布置而呈现网状。

⑥ 发光顶棚

发光顶棚的特点是照度均匀，被照物无阴影，还能避免眩光，适用于商场、办公室及教室等。发光顶棚的表面多用半透明的玻璃板或塑料板覆盖，必要时也可加一些格片，以使光线更加柔和。发光顶棚表面多数是平整的，也可做成凹凸形式，如图5-21。一些大堂、餐厅等，顶棚形成井格形式，每格下面均装灯管和半透光板，也

可视为发光顶棚的一种。

上述各种构造化照明，只是一些基本的照明方式，在设计中，设计者应根据环境的需要和结构实际，充分发挥创造力，设计出实用、美观、新颖的灯具照明形式。

（2）各类空间光环境设计要点

① 住宅类

由于住宅中各房间功能不同，照度要求也不同。就一般情况而言，高照度能创造愉快、活泼的气氛，低照度则令人感到宁静、温馨。住宅照明中选用的光源应是光通量小、色温低、显色性好、光效高，控制要灵活方便，体积小、价格适宜的灯具。从节能环保的角度，应少用白炽灯和普通荧光灯，而应多选用紧凑型荧光灯（节能灯）、LED灯等。

玄关灯具的配置 玄关是进入居室给人最初印象的地方，因此照明气氛应明亮开阔。选择灯具形式应结合具体的楼层高度而定，层高较低可选用艺术造型吸顶灯，层高较高可以采用吊灯或做吊顶，并在吊顶里嵌入筒灯作为普通照明。也可设置少量闪耀眩光，增加玄关的华丽感，还可

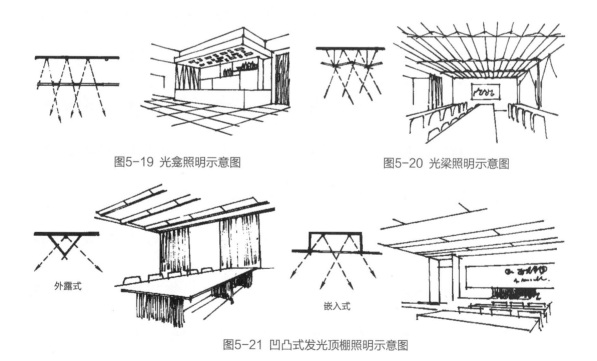

图5-19 光龛照明示意图　　图5-20 光梁照明示意图

外露式　　嵌入式

图5-21 凹凸式发光顶棚照明示意图

在玄关的柜上或墙上设置造型优美的射灯，让光线投射到挂画、装饰艺术品上，强化艺术品位。

客厅灯具的配置　客厅是家庭成员活动频繁的地方，而且是最能体现家居品质和主人生活品位的中心部位。客厅的一般照明通常使用吊灯或吸顶灯，如楼层足够高，还可以设计吊顶，再配置嵌顶灯和槽灯，加强顶棚的装饰性和整体照明。对于层高超过3.5m的复式楼客厅，则最好选择档次较高、规格体量较大、艺术感较强的吊灯，以衬托出客厅的豪华与富丽。

仅有一般照明，光照效果显得比较平淡和生硬，因此，除了一般照明，客厅最好还应设置重点照明和装饰照明。如在沙发一角配台灯或落地灯，除了能给客厅阅读或从事精细活动提供良好照明外，在会客交谈时还能营造文雅温馨的会客环境；在客厅的重点装饰造型部位（如壁画、装饰品、艺术品、绿色植物等）设置射灯、筒灯、壁灯等局部照明作为装饰照明，以衬托客厅的主体风格。

餐厅灯具的配置　餐厅是家庭成员就餐和团聚的场所，需要营造一种温馨柔和的就餐氛围。餐厅照度主要根据空间的大小来确定，空间越大，其照度要求越高。餐厅一般选择偏暖色的灯光照明，食物色泽更显得色美诱人。

餐厅照明一般采用向下照射的吊灯作为重点照明，吊灯安装在餐桌面上方800mm～1000mm为宜，照射范围与餐桌面尺寸为参照。餐厅如果设有吧台、酒柜、凹龛等，可用轨道射灯或嵌入式射灯加以装饰照明，以创造亲切的气氛。还可在餐厅吊灯周围设置筒灯和槽灯作为补充照明，增加照明层次感。

卧室灯具的配置　卧室照明应营造宁静、温馨、柔和、舒适的环境，需通过床头灯、落地灯、台灯、壁灯、射灯等多种不同功能和用途的灯具照明来营造，更好的体现一般照明、重点照明和装饰照明效果。

卧室中心设置一般照明，可采用造型别致和眩光小的乳白色半透明的吸顶或吊灯，颜色不宜五彩缤纷，光照强度不必太高，均匀微弱的漫

反射能让人产生一种舒适、轻松的感觉。

梳妆台和床头等需要阅读的地方设置重点照明，梳妆台可采用射灯或壁灯（镜前灯），照度最好在300lx左右，这样灯光比较明亮，又不易产生阴影，适宜梳妆需要。

床头的照明灯具既要满足就寝照明需要，还要满足躺在床上阅读的需要，照明灯具宜采用具有调光功能的壁灯、落地灯或台灯。壁灯和落地灯的高度不宜太高，通常只要人在灯下没有头部阴影和无眩光即可。如果卧室较大，可设计局部吊顶，并设置筒灯和槽灯，以营造浪漫、舒适的氛围。

② 办公类

办公空间用途不同，其照明方式也不同。办公室的一般照明可采用直管型荧光灯、嵌入式格栅灯、悬挂式格栅灯等直接照明灯具作为普通照明。在天花造型较为复杂的区域，总裁办公室、会客室、董事会议室等空间采用槽灯和筒灯相结合的造型设计，满足营造氛围和装饰效果的需要。书柜、壁画、摆件等需要局部照明的部位，突显饰品的造型与质感。

办公类不同工作环境中的照度要求，其照度标准见表5-3所示。

相对而言，高照度的环境使人紧张、振奋，而柔和、低照度的环境容易使人进入松弛状态。长时间在高照度紧张状态下工作，易使人疲劳、注意力分散和降低工作效率。现在的总趋势是低照度的环境照明与高照度的局部照明相结合。这种配置方式能减少眩光产生，通过高、低照度相配合，调节人的视觉疲劳，增加办公区域重新划分的灵活性，有利于节约电能，是既经济合理又具有高质量的光环境处理。

③ 商业类

商店照明要比一般的居住照明复杂得多，其除了满足基本的照明功能外，更注重设置吸引顾客对商品产生购欲望的照明效果，突出展品（商品）的诱惑力。

商店照明一般可按以下进行设计：

入口大厅和主要通道采用下射灯，沿墙面安

表5-3 科教办公类建筑室内照度标准

房间名称	推荐照度（lx）
厕所、盥洗室、楼梯间、走道	5～15
小门厅、库房	10～20
中频机室、空调机房、调压房	20～25
食堂、传达室、电梯、机房	30～75
校办工厂	30～75
录像编辑室、外台接收、厨房	50～100
医务室、准备室、接待室、书库、目录室、借阅处、教室、实验室	75～150
教研室、阅览室、办公室、会议室、装订室、报告厅、色谱室	75～150
电镜室、电话机房	75～150

表5-4 各类商店照度标准

房间名称	推荐照度（lx）
厕所、更衣室、热水间	5～15
楼梯间、冷库、库房	10～20
浴池、脚病治疗室、客房	20～50
大门厅、售票室、副食店、小吃店、厨房制作间、浴池	30～75
餐厅、修理商店、菜市、洗染店、照相馆、钟表店、银行、邮电厅	50～100
理发室、书店、服装店	75～150
字画商店、百货商店	100～200

装饰壁灯；营业厅根据空间尺度大小可选择吸顶灯、吊灯或采用发光顶棚和槽灯；对于商品陈列展示区，可适当增加局部照明的射灯或聚光灯。

精品店或精品部，宜选用华丽的灯具和重点照明方式，以突出或庄重典雅、或华美富丽，灯光氛围根据商品类型及档次而定。

商业室内大面积的照明，宜采用光色柔和、照度较高、显色性好的光源。一般不宜选用冷色光源，少用汞灯或钠灯，以免商品色彩失真。

照明方式一般采用混合照明方式。全面照明与重点照明以及装饰照明相结合，充分利用灯光艺术手段，营造商业氛围，突出商品档次，增强商品的广告效应，吸引顾客购买商品。

商业室内照明设计应力求格调统一。灯具的选择既要有统一性又要有所变化，同一空间内不宜采用多种品种的同类灯具，而应有一个主调。灯具造型以俭朴的为主，在需要重点装饰的部位才选用华丽灯具，以突出重点，形成对比。

在非营业区域宜采用隐蔽的点光源、光带或壁灯等，照度略低，以幽雅宁静的气氛与明亮的营业区形成对比，还可产生一种灯光导向作用。

对于商业空间的照度要求，会因营业性质和销售商品的种类不同而有不同的，其照度标准参见表5-4。

5.2 室内声环境设计

室内声环境的设计和处理主要包括两个方面：一方面是室内音质的设计，如音乐厅、电影院、录音室等，目的是提高室内音质，满足必要的听觉效果；另一方面是隔音与降噪的处理，旨在隔绝和降低各种噪音对室内环境的干扰。

5.2.1 室内声环境基本要求

室内声环境的基本要求主要是要控制室内噪声，运用合适的声学材料与结构营造良好的室内声环境。

5.2.1.1 室内噪声指标

对于大多数人来说，声音在120dB左右，就感到不舒服，达到140 dB，人耳就会有疼痛的感觉。人耳的听觉范围：水平方向上0°～60°之内人耳有良好的辨别能力，超过60°则迅速变差。人耳分辨能力最强的是50dB的声音。一般人在40dB～45dB的噪声刺激下就会影响睡眠。而且，噪声会降低工作效率，较大的噪声甚至会影响人的听力。对于噪声的最低允许值，可根据房间类型的不同加以实验测定，可参见表5-5。

5.2.1.2 室内声学材料与结构

室内声环境的形成，取决于声源和室内环境。利用材料和结构的不同吸声、隔声、反射等性能，降低或增强声场的效果，是建立良好的室内声环境的重要手段。

（1）吸声材料

多孔吸声材料是普遍使用的吸声材料，其中包括各种纤维材料、玻璃棉、岩棉、矿棉等无机纤维，以及棉、毛、麻、棕丝或木质纤维等有机纤维。但有些材料，如聚苯和部分聚氯乙烯泡沫塑料以及加气混凝土等材料，内部也有大量气孔，但大部分单个闭合，互不连通，只能算作很好的保温隔热材料，吸声效果并不好。

（2）吸声结构

吸声结构一般有两种：

一种是空腔共振吸声结构。其结构中间封闭有一定体积的空腔，并通过一定深度的小孔和声场空间连通。各种穿孔板、狭缝板背后设空气层形成吸声结构，如穿孔石膏板、胶合板、金属板等。

另一种是薄膜、薄板共振吸声结构。这是利用皮革、塑料薄膜等材料与其背后封闭的空气层形成共振系统。大面积的抹灰吊顶天花板、架空木地板、玻璃窗、薄金属板灯罩等，对低频声音有较大的吸收能力。

（3）隔声结构

常用双层墙、轻型墙等带有夹层或由吸声材料结构组成的墙体或门窗来隔声。

（4）反射

声音的传播和光线的传播一样，遇到障碍物

表5-5 不同类型房间允许噪声评价指数（N）

房间名	N值	dB（A）	房间名	N值	dB（A）
录音室	15	30	小卖店	40	50
电视演播室（无观众）	20	34	图书馆	30	42
电视演播室（有观众）	25	38	银行	40	50
剧场	20	34	计算机房	40	50
电影院	25	38	机械工厂	65	70
教室	25	38	木工厂	65	70
实验室	30	42	电工厂	65	70
手术室	25	38	体育馆	65	46
病房	25	38	食堂	40	50
郊外、住宅	25	38	城市住宅	30	42

表5-6 不同类型办公室的噪声背景要求

噪声段（dB）	适合范围
20~30	非常安静，适合大型会议
30~35	安静，适于5m长会议桌的会议室
35~40	较安静，适于2m~3m长会议桌的会议室
40~50	一般，适于1.2m~2m长会议桌的会议室，在2m~4m长会议桌的会议室要提高声音
50~55	超过2人~3人的会议十分困难，正常的谈话距离是30cm~60cm，打电话有些困难
>55	非常吵闹的办公环境，打电话困难

时会产生反射和吸收现象，回声现象就是声音反射典型例，杂乱的声音反射（回音）会影响演讲者的声音效果。可以利用反射构件对声音的反射方向加以调整和优化，这在影剧院尤为常用。坚硬、光滑的物体表面对声音有明显的反射作用，常用反射材料为光滑、坚硬的各种石材、板材等。

5.2.2 室内声环境设计

室内声环境的设计既要满足音响方面的功能要求，又要与场所的外观相适应。

声波在室内传播时，要被墙壁、天花板、地板等障碍物反射，每反射一次都要被障碍物吸收一部分，当声源停止发声后，声波在室内经过多次反射和吸收，最后才消失，人的感受是声源停止发声后声音还继续一段时间，这就是混响现象，这段时间叫做混响时间。在所有声学要素中，人体对混响程度十分敏感。混响时间的长短是音乐厅、剧院、礼堂等建筑物的重要声学特性。据测试，一间只因缺少窗帘、地毯和陈设的居室，混响时间就比正常的0.5s多0.25s，这在听觉上会使人产生不舒服感。有些室内装饰，只注重视觉效果，大量使用光亮硬质材料，使室内混响时间过长，话音清晰度差，既不舒服，又不经济。

5.2.1.1 办公空间声环境设计

办公空间中舒适的声环境标准是两人之间交谈可用略低声调进行，而不必为让对方听清而故意提高音量，同时，每个职员也不必为他人的交谈声的造成干扰而影响工作。在典型的办公空间中，正常声响控制水平为42dB~48dB，超过50dB声响就成为影响工作的噪声。过低的分贝值，又会形成声环境中的"死区"而造成精神紧张，相互很容易就能听到低声谈话，反而影响注意力的集中。办公室噪声背景要求参见表5-6。

办公空间声环境的主要问题在于控制过高的噪声水平。对于控制噪声，一是，可选用运转声较小的办公设备或将办公设备放置在专设的隔声小间；二是，为降低人员活动产生的噪声，可选用地毯等吸音效果好的铺地材料，办公家具和设备表面也尽量用吸音材料；三是，为隔绝外界噪声，可配合空调系统，安装双层结构的门、窗。

当然，与办公空间的声环境相关的因素很多，如空间形状、界面装饰、材料及结构等。只有综合处理诸多因素，才能创造一个良好的办公环境。

5.2.1.2 歌舞厅声环境设计

歌舞厅中的舞池和舞台处在同一空间中，会使扩声和受声混为一体，容易引起啸叫。并且歌舞厅的音量很大，播放迪斯科音乐时的声压级可达110dB，其声学条件十分复杂。所以歌舞厅对声环境的设计要求是比较高的。

歌舞厅良好声环境对空间尺寸有较高的要求。从声学角度来看，当空间的高、宽、长比例为0.618：1：1.618时，可形成"黄金比率"，这个比例形成的空间，声音共振频率分布较均匀、音质优美，还具有良好的空间视觉美感。比例中的关键值是歌舞厅的空间高度，其适宜的高度是5m左右，太低则缺乏低频共鸣，太高则空间空旷、共鸣较弱，缺乏震撼感。空间的高度及其空间尺寸比例是决定歌舞厅内视听效果的重要因素，假如室内空间受限达不到此比例，则至少舞池和舞台所围合的空间应符合此比例。

歌舞厅的顶棚中舞池上部的棚架是安装灯具及音响器材和视频设备的地方，所以棚架应具有一定的高度，这样不仅能得到好的灯光效果，也能获得合适的声音覆盖。同时，由于舞池地面多用光滑石材，是个强反射面，对厅内音质影响很大，因此棚架上的顶棚应铺设吸声材料。

歌舞厅的混响时间一般要求为1s左右。有的歌舞厅混响过长，造成歌声含混不清，缺乏层次感。这是由于歌舞厅中大量声音反射很强的装饰材料。另外，歌舞厅内应尽量避免圆弧面和两平行表面，否则会更加延长混响时间，特别是在这些表面如采用反射声音很强材料，声音效果影响更严重。

歌舞厅的KTV包房要注意隔声效果，要把声压级降到50dB左右。隔墙可采用双层纸面石膏板、双排龙骨，中空50mm填岩棉，但不能有声桥和缝隙。也可用24砖墙或双层100mm加气混凝土砌块。扩声方向应与视屏同方向，保持声像一致，演唱位置的后部墙应有吸声处理。

5.3 其他环境因素设计

当今的室内设计在内容上已上升至室内环境设计，在考虑视觉、听觉等要素的同时，其他环境要素的设计也不可忽略。其他环境要素在室内装饰中主要指物理方面的，如室内温度、湿度、空气质量、防火等。

5.3.1 室内温度、湿度、空气、防火等基本要求

（1）温度

由于自然规律，环境温度会在不断地变化。对于过高和过低的气温，会使人产生身心不适感。舒适的室内温度范围为23℃~27℃，13℃以下人会感到"不舒适的寒冷"，36℃以上会感到"不舒适的炎热"，41℃以上会感到"难以忍耐"。当然，不同年龄、性别等因素对同一室温的感觉差异也会很大。

（2）湿度

室内湿度的大小会影响皮肤的汗液蒸发程度，也会影响人体身心舒适感。湿度是单位湿空气中含有水蒸气的质量与同温同压下可能含有的最大水蒸气的质量的比值。在一定的温度下，一定体积的空气里含有的水汽越少，则空气越干燥；水汽越多，则空气越潮湿。使人感到舒适的湿度范围为40%~75%，湿度的大小不仅影响人的舒适感，而且会使建筑物发生收缩导致裂缝，使家具和装饰材料因缩胀而发生变形等。

（3）空气质量

室内空气成分中的氧气、二氧化碳、空气离子等含量都直接影响到人的身心健康。当氧气为一个气压的16%时，被认为是最基本的。如人长时间停留的室内，其二氧化碳含量不应高于0.5%。

除了空气本身的成分外，室内装饰材料也同样可以引起空气质量下降。据调查，化纤地毯中可以隐藏大量的细菌、病菌，许多化学涂料和人造板也在无形中散发着对人体有害的气体，对室内环境有一定的污染。所以要求室内装修时尽量少用化学用品，严格选用有害物释放达标的材料，并在施工结束后空置一段时间，使室内的毒有害物质基本挥发完后再进入使用。

（4）防火

建筑设计中有防火规定，针对室内装饰设计也有防火的要求。在室内设计中，吊顶、墙柱面、地面、电路系统、厨房等部位或房间，在设计时应着重考虑防火问题。此外，燃烧时会产生有毒致命烟气的材料也要避免使用。

5.3.2 室内供暖送冷、排气、防火设计

由于空调的发展，人工调节供暖送冷的室内环境已十分普及。供暖送冷，主要是以调节室温为主，但不是指温度一年四季恒定在一个值上。首先要考虑室温与户外温度差及人体的温度适应能力。夏天送冷气时应比舒适值偏高一些，一般与室外温差控制在5℃以内，最多不宜超过7℃，以免造成入室感到突然寒冷，出室又突然炎热的现象。其次要考虑空气流通问题，送风口的气流和温度会与其他处很不同，怎样将冷风或暖风均匀地分布在室内是设计中一个需要注意的问题。

室内的厨房、浴室、厕所都应设置排风换气设施，如果是垂直排风管道，应设有防止回风设施即止回阀。

在室内装饰设计中要进行防火处理，对重点防火部位应尽量采用难燃烧或不燃烧材料。如吊顶中可采用轻钢龙骨或铝合金骨架材料代替木龙骨；对于饰面，可采用矿棉板、珍珠岩板、塑料防火板、铝合金饰面板等不燃或难燃材料。如采用了木骨架等易燃材料，则应涂刷防火涂料作防火处理。厨房中用火多，应尽量采用不燃或难燃性材料。室内电器设备的设计安装应符合安装规范要求，供配电线中的负荷不得超过安全载流量。电器线路的每一支路均应单独设置开关，并设置有效的短路和过载保护。在可燃性材料制成的吊顶内，不应装设电容器、电器开关。在吊顶、轻钢龙骨隔墙等隐蔽工程中，电线敷设应穿管，如电线布置在可燃性材料制成的吊顶内，最好穿金属管；在难燃或不燃材料夹层中布线，可穿PVC管。室内装饰照明系统应尽量采用低瓦数的冷光源或混合光源，以降低热量的产生和聚集。

思考与练习

1. 室内光环境和声环境各有哪些基本要求？
2. 如何区分和选择各种灯具？
3. 对于不同功能的空间应如何进行光环境和声环境设计？
4. 室内装饰设计除光、声外，对其他物理环境因素有何基本要求？

推荐阅读书目与相关链接

1. 郑曙旸，刘琦. 建筑物理环境设计.北京：中国水利水电出版社，2010.
2. 周长亮. 室内环境设计.北京：科学出版社，2010.
3. 马丽.室内照明设计. 北京：中国传媒大学出版社，2011.
4. 高祥生，韩巍，过伟敏. 室内设计师手册（上、下）. 北京：中国建筑工业出版社，2001.
5. 中国照明设计应用中心 http://www.china-designer.com/
6. 中国照明设计网 http://www.lightingdesign.cn/
7. 中国灯具网 http://www.edengju.com/
8. 装酷网 http://case.zhcoo.com/
9. 中华设计师网 http://www.cctv-19.com/

技能训练5　顶棚和光环境设计与表达

→ **训练目标**

学会正确选择灯具，合理设计客厅、餐厅、卧室等吊顶的造型和构造化照明形式，独立完成一套住宅的顶棚图、开关布置图和插座布置图的设计与表达。

→ **训练场所与组织**

在教室或计算机设计室，由教师的统一指导下，进行室内顶棚造型和构造化照明形式设计及灯光配置训练，以手绘或电脑绘图表现。

→ **训练设备与材料**

1. 手绘设计练习：钢笔、速写本、彩色画笔等；
2. 计算机设计练习：计算机、CAD模型等。

→ **训练内容与方法**

以"技能训练4"中确定的同一套三房两厅的住宅户型为设计对象，每个学生独立进行室内顶棚的造型和构造化照明形式及灯光配置的设计。

→ **可视化作品**

提交一套三房两厅居室的装饰设计方案中的顶棚图、开关布置图、插座布置图。

→ **训练考核标准**

根据顶棚造型和构造化照明形式及灯光配置要点，考核学生完成的顶棚设计方案，以其合理性、氛围营造效果和图样表达规范程度，制定具体评定标准（详见下表）。

顶棚和光环境设计与表达考核标准

班级：_____　学号：_____　姓名：_____　考核地点：_____

考核项目	考核内容	考核方式	考核时间	满分	得分	备注
1. 顶棚造型设计	● 室内整体风格的统一与协调性； ● 造型要素与构图法则的灵活运用； ● 顶棚造型新颖性和美观性。	根据提交的设计图样进行考核评定。	课堂集中训练2学时，利用1周课余时间，个人独立完成。	35		训练和考核时，可根据具体情况和需要，选择手绘或计算机绘图。
2. 构造化照明形式设计	● 构造化照明形式的合理性； ● 灯光配置的合理性； ● 整体光环境的舒适性和美观性。			35		
3. 方案设计图样表达	● 图样表达的完整性与准确性； ● 图样表达的规范性。			30		
总分						
考核教师签字						

项目6
室内装饰造型设计

学习目标：

【知识目标】

1. 理解点、线、面等造型要素在室内装饰造型设计中的特点；

2. 理解室内界面构图法则（规律），以及室内装饰风格整体协调的内涵。

【技能目标】

1. 掌握顶棚、地面、墙面、门窗等室内界面和结构的造型设计要点；

2. 学会室内各界面造型设计与表达。

工作任务：

学习造型要素的应用、界面构图法则、界面和结构的造型设计要点等装饰造型设计基本知识。可视化成果是设计和表达室内设计方案中的装饰设计的立面图。

室内装饰设计是协调实用与审美的造型活动，在各局部造型时，要始终注意室内意境的构思和创造，这是室内装饰设计中的主线和中心。要恰当运用室内装饰设计造型要素，在有限的空间内创造与空间功能相互协调、美观大方、格调高雅、富有个性的室内环境。

6.1 装饰造型设计基本知识

装饰造型设计除了为实用功能，更是为艺术和美感而进行的创造。装饰造型设计的思维和方法并非是固化的，但也不是盲目和无规可循的。这里的"规"正是在前人实践和总结的基础上，历经检验得到人们广泛认可和普遍适用的装饰形式美法则、装饰构图法则等造型设计规律，这也是装饰造型设计的基础。

6.1.1 造型要素在装饰造型设计中的应用

点、线、面、体是造型的主要要素，是装饰造型设计的重要组成部分。

（1）点的应用

从设计学的角度来看，点是一种"具有空间位置的视觉单位"，相对整体或背景而言，是面积或体积较小的形状。装饰设计中点的应用，具有功能性和装饰性之分，其中装饰性的点是为了形式的需要和符号上的说明。点有实点、虚点和光点之分。实点是指界面的突出体，如壁灯、门锁等；虚点是指嵌入界面内的门、窗、吊顶、灯光等。

点和面是相对比较而言的，界面上的点，如壁灯、时钟、拉手、门锁、通风孔、门窗、局部装饰、壁挂、书画及墙纸上的图案等，这

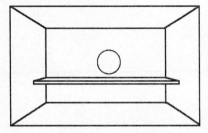

图6-1 点的稳定性及对墙面的分割

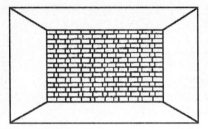

图6-2 点对线的分割，在无序排列中纳入有序

图6-3 点线结合

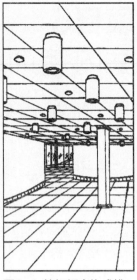

图6-4 筒灯组合构成线

些点的形式都不应看成是孤立的，而应作为整体设计中的一个部分进行综合考虑。如图6-1，在点的应用中就考虑了点的稳定性以及分割墙面的比例、对比、均衡、活泼等因素。如图6-2，点在排列中考虑到对线的分割，并在无序中纳入有序。又如图6-3，图画在墙面上为点，吊灯则是点线组合，吊灯的点与画的点是均衡比例的呼应。再如图6-4，点还可考虑到组成线来应用。如图6-5，点也可以组成面来应用。此外，还要考虑到点与线、面、体的组合应用。

（2）线的应用

线在设计学上是一种有方向性的"一次元空间"，用相对的观点看，物体只要具有长度、方向及位置，均可被视为"线"元素。如装饰线条、梁、柱甚至走廊等，都可视为"线"。

线条和点不一样，具有方向特性和力感。线对人的感情、心理有较大的影响：直线具有挺直、明确和锐利的感觉；斜线具有倒下、不稳定的力感；曲线则会产生柔和、优雅、旋律等美感……线在装饰设计中无处不在，它可分为划分形式的线和具有功能作用的线。因此，在建筑各

图6-5 环状点构成顶棚

界面处理中，合理而巧妙地运用线条，可以营造各种不同视觉效果的环境。

在顶棚的处理上，如图6-6，利用顶棚的光带形式的线条，产生强烈的透视感。也可以通过线的处理，产生导向性的深远感，或产生宽广的空间感。

在墙面处理上，如图6-7，用垂直线条划分，可产生加强空间的高度感；如果用水平横线条划分，则有降低层高、扩大空间感的作用。这种线的运用方法也常用于柱面处理。

在地面处理上，如图6-8，线条的导向作

用，常被应用于一些大厅、展览厅等人流繁忙的交通线上或交通转向的枢纽上。

此外，在局部装饰上，如天棚的墙角线、墙面的腰线、踢脚线、挂灯的悬杆等都是不可缺少装饰线。

（3）面的应用

面在设计学上认为是一种具有相对长度和宽度的"二次元空间"。在建筑中只要具有长度和宽度，有方位和位置，都可视为面元素，如桌面、地毯、屏风、壁画等。

面是使空间造型得以成立的最重要因素，在水平面上的面变化具有限定空间的作用，它可以通过形状、质感、色彩的区分来把不同性质的空间限定得更加紧凑和完整，起到意想不到的

艺术效果。

（4）体的应用

体在设计学上是一种具有相对长度、宽度和高度的"三次元空间"。装饰设计中的浮雕、家具、陈设等均以体的表现形式出现，它能最有效地表现空间立体造型，是立体造型最基本的表现形式。体在装饰设计中的应用，一般是通过体的堆积、切割形成有凹凸感的形体来满足装饰的需要。

点、线、面、体的综合构成在室内装饰造型中有着广泛的应用。对室内而言，应把室内各界面的划分与形状、材料、灯具、家具、陈设都考虑进去，遵循美学规律，运用比例、均衡、呼应、对比、统一、变化等手法，尽力将构成方式发挥得淋漓尽致。

图6-6 线构成的顶棚光带

图6-8 线条导向作用在地面装饰上的应用

图6-7 线在墙面装饰上的应用

图6-9 立面装饰的构图形式

6.1.2 室内界面的形式构图

人的审美观念受到民族、文化、生活方式、时代、年龄、性别、爱好等因素的影响，对美的认识和感受各不相同，但仍然有一定的自身构图规律。前人通过实践已经总结出了造型的形式美规律，从而也就有了解决室内各界面装饰设计中经常要考虑的形式构图问题的依据。如图6-9，墙面可以根据形式美法则，结合当今新材料、新工艺和新的设计造型艺术，使立面的装饰在构图上呈现五彩缤纷的形式。

（1）对称与均衡

对称即是指处于一个中心轴两侧的形象相同或相似。自然界中有很多对称现象，如人和动物的眼、耳，植物的花、枝等。对称给人以稳定、沉静、端庄的感觉，产生秩序、理性、高贵、静穆之美，在视觉上有安定、自然、均匀、协调、整齐、典雅、庄重、完美的朴素的美感，符合人们通常的视觉习惯，是一种普适美的形式，故对称是美的法则之一。

均衡也称平衡，指部分与部分之间，部分与整体之间取得体量、色彩等大体上的视觉平衡。均衡结构是一种自由稳定的结构形式，给人以舒适、安全的感觉。

对称与均衡产生的视觉效果是不同的，前者端庄静穆，有统一感、格律感，但如过分均等就易显呆板；后者生动活泼，有运动感，但有时因变化过强而易失衡。因此，在设计中要注意把对称、均衡两种形式有机地结合起来，灵活运用。

（2）比率与比例

比率是形式构成中各组成部分之间的逻辑关系。比例是指形态的部分与部分、部分与整体之间的数量关系。美是由一定数量关系构成的和谐，只要比例和谐就能引起人们的美感，达到人们常说的恰到好处，"增一分则长，减一分则短"。自古以来，许多学者对此进行了研究，得出一系列的数列关系，其中，黄金分割被认为是最简练、最协调、最合乎逻辑的分割方法，在室内装饰构图中广泛应用。

（3）节奏与韵律

节奏与韵律是美学法则的重要内容之一。节奏是造型要素的有规则重复，使之产生单纯的、明确的联系，富有机械美和静态美。韵律则是造型要素的规则的变化，使之产生高低起伏、远近间隔的抑扬律动关系，富于变化美和动态美。相对而言，节奏是单调的重复，韵律是富于变化的节奏，是节奏中注入个性化的变异形成的丰富而有趣味的反复与交替。韵律可以通过重复、渐变、起伏、旋转和自由韵律等多种形式构成。

（4）对比与调和

对比是差异性的强调，表现为大与小、重与轻、方与圆、多与少、高与低、粗与细、冷与暖、黑与白、明与暗等，凡存在矛盾对立的地方都有对比。对比在装饰艺术中会产生鲜明、有力、清新的感觉。

调和又称协调，是近似性的强调，与对比恰好相反，它强调形式要素的共同因素。调和使两者或两者以上的要素相互具有某种共性，表现为适合、舒适、安定、统一。

对比与调和是相辅相成的，装饰设计中要使各种不同因素有机地联系在统一体中，在变化多样的前提下达到统一，也就是调和美。

6.1.3 室内装饰风格的整体协调

我们常常可以在一些室内装饰中看到这种情况，某室内装饰的局部处理似乎很精彩，但却与周围环境处理格格不入，如此造成了局部之间在风格上的相互排斥，破坏整体环境的协调统一，给人以生硬、无法理解和莫名其妙的感觉。如何使室内装饰设计的风格整体协调，是我们设计时首先应考虑的，同时又贯穿于每一个局部。

（1）室内装饰与建筑设计总体风格的协调

室内装饰设计相对独立于建筑设计，是一个

图6-10 室内装饰设计风格的整体协调

再创造和改造的过程，然而室内装饰设计又应顾及建筑设计的总体风格。有些室内装饰设计还应与地区、民族的文化传统相呼应。

（2）室内装饰设计风格的整体协调

装饰工程设计的总体风格构思决定后，在具体实施时，仍然要不断地处理好"整体协调"的问题。一个完美的室内装饰设计不仅在大的方面相互协调，室内的一个小装饰品也应成为烘托整体风格的一部分，如图6-10。任何完美的整体并不是各个完美的局部的简单组合。

室内装饰设计风格整体协调的手段很多，如色彩的统一、材料的统一、装饰主题的统一、装饰线角的统一等。室内装饰设计者除了要学习和借鉴他人好的设计、好的工艺，还应不断接受大量的新信息，不断提高修养，努力探索适合国情民风的装饰设计手法，逐步形成自己独特风格。

6.2 室内装饰造型设计

在室内装饰设计中，要很好地营造出一个整体协调、格调高雅的室内环境，须注重室内各局部的装饰造型设计和各局部之间完美组合，使室内整体风格统一。

6.2.1 顶棚的造型设计

顶棚除了结构功能外，还承担照明、声学、通风、防火、装饰、导向等功能。在顶棚装饰设计中首先要注意造型的轻快感，这是因为人们习惯以上为天、下为地，天要轻、地要重，因此，无论在形式、色彩、质地和明暗处理上都要充分考虑上轻下重的原则。

其次，一定要注意整体效果，要有主有从，有重点，而不要堆砌过多的烦琐装饰和豪华装饰材料，应力求简洁、完整、生动、突出空间的主要内容，达到协调统一。

顶棚的装饰形式因具体的环境不同，设计形式也是千变万化的，但从构造和造型形式上看，顶棚大致可以归纳为平面式、叠级式、悬吊式等类型。

6.2.1.1 平面式顶棚

平面式顶棚在造型上，其表面平整，无凹入和外凸关系，也包括斜面顶棚。如图6-11，平面式顶棚占用空间高度少、构造简单，外观朴素大方，造价相对较低。这种顶棚一般配用光龛、发光顶棚、吸顶灯或嵌顶灯等，而不宜使用吊灯。平面式顶棚适用于大面积和普通空间的顶部装饰，如办公室、休息室、展览室、教室和商店等。

6.2.1.2 叠级式顶棚

叠级式也称叠落式、多级式、分层式或凹凸式，分层式顶棚的特点是整个顶棚有几个不同的层次，逐层缩进或扩展，形成层层叠落的状态，如图6-12。叠落的级数可为一级、二级或更多，

可以是中间高（上凹），周围向下叠落，也可以是中间低（下凸），周围向上叠落，并通常在叠级处设置一道灯槽，内装灯带（槽灯）。

叠级式顶棚造型华美富丽，常与各种形式的吊灯和槽灯相配合。设计时应注意各凹凸层的主从关系和秩序性，避免变化过多和材料过杂，力求整体关系和谐与统一。这种顶棚一般都设置在室内重点空间和空间的转折点处，适用于客厅、餐厅、门厅、舞厅等顶棚装饰。

6.2.1.3 悬吊式顶棚

悬吊式顶棚，是预先在顶棚结构中埋好金属杆，然后将各种平板、曲板或折板吊挂在顶棚上，如图6-13为铝合金曲面板吊顶。悬吊式顶棚适用于一些楼板底面极不平整或需在楼板底敷设和安装数量较多管线和设备，或满足较高隔声要求，或其他特殊艺术造型需要的顶棚装饰和美化。

这种悬吊式的顶棚是现代派室内装饰的一种常用形式，它具有造型新颖别致的特点，并能使空间气氛轻松、活泼和欢快，而且有较强的艺术趣味性。因此，常用于音乐厅、影剧院和文化艺术类建筑的室内顶棚装饰。

6.2.1.4 井格式顶棚

井格式是利用井字梁结构或人工制作方格井字状，利用井字梁的节点和中心来布置灯具并加

图6-11 平面式顶棚

图6-12 叠级式顶棚

图6-13 悬吊式顶棚

图6-14 井格式顶棚（北京京西宾馆会议厅）

图6-15 玻璃式顶棚（某KTV包房）

图6-16 软顶棚

以适当装饰的顶棚设计形式，如图6-14。由于这种形式很近似我国传统建筑的藻井，所以具有一定的民族风格。井格式顶棚一般适用于大型场馆、门厅、回廊和一些传统装饰风格的宴会厅、餐厅的顶棚。

6.2.1.5 玻璃顶棚

玻璃顶棚是指以玻璃为主要装饰材料构建的顶棚。

玻璃顶棚有三种类型，一种为发光顶棚，就是在顶棚内部普遍均布灯管，表面满覆乳白色玻璃板或毛玻璃板，给室内营造一种犹如白昼的感觉，这种顶棚有时还可以与各种彩绘玻璃结合，能够体现出一种华丽而又清新的装饰效果；第二种玻璃顶棚是采用镜面或经磨边的拼装镜面装饰顶面，强调灯光和物像反射效果，如图6-15；第三种玻璃顶棚是为了采光或中庭植物需要阳光照射，以采光为主要目的。

6.2.1.6 软顶棚

软顶棚就是用各种软质材料，经过吊挂、编织和装钉等手段处理的顶棚装饰形式，如图6-16。这种顶棚的效果轻快而飘逸，具有浪漫的情调，而且便于根据需要改换样式。若采用软顶棚还需要考虑厅室的声场效果问题。

6.2.1.7 棚构架式顶棚

棚构架式就是采用有意识的外露棚架或构架结合灯具和顶部设备作为刻意装饰重点。这种形式的顶棚多选用金属构架或木质的装饰材料，如格栅吊顶图6-17，还可配以塑料的仿藤类植物或花卉挂饰，有回归自然之感。

金属型材的构架顶棚，一种是为满足建筑承重结构和采光的需要，同时还具有工业装饰效果，如我们常见的网架结构；另一种用法是，为体现高秩序性、规律性的工业气息，追求那种穿插纵横、重叠繁重的机械形态美的韵律感，如在小型空间，有意识地设置与室内环境相协调的构架，再配以现代感强的冷光源导轨灯具，则会体现出一种浓重机械美感。

除了以上介绍的几种造型和结构类型的顶棚外，为了不降低空间高度、或出于经济因素的考虑，也可以利用雕花木线、木雕花和木制灯座或石膏线、石膏灯盘等进行装饰，营造简洁、明快的顶棚效果。

6.2.2 墙面的造型设计

室内空间中，墙面是视线最易接触到的部位之一，在人的视场里占据重要地位，因此墙体的装饰设计在室内空间中扮演着重要的角色。在造型设计时要充分考虑墙面与顶棚、地面等其他装饰界面之间整体统一的问题。一般装饰的主要部位如图6-18。

在墙面与墙面之间要有对比和统一关系，要有主从与繁简关系，每一空间有视觉中心，层次分明，要做到重点突出。在造型上，为了达到某种特定室内空间气氛的要求，可以设置装饰墙、装饰柱，再结合墙裙、顶棚角线等形成凹凸式的复杂造型。巧妙地利用建筑构件自身形成的节奏

和韵律进行装饰造型，将会激发建筑潜在的美感。例如，利用柱子的节奏将墙面分成若干个单元，形成重复；利用门窗的标高线进行水平装饰分割，使墙面上的诸多灯具、画框和一些装饰品找到统一的关系，如图6-19。但要尽量考虑到建筑的统一风格与建筑构件和空间的真实性，在此基础上创造出不同凡响的室内效果来。

在室内装饰的造型形式中，墙面的装饰形式是最为复杂的形式之一，仅次于顶棚。不同的装饰形式对于创造室内环境的特定气氛具有重要作用，墙面的造型形式很大程度上与所采用的材料有关，通常采用抹灰、涂料、卷材、贴面、贴板等各类材料。

抹灰在墙面装饰施工中也叫刮腻子或刮大白，是一种最常用和最简单的墙面装饰方法，颜色通常为洁白，表面细腻，具有亮光或亚光效果。但这种墙面存在不耐磨易掉粉、易脏且难擦除、防水性差等不足。因此，最好是抹灰完成待干后加以适当打磨，使墙面刮涂层更加平整，然后再涂刷油漆或乳胶漆。乳胶漆是当前使用最多的一类墙面装饰涂料，具有健康环保、施工简便、可选颜色丰富、耐擦洗等优点，涂刷后的表面呈亚光质感、无纹理，给人一种整洁和清新的感觉。

墙纸是卷材或贴面类墙面装饰材料的代表，其使用非常广泛。经过多年的发展，墙纸的种类、款式非常丰富，使用性能也得到了相当大的提

图6-17 棚构架式顶棚

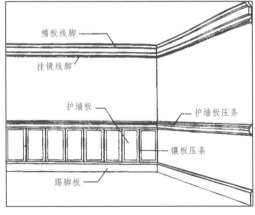

图6-18 墙面一般装饰的主要部位

檐板线脚
挂镜线脚
护墙板
护墙板压条
镶板压条
踢脚板

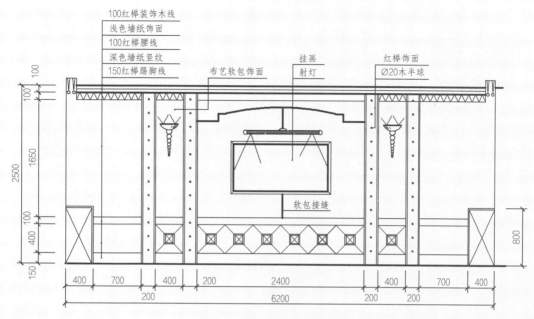

图6-19 墙面装饰造型设计图

高，许多墙纸具备了防裂、耐擦洗、覆盖力强、色泽持久、不易破损等性能特点。墙纸的选择除了考虑其基本功能外，还要考虑色彩、色调以及图案的搭配，使之与室内功能、整体风格相协调，如现代感强的室内，可以选择几何图形或抽象线条形的墙纸，与整体环境相互辉映、相得益彰。

一些宾馆、写字楼和银行大厅等，常以大理或花岗石等石材装饰墙面，显现出气派、豪华和庄重之感。当然，这时地面也宜使用石材饰面与之相搭配，如将不同质感与色彩的石材相互搭配则能带来石材特有的纹、质、色的对比效果。

木结构贴板装饰墙面，常用于墙裙、木护墙或与卷材类饰材配合使用，经拼图、起槽、附线等处理，可营造出亲切、格调高雅的效果。木质板面如配以不同的色彩涂饰，就能适合不同色调的装饰环境。

在某些的场合，墙面装饰常需要做一些特殊处理。如锦缎等织物包裹海绵等填充物做成软包装饰墙面，如图6-20，床屏背景墙就是以软包方式进行装饰的，使卧室显得更加华丽与温馨；以大块的镜面作墙饰，能产生变幻的空间，还会令小空间产生阔大感；以清水砖或表面凹凸的砖石

图6-20 软包装饰的床屏背景墙

材装饰墙面，能够烘托出自然与野性之趣，展现乡土气息；以薄木相嵌制成的板材作墙饰，则能刻画出民族风情图案；而以壁挂或壁画作墙饰，则使得空间更富有主题与内容。总之，每一种选择合适，运用恰当的材料，会给人以舒适与美的享受。此外，多种不同材料的适当搭配和运用，还能弥补相互间的不足与局限，同时又丰富了墙饰。

6.2.3 地面的造型设计

地面在人的视域中所占的比例仅次于墙面，

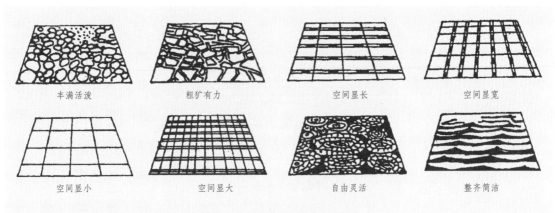

图6-21 地面图案结构的划分

虽然在整个室内装饰中起烘托作用，但地面在室内空间处于较低位置，很容易进入人的视野，同时地面还对室内动线（导向）控制还有积极的作用，因此，地面的装饰设计对整体效果影响不可忽视。地面设计如果处理得好，不仅能起到突出重点的作用，而且本身也有相对独立的审美价值。

在对地面进行装饰造型设计时应注意以下几个方面：

6.2.3.1 整体性

地面装饰不仅要与其他界面和谐统一，还要为室内家具、陈设等相映衬。由于地面的大部分可能会被家具、陈设所遮挡，而难以完整地呈现在视野中。因此，装饰的图案造型要趋于统一简洁，不宜太过于繁锁或花哨。但是，在一些如宾馆大堂，门厅、营业厅等大空间，就需要根据周围环境，在地面安排有主次的图形，使其不至于显得单调。

6.2.3.2 划分

除考虑施工便利、满足结构性能要求外，地面的划分须根据美学原理和法则进行划分，以满足实用性和艺术性。划分时要注意划分单元的大小和方向对室内空间的影响，一般地说，划分的单元块大时，室内空间显得小；相反地，若地面分块小，则室内空间就显得大。另外，地面的划

分方向会产生视觉错误，横向划分时，室内空间就会产生沿着横向变宽的感觉，相反地，若沿着竖向划分时，室内空间又会产生沿着竖向而变窄的错觉。因此，在选用地面图案结构时，一定要按室内空间的具体情况因地制宜地进行设计，如图6-21。

6.2.3.3 质地

不同质地的地面作用于人的视觉，会产生不同的心理反应，从而对造型效果和空间气氛带来不同的影响。一般地，具有光滑而细腻质感的材质，像磨光的花岗岩、大理石、玻璃镜面、不锈钢镜面板等材料铺设的地面，呈现出一种精致、华美和高贵的装饰效果。相反地，质地粗糙无光的材质，如毛石、河流石、剁斧石、仿古砖等材料铺设的地面，会给人一种粗犷、质朴和厚重的感受。因此，造型设计时要注意所选材料的质感与装饰风格及环境相协调。

6.2.3.4 装饰图案结构

地面装饰图案有时候是与地面划分相关联的，不同形式的地面划分和装饰结构，会形成不同的构图效果。几何形结构，特别是横平竖直的结构形成，会增强室内空间秩序感，从而达到整体统一的效果。这种结构形式非常适于室内空间大、家具陈设较少的情况。自由式的结构形式，

由于动感强，则适于需要变化的、陈设相对较多的室内地面。

此外，地面图案的结构还要与室内的交通路线和家具的摆放位置统一起来，例如商场的交通路线，饭店走道的地面装饰结构，应与交通路线的方向和动线统一起来，使之具有一定的导向功能。

6.2.4 门窗的造型设计

登堂入室必须穿门而入，门的造型会给人较深刻的印象。窗是建筑的眼睛，人们通过窗来观察室外的风景，利用窗来采光。所以，门窗的造型历来是室内设计的重点之一。门窗有防通透、隔声、隔热或防火、防盗、采光等要求，其结构和造型多种多样，在设计门窗时，应遵循以下原则：

6.2.4.1 统一

这里的统一是指门窗的造型要与整体室内空间气氛和风格相一致。首先是要求门窗的形式、造型结构、材料、风格要与室内其他部分有机联系，在视觉上产生浑然一体的效果；其次，要求各部分的门窗样式之间要具有某种联系，使之有异中求同的效果；再次，门窗形式不要花样百出，应力求单纯、简洁，使之和谐而有整体感。

6.2.4.2 实用

应根据实际需要选择合适的门窗。可供选择的门和窗的类型很多，有推拉门、折叠门、旋转门，以及推拉窗、平开窗、百叶窗等，如图6-22。

6.2.4.3 安全

在门窗设计中应对安全问题予以重视。这主要反映在开启的速度、设置位置、防护设施和门窗结构等方面。

6.2.4.4 造型美观

门窗的造型是装饰艺术不可分割的一部分，

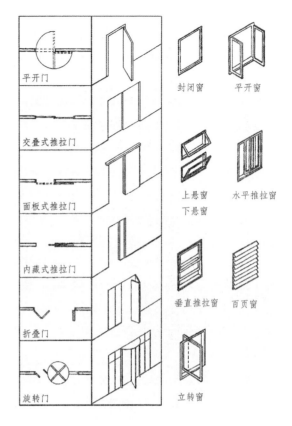

图6-22 门和窗的类型

其造型主要体现在门窗套、门窗头、门窗扇上，如图6-23。

欧式门的装饰非常讲究，尤其是体现在门套的造型设计上，处理因地制宜，也因人而异，如图6-24。欧式窗的窗套造型设计与门套的造型很相似的，欧式窗的窗头形式图案，大多取材于欧式古典建筑的门窗，加以简化而成。欧式窗扇和窗头的形式如图6-25。

中国传统门窗多以菱花方格、六角和八角等几何形的花格图案为主，如图6-26。

现代的门窗装饰造型一般要求简洁大方，提取传统的或欧式的造型符，结合现代的新材料、新工艺进行装饰，多采用表面装饰方式，如木线图案镶嵌装饰线型，雕刻装饰或立体块面镶贴装饰，也有镶嵌玻璃，结合各式各样的造型，丰富门扇的装饰效果。常见的门扇和门套的造型分别参见图6-27和图6-28。

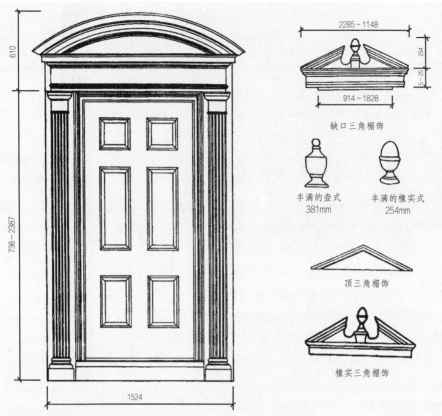

缺口三角楣饰

丰满的壶式
381mm

丰满的橡实式
254mm

顶三角楣饰

橡实三角楣饰

图6-23 门窗的主要造型部位

文艺复兴式　　摩尔式　　哥特式　　巴洛克式　　洛可可式

新古典式　　希腊式　　罗马式　　罗马式　　文艺复兴式

图6-24 欧式门洞造型

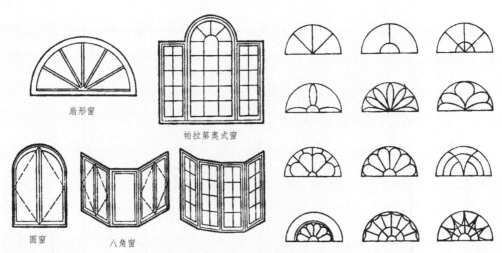

扇形窗

帕拉第奥式窗

圆窗　　八角窗

图6-25 欧式窗扇和窗头的形式

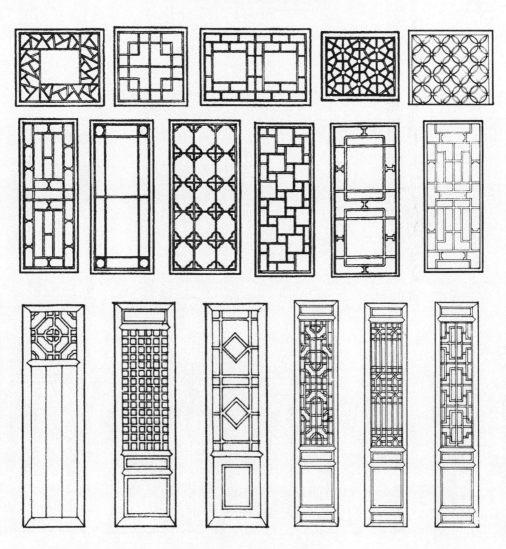

图6-26 中国传统门窗

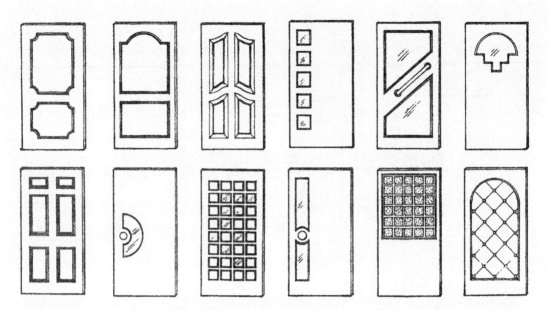

图6-27 现代门扇的造型举例

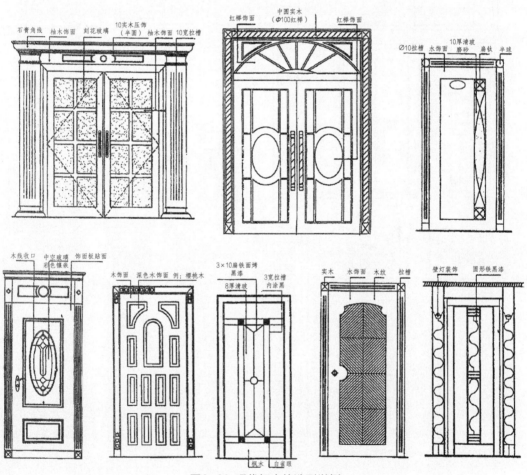

图6-28 现代门套的造型举例

6.2.5 柱面的造型设计

柱支撑是建筑结构中最常用的承重结构和方式。室内的柱体有时会给室内设计带来许多空间处理难题，在装饰设计中，往往通过对柱体的造型装饰以达到隐形或重点装饰效果。

6.2.5.1 隐形

在大型商场，需要的是空间开阔，视野通透，群柱在这类空间中常被隐形处理。如可以运用茶镜、白镜或车边工艺镜处理，如图6-29（a）（b）；当然，将柱体与货架结合是最好的隐形法，如图6-30，既扩大了营业面，又不影响人流疏通。

在餐厅、酒吧、舞厅等小空间内，如遇柱体过大、柱距过密，会给人以压抑、沉闷的不适

感。除刻意表现工艺处理的柱子外，可以采用分割隐形法，即避免大镜面的单调处理，又可灵活地配合室内装饰风格，如将过宽的柱子竖向分割变窄法，如图6-29（c）（d），或将过高的柱子横向分段处理使之失去细高感之法，如图6-29（e）（f）（g）（h）。

6.2.5.2 重点装饰

在宾馆、饭店、银行、办公楼等大堂中，对柱体进行重点装饰处理，往往能体现其等级与实力，投资者会不惜重金，将柱体结合大堂的装修风格，在造型上、材料上和工艺上大做文章。根据柱子不同的样式与风格，有欧式柱、中式柱、现代柱式等。

若是西式室内空间，柱的造型是以罗马柱式为代表的欧式风格，如图6-31、如图6-32。

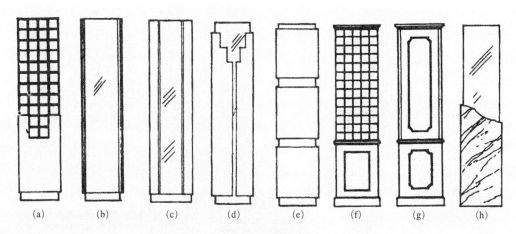

(a)	(b)	(c)	(d)	(e)	(f)	(g)	(h)

图6-29 柱面造型

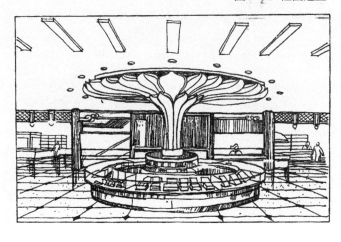

图6-30 柱与柜台、货架
结合的柱隐形做法

图6-31 欧式柱体和柱头

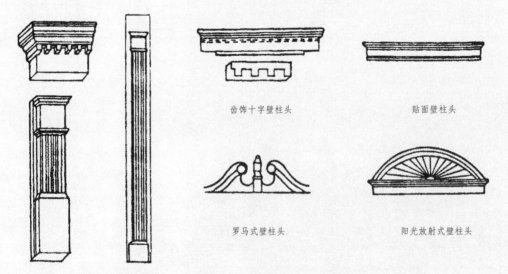

齿饰十字壁柱头

贴面壁柱头

罗马式壁柱头

阳光放射式壁柱头

图6-32 欧式壁柱和壁柱头

中式的室内空间，柱的装饰常做成雕龙镂凤柱式，与井格式顶棚相结合充分体现中国的民族风格。

现代风格的室内空间，柱的装饰造型常简洁大方，体现在合理利用新材料、新工艺进行装饰，如镜面不锈钢柱、搪瓷钢板柱、圆形石材柱、工艺雕刻柱等。

6.2.6 隔断的设计

在室内空间的使用中，需将原始的建筑室内大空间进行分隔与界定，以满足不同的使用功能与心理功能的需要。分隔与界定室内空间的方法与手段很多，大至一堵实墙，小到一块地毯上的纹饰，甚至于大厅中心几根结构柱，都能起到分隔与围合的作用。

6.2.6.1 虚体隔断

这种隔断仅仅是通过观者的联想与心理感受来完成的，于视觉并无遮挡。如地面与天花上的材质变化，一抹阴影或一束光线都能起到这种对空间"隔断"的作用。

6.2.6.2 实体隔断

这类隔断形成的空间往往具有一定的私密性和独立性，它所产生的空间是一种封闭的空间。隔断又分固定式和活动式两种，其中固定式隔断有木隔断与玻璃隔断等。木隔断中又有雕花木隔断、木板隔断等；玻璃隔断又分铝合金玻璃隔断、全玻璃隔断、雕刻玻璃隔断、喷砂玻璃隔断、玻璃砖隔断等。

活动式隔断包括可搬移式、有轨折叠式、推拉升降式等，其中有轨折叠式隔断较能适应现代功能空间的分隔需要，有全方向式隔断、单向式隔断、风琴式隔断，这些隔断一般均由专业厂家制造安装，设计人员需考虑轨道折叠隔断在天花上会留下轨迹，设法处理，以免破坏整个室内效果。

6.2.6.3 虚实结合的隔断

这种隔断的特点是隔而不断，既能较明确地区分了不同的空间，又能保持大空间的完整性。常用的形式有花池隔断、栏栅隔断等低矮的隔断形式或木隔断、玻璃隔断、博古架等高而不断视线的隔断形式。

如图6-33，为门柱通透式隔断、屏风式隔断、栏栅式隔断。

6.2.7 线脚的造型设计

室内装饰装修中面与面的交接，镜面、玻璃的收边，图案边缘的确定，两种不同质感及厚度的材料的衔接，不同面的转折，都需要一条划分界限的线，这就是各式各样的木线脚或石膏线脚。

常用的木线种类有：天花角线、镜框线、墙裙线、封边线、封角线、半圆线及雕花线等。线脚早已从单一的满足压角、压边等简单功能转向大量参与室内装饰，如雕花线在室内风格的体现上，起着举足轻重的作用。如图6-34，为木线脚的不同局部的造型举例。木线的断面造型形式非常多，如图6-35、图6-36为系列木线断面造型，供设计参考。

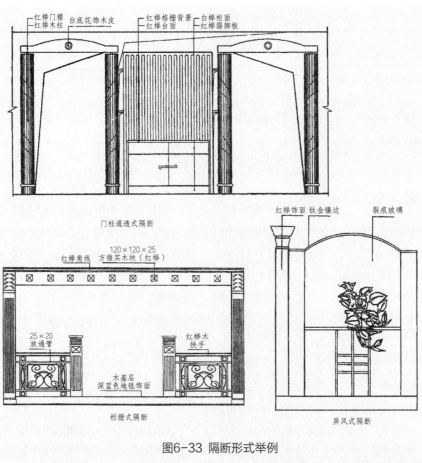

红榉门楣　白底花饰木皮　　红榉格栅背景　白榉柜面
红榉木柱　　　　　　　　红榉台面　　　红榉踢脚板

门柱通透式隔断

红榉饰面　钛金镶边　　裂痕玻璃

红榉角线　120×120×25
方锥实木块（红榉）

25×20
放通管

红榉木
扶手

木基层
深蓝色地毯饰面

栏栅式隔断

屏风式隔断

图6-33 隔断形式举例

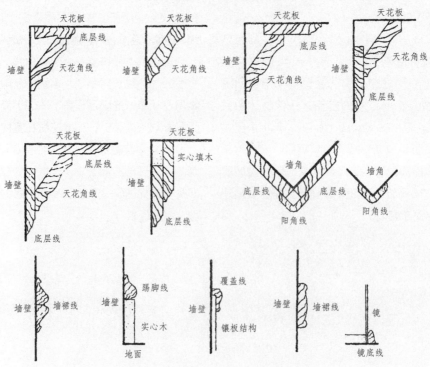

天花板　　　　　天花板　　　　　天花板　　　　　　天花板

墙壁　底层线　　　　　底层线
天花角线　墙壁　天花角线　墙壁　　墙壁　天花角线
天花角线　　　　　　　　底层线

天花板　　　　　　天花板
底层线　　　　实心填木　　　墙角　　　墙角
墙壁　天花角线　墙壁　　底层线　底层线　阳角线
底层线　　　阳角线
底层线

墙壁　墙裙线　墙壁　踢脚线　　覆盖线　　墙壁　墙裙线　镜
实心木　墙壁　镶板结构
地面　　实心木　　　镜底线

图6-34 线脚在各局部的装饰构造

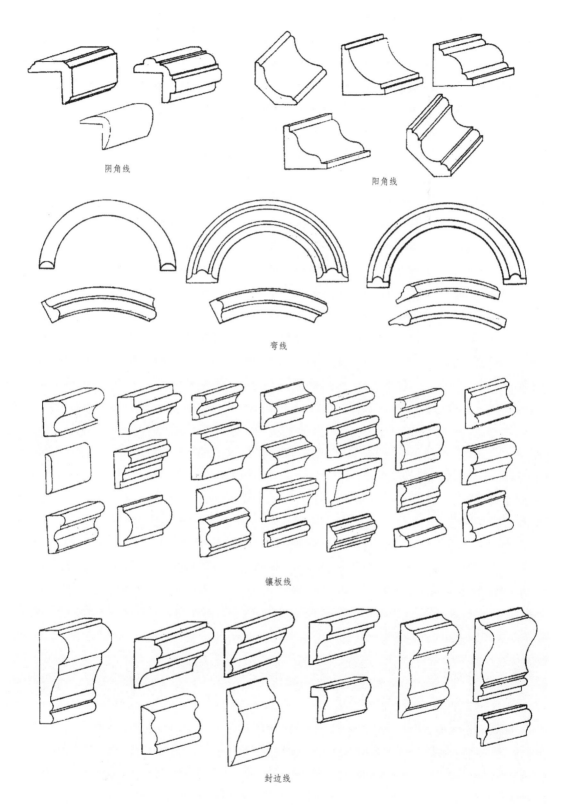

阴角线

阳角线

弯线

镶板线

封边线

图6-35 系列线脚造型一

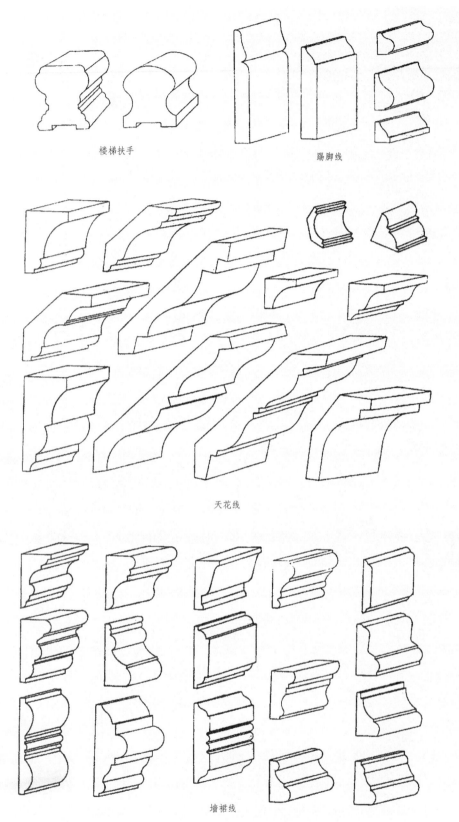

楼梯扶手

踢脚线

天花线

墙裙线

图6-36 系列线脚造型二

思考与练习

1. 如何应用点、线、面、体等造型要素在室内装饰设计中进行装饰造型设计？

2. 室内界面的形式构图有哪些规律？

3. 简述室内装饰风格的整体协调要点。

4. 简述顶棚、墙面、地面、门窗、柱、隔断、线脚等室内局部的造型要点。

推荐阅读书目与相关链接

1. 吴萍. 造型设计基础. 北京：机械工业出版社，2004.

2. 袁筱蓉. 装饰设计造型. 南宁：广西美术出版社，2007.

3. 刘天杰. 顶棚设计. 北京：机械工业出版社，2010.

4. 高祥生，韩巍，过伟敏.室内设计师手册（上、下）.北京：中国建筑工业出版社，2001.

5. 和家网 http://www.51hejia.com/

6. 土拨鼠装饰门户网 http://www.tobosu.com/

7. 装酷网 http://case.zhcoo.com/

8. 中国室内设计联盟 http://www.cool-de.com/

技能训练6 立面设计与表达

→ **训练目标**

学会运用点、线、面等造型要素和构图法则进行室内立面设计与表达。

→ **训练场所与组织**

在教室或计算机设计室，由教师的统一指导下，进行室内立面图设计练习，以手绘或计算机绘图表现。

→ **训练设备与材料**

1.手绘设计练习：钢笔、速写本、彩色画笔；

2.计算机设计练习：计算机、CAD模型等。

→ **训练内容与方法**

以"技能训练4"中同一套三房两厅的住宅户型为设计对象，每个学生独立进行该套住宅的客厅和主卧室立面造型设计。

→ **可视化作品**

提交一套三房两厅居室的装饰设计方案中的客厅和主卧室装饰设计的立面图。

→ **训练考核标准**

根据构图法则，考核学生对立面、门窗等造型与装饰的掌握情况，以其合理性和表达规范性，制定具体评定标准（详见下表）。

立面设计与表达考核标准

班级：_____ 学号：_____ 姓名：_____ 考核地点：_____

考核项目	考核内容	考核方式	考核时间	满分	得分	备注
1. 完成的作品数量	● 作品数量达标（8例）为满分，每少一例扣5分，最多扣完20分为止。	根据完成的立面图进行考核评定。	课堂集中训练2学时，利用1周课余时间，个人独立完成。	20		可根据具体情况，选择手绘设计练习或计算机设计练习。
2. 门窗的造型设计	● 门窗风格与室内整体风格的统一与协调性； ● 门窗造型创意。			20		
3. 立面造型设计	● 立面造型与室内整体风格和统一与协调性； ● 造型要素与构图法则的灵活运用； ● 立面造型的创意与整体美观性。			30		
4. 立面图表达	● 立面图表达的完整性与准确性； ● 立面图表达的规范性。			30		
总分						
考核教师签字						

项目7
室内家具、陈设和绿化的选择与布置

学习目标：

【知识目标】

1. 了解家具的种类、特点以及选择原则；

2. 了解室内陈设的作用、种类及其特点；

3. 了解室内绿化的作用和对室内环境装饰的影响；

4. 熟悉常见室内绿化植物的种类及其生活习性。

【技能目标】

1.学会合理地选择和布置家具、陈设、室内植物；

2. 学会运用家具、陈设、室内植物等表现室内风格、主题意境、渲染气氛。

工作任务：

学会选择与布置家具、陈设和绿化植物，营造良好的空间氛围。可视化成果是设计和表达室内设计方案中的透视图。

家具、陈设和绿化等可以相对地脱离室内各装饰界面布置室内空间。在室内环境中，家具、陈设和绿化的实用性和观赏性的功能都极为突出，通常它们都处于视觉中显著的位置，家具还直接与人体相接触，感受距离最为亲近。家具、陈设和绿化对烘托室内环境气氛，形成室内设计风格等方面起到举足轻重的作用。

7.1 家具的选择与布置

家具是空间实用性质的直接表达者，家具的组织和布置也是空间组织使用的直接体现，是对室内空间组织、使用的再创造。良好和恰当的家具设计和布置形式，能充分反映出空间的使用功能、规格等级，也能在一定程度上反映出使用者的个人素养、爱好以及地位等，从而使空间赋予一定的环境品格。因此，家具是室内环境设计的主要组成部分之一，家具的选择与布置方式是否合适，对于室内环境的功能表达和装饰效果起着重要的作用。

7.1.1 家具的分类

家具起源于生活，又改善和促进人类的生活，随着生产力和人类文明的进步与发展，家具的类型、功能、形式和数量也随之不断地变化。家具的种类较多，大致可以从下面几个方面进行分类：

7.1.1.1 按使用功能分类

按使用功能分，家具可分为支承类、凭倚类、贮藏类和装饰类等几类，如图7-1。

（1）支承类

支承类家具指供人坐、卧时直接支承人体的家具，包括各种坐具、卧具，如椅、凳、沙发、床等。

（2）凭倚类

凭倚类家具指供人凭倚或伏案工作使用时与人体直接接触的家具，包括各种带有操作台面的家具，如茶几、书桌、餐桌、柜台等。

（3）贮存类

贮存类家具指贮存物品用的封闭式家具，包括各种具有贮存或展示功能的家具，如衣柜、书柜、酒柜等。

（4）装饰类

装饰类家具是以美化空间、装饰空间为主，陈放装饰品的开敞式柜类或架类家具，如博古架、屏风、隔断架等。装饰类家具除了一定的实用功能外，还在分隔空间、组织空间、增进层次等方面具有相当大作用。

7.1.1.2 按结构特征分类

按结构特征分，家具通常可分为框式家具、板式家具、拆装式家具、折叠式家具等，如图7-2。

（1）框式家具

框式家具指以榫接合为主要特点，木方通过榫接合构成承重框架，框架上再附设围合板件的木家具，如柜、桌、椅、床等家具。框式家具一般一次性装配而成，不便拆装，具有坚固耐用的特性。

（2）板式家具

板式家具指以人造板或实木拼板构成板式部件，再以专用连接件将板式部件接合装配而成的家具。板式家具简化了结构工艺，而且便于加工、油漆的机械化和自动化，在造型上也有线条简洁、大方的优点。板式家具分可拆和不可拆之分，多数为可拆装的。

（3）拆装式家具

拆装式家具指用各种连接件或插接结构组装而成的可以多次拆装使用的家具。拆装式家具便于仓储和搬运，可减少库存空间。

（4）折叠式家具

折叠式家具指能够翻转或折合连接结构而形

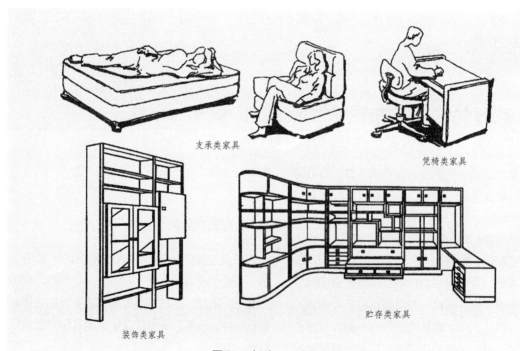

支承类家具

凭椅类家具

装饰类家具

贮存类家具

图7-1 各种不同功能的家具

图7-2 各种不同结构特征的家具

成可收展或叠放的家具。这种家具便于携带、存放和运输，适用于餐饮、会堂等公共场所，以及空间较小的住宅或具有多种使用功能的场所使用。

（5）曲木家具

曲木家具指以实木弯曲或多层单板胶合弯曲而制成的家具。曲木家具具有造型别致、轻巧、美观的特点。

（6）壳体家具

壳体家具指整体或零件利用塑料、玻璃钢一次模压、浇注成型或用单板胶合成型的家具。壳体家具具有结构单一轻巧、形体新奇、新颖时尚的特点。

（7）悬浮家具

悬浮家具指以高强度的塑料薄膜制成内囊，在囊内充入水或空气而形成的人体家具。悬浮家具新颖、有弹性、有趣味，但一经破裂则无法再使用。

（8）树根家具

树根家具指以自然形态的树根、树木枝、藤条等天然材料为原料，略加雕琢后经胶合、钉接、修整而成的家具。

7.1.1.3 按制作家具的材料分类

按制作家具所使用主要的材料分，家具可分为木家具、塑料家具、竹藤家具等，如图7-3。

（1）木家具

木家具指主要由实木与各种木质复合材料（如胶合板、纤维板、刨花板、细木工板）加工而成的家具。其取材广泛，易于加工制作，质感柔和，纹理清晰，便于造型，富有自然气息，某些木家具具有很高的观赏和收藏价值。目前木家具仍是家具中的主流。

（2）塑料家具

塑料家具是以塑料为主要材料制成的家具。一般采用模具成型，造型灵活简洁，易于成型，有质轻、高强、耐水、表面光洁等特点。塑料家具在色彩和造型上均有独特风格，与其他材料如

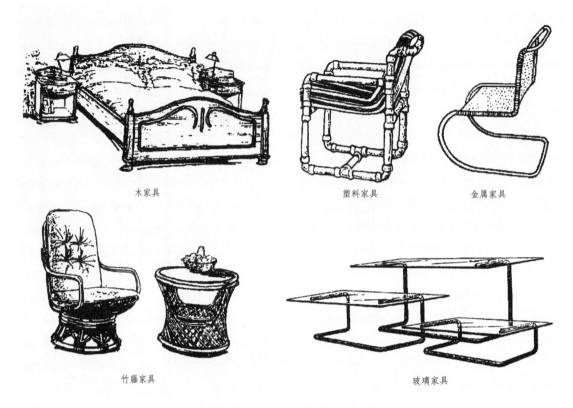

木家具　　　　　　　　　　塑料家具　　　　　　　金属家具

竹藤家具　　　　　　　　　　　玻璃家具

图7-3 各种不同材料制成的家具

帆布、皮革等相互并用更能创造独特效果。

（3）竹藤家具

竹藤家具就以竹条或藤条编制部件构成的家具。竹藤材料易于弯曲、富有弹性和韧性容易编织，多采用编织的工艺制作完成，是理想的夏季消暑家具。竹藤家具在造型上千姿百态，其工艺特点鲜明、淳朴、自然、清新，且具有浓厚的乡土气息。

（4）金属家具

金属家具是指直接用金属材料制成或用金属管材、线材制成框架再与其他材料（如布材、木材、塑料、纤维、皮革等）组合而成的家具。金属家具可采用机械化生产，精度较高，表层可以与电镀、喷涂、喷塑等工艺相结合。

（5）玻璃家具

玻璃家具是指整个家具或主要构件以玻璃材料加工而成的家具。玻璃家具在光的作用下，显得晶莹剔透、精巧雅致、别具一格。玻璃分有色玻璃、毛玻璃、镜面玻璃、透明玻璃等诸多种类，通过这些材料与其他材料的搭配加工制成的家具，极具观赏性与实用性。

除以上介绍的分类外，家具还可按使用场所的不同进行分类，可分为办公家具、公共建筑家具、商业家具、宾馆家具、学校用家具、民用家具等，如图7-4。

7.1.2 家具的选择

家具的选择没有统一固定的标准，但应按一定的原则和数量要求进行配置。

7.1.2.1 选择的原则

在选择家具时，总会受到特定的室内空间条件和环境气氛的综合条件的制约和影响，应遵循

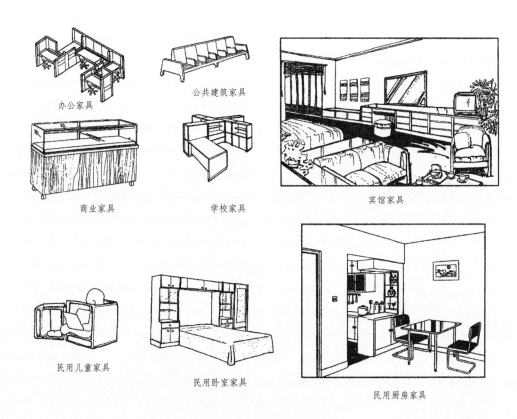

办公家具

公共建筑家具

商业家具

学校家具

宾馆家具

民用儿童家具

民用卧室家具

民用厨房家具

图7-4 各种场所使用的家具

以下几个原则：

（1）服从室内整体环境的意境

任何单件的家具在室内环境中都不是单一孤立的，单件家具要和其他家具相协调，而家具群体又要和室内意境相协调，室内意境决定了所选家具的风格。如朴素、典雅的室内气氛宜要求家具的造型多用直线，形体变化不宜过多，色调宜沉稳而含蓄；华丽、轻快而活泼的室内气氛则宜要求家具的造型要多用流线型，形体要丰富多变，色彩要单纯而鲜明，具有一定的对比效果，选择合适的风格有助于营造室内整体意境效果。

（2）确定合适的布置格局

家具布置格局即家具布置的结构形式，可分为规则的布置格局和不规则的布置格局两类。格局问题的实质是根据造型美学的构图问题。

规则的家具布置格局多表现为对称式，有明显的轴线，特点是严肃和庄重。因此，规则的布置格局常用于会议厅、接待厅和宴会厅，主要家具为圆形、方形、矩形或马蹄形。

不规则家具布置格局的特点是不对称，没有明显的轴线，气氛自由、活泼、富于变化，因此，常用于休息室、起居室、活动室等处。这种布置格局气氛显得随和、亲切，更适合现代生活的要求。

不论采取哪种格局，都要考虑室内空间的大小，选择体量大小适宜的家具；都应符合有散有聚、有主有次的家具布置原则。一般地说，空间小时，宜聚不宜散；空间大时，宜散不宜聚，但要分主次。

（3）满足功能要求

家具的重要价值在于实用，只有选择合适的家具类型满足使用要求才能体现其实用价值，所以要保证所选家具能够方便使用，注意与门、窗、柱及家用电器的关系，使人们在室内空间活动尽可能简捷方便。同时，选择的家具也要满足家具精神方面的功能，能够反映主人的文化素养、职业特点、兴趣爱好和审美观。

（4）符合室内的装饰装修标准

家具的选择与室内的装饰装修标准密切相关，即所选择的家具价格档次、工艺精良程度、用材优劣，甚至尺寸大小都与室内装饰装修标准的高低有关。通常标准的室内装饰要求家具在人体工效学方面考虑更周全一些、标准要高一些。而高标准的室内装饰则对室内整体协调性上要求较高，所以家具常与装修一起做，即使是选择成品家具，也要考虑家具的款式与室内界面、隔断的用色、用材、图案等方面的协调统一关系。

在家具选择时，除了应遵循以上几条原则外，还应考虑家具的安全性、便于清洁以及某些室内环境特定要求等因素，更有效地改善人的物质生活和精神生活，使人的审美情趣更为高尚健康。

7.1.2.2 家具数量的配置

家具的选择受到特定的室内空间条件和环境气氛等综合因素的制约和影响，在选择数量上没有统一固定的标准，但可以参照一定的数值进行选择，家具数量的配置一般参照家具填充系数K。

$$K = A / B \times 100\%$$

式中：A——家具在室内空间占地面面积（正投影面积）；

B——室内空间使用面积。

当选择的家具为单件套式时，参照值$K \leqslant 45\% \sim 55\%$，当选择的家具为组合式时，参照值$K \leqslant 35\%$。

7.1.3 家具的布置

家具陈设本身就是一门艺术，除去功能上的需要外，摆放位置是否得体奠定了居室陈设装饰的基调。在布置家具之前首先应对空间条件有一个清晰的认识，根据具体的空间环境才能使家具与室内相得益彰。室内环境的功能、空间划分、

交通流线和审美感受都与家具布置有关。正确处理室内环境各因素与家具布置的关系是室内装饰设计的重要内容。以下介绍几种常规的布置方式，在具体的室内装饰设计中，还要灵活运用才能达到良好效果。

（1）根据界定和组织空间需要布置

家具是构成室内空间必不可少的有机组成部分，家具的布置在室内划分不同功能空间和组织小空间中具有重要作用。

在复杂多样的建筑空间里，为了得到有一定秩序和节奏的空间，常在杂乱空间的联系点摆放相应不同形式的家具，重新组织空间，使空间有分有联，并使被分隔的空间形成完整的功能空间形态。为了使被分隔的空间更加丰富，常常使用高低和宽窄不同的家具来界定空间，提高使空间的有效利用，充分满足实用功能的要求。

家具的布置在空间处理上，除了界定和组织空间外，还可以通过家具对室内立体分割，形成流动效应来变化空间，也可以通过家具的合理组合，使空间趋向单纯，或适当选用小型家具的摆设以达到丰富空间的目的。

（2）按工作方式和交通流线布置

由于家具有使用功能，工作方式往往决定了其组合方式，如厨房的家具常根据烹饪程序而定。有时空间的工作方式与使用者的交通流线密切相关，这时家具的排列要根据交通流线来布置。如图7-5，展厅中展板和展架的排列，应按人们的参观路线布置。

（3）沿限定物布置

这是一种常见的布置方式，如沿墙、沿柱、沿绿化布置。这种方式能最大限度地保证剩余空间的完整性，并使家具有依托感。这是一种节约空间、安排紧凑的布置方式。

（4）网格布置

网格式家具布置方式常见于办公、餐饮、影院等功能单一的大空间。但有时为了考虑功能需要或交通流线等因素，网格也不一定要求十分严谨。

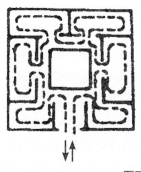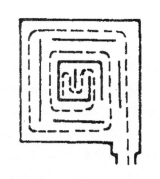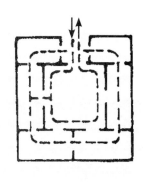

图7-5 展厅中按参观线路布置的展板和展架示意图

7.2 陈设的选择与布置

室内陈设是指对室内空间中的各种物品的陈列与摆设。陈设品选择和布置得当，能美化室内环境、增添室内意境、渲染气氛。室内陈设是强化室内风格的重要手段，对室内装饰设计的风格、特点、气氛和美学效果有很大的影响。缺少室内陈设的空间环境会使人感到冷漠、乏味、没有生机。因此，室内陈设是室内空间不可缺少的部分。

7.2.1 陈设的分类

室内陈设品的范围非常广泛，内容极其丰富，形式也多种多样，凡是具有美感、有价值的物品都可以作为陈设品，具有使用功能的物品也可以作为陈设品。为设计时便于称呼，而粗略地将陈设分为几个大类加以介绍。

7.2.1.1 装饰织物

室内织物包括窗帘、床单、台布、地毯、挂毯、沙发蒙面等。装饰织物除有使用价值外还有其艺术价值，能增强室内空间的艺术性、烘托室内气氛、点缀环境。其艺术感染力主要取决于材料的质感、色彩、图案、纹理等因素的综合艺术效果。

（1）窗帘

织物窗帘有厚料、薄料和网扣等，其他材料有竹帘、珠帘、塑料和金属薄片百叶等。窗帘的主要功能是遮阳、隔声、调温、防尘、调节室内亮度，避免视线干扰，具有显著的装饰性，又可调整室内气氛。

（2）床品

床上整套卧具包括床单、枕套、被罩、被子。床单的纹理一般以单色、格子和花纹为主。床罩用料较高贵，仅作为装饰。

（3）台布

台布起用餐和装饰之用，它是餐具和桌上工艺品的背景，一般以淡雅为主，可以有小的花纹。

（4）地毯

地毯的原料除羊毛之外还有尼龙、化纤、植物纤维等，图案种类繁多，如花鸟鱼虫、风景、几何纹样等。地毯可以满铺，也可作为重点装饰的局部铺。地毯具有吸声、隔热、柔软、富有弹性的特点。

（5）挂毯

挂毯也称"壁毯"，是一种供人欣赏的室内壁面装饰手工艺品，按其编织原料分，有羊毛的、丝织的、麻织的等。挂毯装饰常以民族图案、山水、花卉、鸟兽、人物、建筑风光等为题材、国画、油画、装饰画、摄影等艺术形式均可表现。大型挂毯多用于礼堂、俱乐部等公共场所，小型壁毯多用于客厅、卧室等。

挂毯能以其特有的质感、纹理和图案体现主人的审美情趣，反映民族文化特色，是一种美观、高雅、具有一定收藏价值的艺术品。

（6）沙发蒙面

蒙面材料花色品种较多，有皮革、仿皮、丝绒、锦缎等，沙发上的配料有披巾和靠垫。选用时，要考虑耐用、柔软舒适，款式、色彩与室内环境气氛相协调。

7.2.1.2 工艺品

（1）实用工艺品

这种工艺品既有实用价值又有装饰性，包括瓷器、漆器、陶器、搪瓷制品、塑料制品、竹编、草编、钩线等。

（2）欣赏工艺品

主要起装饰作用，供欣赏，其种类繁多，如木雕、牙雕、石雕、贝雕、金属雕、玉雕、泥雕、景泰蓝、书、画、金石、古玩、砖、瓦当、陶器、刀剑等。

7.2.1.3 日用品

日用品的类型较多，包括茶具、餐具、酒具、瓶罐、锅盆、碗碟以及家用电器、文房四宝等。其主要功能是实用，它的造型、色彩对美化环境的作用也不可忽视。

7.2.2 陈设的选择

室内装饰设计在满足功能要求的前提下，是室内各种室内物体的形、色、光、质的组合。陈设作为室内环境的一部分，能否体现陈设的装饰价值，关键要看选择是否恰当。选择陈设应注意以下几点：

（1）利于形成整体性

在室内整体装饰环境中，每个"成员"必须在体现艺术效果的要求下，充分发挥各自的优势，共同创造一个高实用性、高舒适度、高精神境界的室内环境。室内陈设丰富多彩，选择与设计必须有整体观念，孤立地评价陈设的优劣是不合适的。整体搭配得当，即使是粗布乱麻，也能让室内生辉；如选用不当，即使是绫罗绸缎，也不一定能使室内增添光彩。

（2）利于表现意境

在室内整体设计中，总要先立意，就是室内表现一种什么样的情调，给人以何种体验和感受，而其中陈设的选择就显得非常重要。陈设的格局内容和摆设的形式和风格不同，会创造出意境各异的环境气氛。

（3）利于表现风格

选择具有特性的陈设还利于表现室内装饰风格。为了表现室内装饰的民族风格，通过摆设传统的工艺品、挂画、书法、陶器、瓷器等均可得到相应的效果。例如，有些旅馆、饭店在某些厅室摆设一对古典式的青花瓷瓶，立刻就使室内产生了某种传统的意味。同样道理，为了表现西洋古典的室内风格，也可以采用摆设西洋古典器物的手段的营造。

（4）有利于表现个性

在室内装饰设计中，为了表现主人的个性，通过选择合适的陈设来表现主人的文化素养、兴趣爱好、艺术修养、职业特点等。例如室内摆设一些书法、文房四宝、笔筒等，就可以想到主人是一个书法艺术爱好者；如果室内摆设各式绘画、陶瓷制品、绘画工具或其他艺术品，就可以猜想主人是个画家或绘画艺术爱好者；如果室内摆设一些动物标本、兽皮、兽头、猎枪等，主人可能是个狩猎爱好者。如图7-6，从沙发背景墙壁饰看，很自然想到客厅的主人是一个篮球运动爱好者。

7.2.3 陈设的布置

（1）地面铺设

由于生活水平的提高，地毯已进入普通家

庭。地毯可以铺满整个地面，也可以局部铺，如图7-7。满铺地面整体性强、温馨舒适，但造价高、搬动不易。局部铺设地毯，可以选择档次较高的羊毛地毯作为重点装饰，可形成特定的空间效果，移动和清洁较为方便。一般在色彩搭配上，地毯要和室内家具的颜色起互相衬托的作用。

（2）墙面壁饰

墙面壁饰的陈设品主要是挂毯、挂画、匾额、壁灯等。可根据室内构图的需要，在合适的部位以填补空间的不平衡，起到充实空间和调整完善室内空间构图的作用，或者起到打破墙面单调感的作用。墙面壁饰的高度应处于人的最佳视野中，一般饰品的中心应略高于人的视平线。

（3）悬吊布置

悬吊饰物是极好的气氛烘托物，有时也用来帮助空间限定，如各种大小的吊灯、装饰品、织物等，如图7-8。悬吊饰物一般造型独特、质感强烈，使空间具有上下起伏的动感。某些悬吊于中庭或楼梯间的饰物甚至贯穿几层楼，使空间上下连通起来，气势恢宏，成为空间的视觉中心。

（4）落地陈设布置

落地陈设布置常见于大空间室内，体积一般比较大，如一些雕塑、大型工艺品等。在宾馆大堂、中庭、门厅处放置时有美好的寓意和良好装饰作用，又可作为空间标记而增强识别性。如图7-9，在酒店大堂摆放的一座根雕艺术品，大鹏展翅，有前程远大，鹏程万里的美好寓意。

（5）工艺品的布置

工艺品一般都是陈列在橱柜、架、桌等家具上，布置时要少而精，应把重点工艺品放在视线的焦点上，使其重点突出吸引视线。工艺品在室内布置也要考虑其尺度、比例能与陈设空间大小相协调，配置时要运用统一变化规律，要高低起伏有序，形体匹配相宜。工艺品的布置还要注意其与背景及室内环境质地和色彩的关系，可采取对比的手法，突出工艺品的装饰效果。

图7-6 表现个性的陈设设计　　　　图7-7 地毯局部铺设

图7-8 悬吊饰物　　　　图7-9 酒店大堂落地陈设的根雕艺术品

7.3 室内绿化植物的选择与布置

一般而言，室内绿化是由各类绿色植物与花卉组成，广义地说，山石、水体等景观小品也是室内绿化的组成部分。室内绿化具有净化空气和吸附粉尘的功能，更重要的是，室内绿化能使室内环境生机勃勃，带来自然气息，令人赏心悦目。室内绿化可以作为室内装饰的一种手段，在室内设计中具有不能替代的特殊作用，是室内装饰的一个重要组成部分。室内绿化与室内装饰设计协调配合，能够起到组织室内空间、美化环境、陶冶性情的作用，可营造一个优美、舒适，并且具有艺术气氛和满足人的审美要求的生活环境。

7.3.1 常见室内绿化植物

植物是室内绿化的主要素材，是观赏的主体。植物生长要有适宜的光照、温度和湿度。因此要根据室内的光照、温度和湿度来选择适宜的植物。

（1）乔木类

乔木类植物，树身较高大，树干和树冠有明显区别。常见乔木有：竹柏、橡胶榕、罗汉松、楠木、南洋杉、孔雀木、棕竹、铁树、垂叶榕、散尾葵、熊掌木、鸭脚木等。

（2）灌木类

灌木主茎不发达、没有明显的主干，属矮小而丛生的木本植物。常见灌木有：苏铁、南天竹、含笑、针叶刺葵、夜合、朱蕉、玫瑰、杜鹃、月季、茉莉、牡丹、山茶、观音竹等。

（3）观叶（茎）草本植物

观叶植物是室内植物的重要组成部分，观叶植物的叶十分美观，有的青翠碧绿、有的千姿百态，能使人感觉宁静娴雅、清新自然。常见的观叶植物有：花叶良姜、竹芋、万年青、一叶兰、大叶仙茅、龟背竹、天冬草、文竹、富贵竹、春羽、虎尾兰、海棠等。

（4）观花草本植物

观花植物一般花色艳丽、五颜六色、千姿百态，能使人感觉温暖热烈、喜气洋洋，可对空间装饰起到画龙点睛的作用。同种植物的开花季节是相对固定的，不同的开花植物，其开花季节有的是不同的：

春季有：春兰、君子兰、郁金香、荷包花等；

夏季有：龙吐珠、吊钟海棠、大岩桐、红鹤芋、鹤望兰等；

秋季有：八仙花、珠兰、金苞花、秋海棠等；

冬季有：水仙、蟹爪兰、瓜叶菊、长寿花、仙客来等。

（5）蕨类和地被类

铁线蕨、鸭跖草、花叶冷水花、沿阶草、皱叶茅、提灯藓等、半边旗。

（6）藤本植物

藤本植物可攀附于墙面、廊柱、篱笆、花架、栅栏等上面生长，形成具有一定艺术造型的拱门、花廊、花棚架、花栅栏等，既有较好的遮阴效果，又有良好的观赏价值。常见的藤本植物有：常春藤、绿萝、珠兰、垂盆草、紫鹅绒、虎耳草等。

（7）水生植物

水生植物能够长期在水中正常生活，可直接插到盛水的花瓶中进行生长，也可以点缀在假山水景中。常见的水生植物有：睡莲、旱莲草、万年青、花叶芦等。

7.3.2 室内绿化植物的选择与配置

植物的选择首先要考虑有适宜的光照条件和

恰当的温度和湿度；其次要选择形态优美、装饰性强、季节性不大明显，在室内容易成活生长的植物；再次是根据不同的植物种类，选择不同观赏价值的植物，根据个人喜好选择观花、观叶、观果、散香等植物。

植物的配置要考虑植物的形态、质感、色彩和品格是否与房间的性质、用途、空间体量相协调，精心设计，仔细推敲。如面积较大的门厅配置铁树之类的植物在体量和品格上都较为妥当，小型客厅可以配置文竹、小型松柏类，使空间气氛幽静、典雅。

配置植物要与水体、山石、家具、设备相结合，并要符合空间构图原则，要少而精，布置有序、层次分明，相互形成有机整体。如建筑局部或房间的装饰带有某种主题时，最佳的植物选择是能反映主题的植物，如竹林小院、芙蓉院、听雨轩、蕉院、玉兰厅之类，可分别选用竹、芙蓉、芭蕉类、木兰科植物，有关这类植物的诗画题咏及对联的点缀毫无疑问将加强这种主题的表现力，从而使得这种社会属性的审美具有更强的艺术感染力。

7.3.3 室内绿化应用形式

由于空间类型、使用功能及绿化位置的不同，室内绿化的布置也应有所不同。室内绿化布置灵活多样，不拘一格，从美学原则来说，以点、线、面、体等手法来布置，可以起到组织空间与标识的作用。而依照更具体的绿化装饰方法的角度来看，室内绿化布置方法有以下几种。

（1）栽植

栽植绿化是指直接栽植于"地面"，如室内阳台、庭园、室内花园的装饰方法，以及栽植各种固定装饰部位，如花池、花斗、花盆、栏杆等处的装饰方法，如图7-10。栽植形式多采用自然式，即平面聚散相依、疏密有致，并使乔、灌及草本和地被植物构成层次，注重姿态、色彩的协调搭配，适当注意采用室内观叶植物的色彩来丰富景观画面；同时考虑与山石、水景组合成景，模拟大自然的景观，给人以回归大自然的美感。这种装饰方法多用于室内阳台、花园及室内大厅堂有充分空间的场所。

（2）陈列

陈列绿化是指可以方便更换和移动的绿化装饰，其重点是陈列，是室内绿化装饰普遍运用的装饰方式。

盆栽陈列绿化是最普遍的陈设艺术，既可摆放于地上，也可设置于几架、桌面、茶几、柜角、窗台等之上，如图7-11。

几盆或几十盆组合盆栽可以组成室内花坛，即按一定的图案花样，用高低不一的植物和色彩各异的花卉组成，或设于厅中，或置于墙角，产生群体效应，突出中心植物主题，如图7-12。

（3）攀附绿化

攀附绿化是指使用攀附植物攀附于棚架、柱子、隔断或格栅上的一种室内绿化装饰方法。其

图7-10 室内栽植绿化

图7-11 盆栽陈列绿化

图7-12 组合陈列绿化

（5）水生绿化

指点缀于水面或水边的植物，可直接栽植于水池土中，更多的是栽植于容器内再置放于水中，此类植物有玉莲、睡莲、旱年草、万年青、花叶芦等。

（6）插花盆景装饰

插花可分为瓶插和盆插，直插于花瓶谓之瓶插，插入阔口盆中谓之盆插。盆插使用铅制插座或一种发泡塑料的"插花泥"。适于插花的植物很多，常见的有唐菖蒲、菊花、康乃馨、月季、百合，切叶材料以一叶兰、芒箕、岗松、苏铁类居多。

盆景陈列绿化是我国传统技艺，其陈列需要在中式装饰气氛中方能显示其优美，用中式几架、博古架之类陈列较好。我国盆景分树桩盆景和山石盆景，树桩盆景的艺术趣味，以观赏植物的干、根、叶、花、果以及色泽、形态和造型为主，但也要考虑盆与几架的搭配。

中的棚架、隔断等设计尤为重要，植物可选常春藤、绿萝、珠兰和半边旗等，亦可偶尔使用塑料藤本花代替，或真或假皆有，也具趣味。

（4）悬垂绿化

室内有高差的某些部位，如家具、栏杆、墙壁、窗台，需使用悬垂类植物使之自上而下悬垂飘拂其间，这类植物常见使用有天冬草、鸟巢蕨、绿萝、吊兰、水竹草、吊竹草、冷水花等。

思考与练习

1. 家具有哪些基本类型？
2. 简述选择与布置家具的要点。
3. 简述选择与布置陈设的要点。
4. 简述选择与布置室内绿化植物的要点。

推荐阅读书目与相关链接

1. 郑哲，鞠涛. 室内家具与陈设制作. 北京：电子工业出版社，2006.
2. 陈帆，史家声. 家具与陈设. 福州：福建科技出版社，2009.
3. 谭晓东. 室内陈设设计. 北京：中国建筑工业出版社，2011.
4. 周吉玲. 室内绿化应用设计. 北京：中国林业出版社，2005.
5. 陈希，周翠微. 室内绿化设计. 北京：科学出版社，2008.
6. 顺德家具网 http://www.fsjiaju.com/design/.
7. 软装饰网 http://www.ruanzhuangshi.cn/.
8. 百秒装修顾问网 http://www.bymv.com/Item/Show.asp?m=1&d=952.
9. 装修第一网 http://www.zxdyw.com/HTML/2012/7/2012718150419.html.
10. 花木中国网 http://www.huamuzg.com/.

技能训练7 氛围营造与表达

→ **训练目标**

学会选择与布置家具、陈设和绿化植物，营造良好的空间氛围，并能够进行装饰设计透视图的绘制。

→ **训练场所与组织**

在教师的统一指导下，在计算机设计室进行室内家具、陈设和绿化的选择与布置练习。

→ **训练设备与材料**

计算机、多媒体教学设备、速写本、彩色画笔等。

→ **训练内容与方法**

以"技能训练4"中的同一套三房两厅的住宅户型为设计对象，每个学生在完成技能训练4、5、6的内容基础上，完成室内家具、陈设及绿化的选择布置，并进行手绘或计算机绘制客厅的装饰设计透视图（3D建模）。

→ **可视化作品**

提交一套三房两厅居室的装饰设计方案中的客厅装饰设计透视图。

→ **训练考核标准**

根据室内空间家具、陈设和绿化的选择布置基本原则和要点，以及装饰设计透视图的表达，考核学对相关技能的掌握情况，制定具体评定标准（详见下表）。

氛围营造与表达考核标准

班级：＿＿＿＿＿ 学号：＿＿＿＿＿ 姓名：＿＿＿＿＿ 考核地点：＿＿＿＿＿＿＿

考核项目	考核内容	考核方式	考核时间	满分	得分	备注
1. 家具的选择与布置	● 家具与室内整体风格的协调性； ● 家具体量、数量与摆放的合理性。	根据完成的室内空间家具、陈设和绿化的选择与布置方案进行考核评定。	课堂集中训练2学时，利用1周课余时间，个人独立完成。	20		训练和考核时，可根据具体条件，选择手绘或计算机绘制（3D建模）
2. 陈设的选择与布置	● 陈设种类、造型与主题的关联性； ● 体现环境意境与主人个性化特征； ● 陈设体量、数量和摆放位置合理性。			20		
3. 绿化的选择与布置	● 绿化植物种类适宜性和造型选择的合理性； ● 绿化植物的数量与摆放合理性； ● 绿化对空间环境氛围的营造效果。			30		
4. 整体氛围营造	● 家具、陈设、绿化所营造的室内整体空间舒适性和美观性。			20		
5. 透视图的整体效果	● 造型效果； ● 表达的完整性。			20		
总分						
考核教师签字						

项目8
室内色彩设计

学习目标:

【知识目标】

1. 了解色彩的来源、属性和色彩混合等基本知识;

2. 理解色彩在人体感觉中的物理作用和对心理、生理的影响;

3. 熟悉室内色彩设计基本原则。

【技能目标】

1. 学会运用色彩的温度感、距离感、重量感、体量感等,克服室内设计中所遇到的空间过高、过矮、过大或过小等视觉上的尺寸缺陷;

2. 掌握室内色彩设计的步骤和方法,恰当选择主色调并进行色彩合理搭配;

3. 掌握各界面的色彩设计要点。

工作任务:

学习色彩基本知识、设计原则、设计方法和各界面的色彩设计要点。可视化成果是设计和表达室内设计方案中的彩色效果图。

色彩是室内设计的要素之一,同物象形态比较,人的视觉对色彩的感知更为敏感,色彩对人的生理、心理方面的影响较大。同时,色彩的情感倾向、联想与象征意义内涵丰富,具有很强的表意性。色彩依附于空间和室内物象表面,通过光照而呈现出完整的色彩环境。

8.1 室内色彩的功能

色彩在室内装饰设计中具有多种功能,既有审美方面的作用,同时还具有物理的、心理的和生理的作用。

8.1.1 色彩基本知识

8.1.1.1 色彩的来源

色彩是光作用于人的视觉神经所引起的一种感觉。光是一种电磁波,称为光波,在光波波长为380nm~780nm范围内,人可察觉到的光称为可见光,并且在可见光谱内,不同波长的光在视觉上反映出不同的颜色,如表8-1所示。我们通常见到的物体颜色,是物体在光照下的反射光的颜色,没有光就没有颜色。不同物体的有色表面,对不同波长的光照反射程度也不一样,反射程度最强的波长所代表的颜色就决定了该物体的颜色。

表8-1 波长与颜色   nm

红外线	红橙	黄绿	蓝绿	蓝紫	紫外线
800	700	600	500	400	300

表8-2 色彩的明度

1	2	3	4	5	6	7	8	9
白	最明	明	次明	中	次暗	暗	低暗	黑
—	黄	橙黄、绿黄	蓝绿	蓝、红、紫	蓝紫	紫	—	—

8.1.1.2 色彩三属性

色彩具有的色相、明度、彩度三种性质，称为色彩三要素。这三者在任何一个物体上是同时显示，不可分离的。

（1）色相

色相是指色彩所呈现的相貌，即色别，反映不同色彩各自具有的品格，并以此区别各种色彩。我们平常所说的红、黄、橙、绿等色彩名称，就是色相的标志。色彩之所以不同，决定于光波波长的长短。世间万物，色彩缤纷，但人的肉眼所能识别的色相是很少的。

色相通常以循环的十二色相环来表示。十二色相包括六个标准色和介于这六个标准色之间的中间色，即红、橙、黄、绿、蓝、紫以及红橙、橙黄、黄绿、蓝绿、蓝紫和红紫十二种颜色。这十二色相以及由它们调和变化出来的大量色相称为有彩色；黑、白为色彩中的极色，加上介于黑白之间的中灰色，统称为无彩色。

（2）明度

明度即色彩的明暗程度。具体包括两层含义：一是不同色相的明暗程度是不同的。光谱中的各种色彩，以黄色的明度为最高。由黄色向两端发展，明度逐渐减弱，以紫色的明度为最低。二是同一色相的色彩，由于受光强弱不一样，明度也不同，如同为绿色，就有明绿、正绿、暗绿等区别，同为红色，则有浅红、淡红、暗红、灰红等层次。

以无彩色系为标准，从黑到白把色彩的明度分为九级，接近白色的明度高，接近黑色的明度低，如表8-2所示。

（3）彩度

彩度又称为纯度或饱和度，是指颜色的纯净程度。彩度决定于所含波长是单一性还是复合性。单一波长越单纯，色相纯度越高，色彩越鲜明；反之，色相的纯度越低。在同一色相中，把彩度最高的色称为该色的纯色，色相环就是用纯色表示的。

在日常生活中，人们说某色鲜艳夺目，其实就是它的彩度高；说某色混浊不清，就是它的彩度低。

8.1.1.3 色彩的混合

从色彩调配的角度，可把色彩分为原色、间色、复色和补色。

（1）原色

物体的颜色是多种多样的，除极少数颜色外，大多数颜色都能用红、黄、蓝三种颜色调配出来，但是，这三种色却不能用其他颜色来调配。因此，红、黄、蓝三种色称为原色或第一次色。

需要说明的是，物色和光色并不是一回事。物色的原色是红、黄、蓝，混合之后近于黑，属于减色混合；光色的原色是红、绿、蓝，混合之后近于白，属于加色混合（因为光混合是不同波长的重叠，每一种色光本身的波长并未消失）。

（2）间色

由两种原色调配而成的颜色称为间色或第二次色，共三种，即：橙＝红＋黄，绿＝黄＋蓝，紫＝红＋蓝。

（3）复色

由两种间色调配而成的颜色称为复色或第三次色，主要复色也有三种，即：橙绿＝橙＋绿、橙紫＝橙＋紫，紫绿＝紫＋绿。

每一种复色中都同时含有红、黄、蓝三种原色，因此，复色也可理解为是由一种原色和不包含这种原色的间色调成的。不断改变三原色在复色中所占比例，可以调出为数众多的复色。与间色和原色相比较，复色含有灰的因素，所以较混浊。

（4）补色

一种原色与另外两种原色调成的间色互称补色或对比色，如：红与绿（黄＋蓝），黄与紫（红＋蓝），蓝与橙（红＋黄）。

从十二色相环上看，处于相对位置和基本相对位置的色彩都有一定的对比性。以红色为例，它不仅与处在其对面的绿色、互为补色，具有明显的对比性，还与绿色两侧面的黄绿和蓝绿构成某种补色关系，表现出一定的一暖一冷、一暗一暖的对比性。补色并列，相互排斥，对比强烈，能够取得活泼、跳跃等效果。

8.1.2 色彩的物理作用

色彩通过视觉器官为人们感知后，可以产生多种作用和效果，色彩对人引起的视觉效果常反映在冷暖、远近、轻重、大小等物理性质方面，在室内环境中表现明显。研究和运用这些作用和效果，有助于室内色彩设计的科学化。

8.1.2.1 温度感

不同色相的色彩，按色性分为暖色和冷色，如同人们看到太阳和火就会感到温暖，看到田野、森林和水会感到凉爽一样。人们常把橙、红之类的颜色称为暖色，青、蓝之类的颜色称为冷色，介与两者之间的紫、绿类颜色称为温色，既不属于暖也不属于冷色的黑、白、灰类颜色称为中性色。

色彩的温度感与色彩的明度有关，明度越高越具有凉爽感，明度越低越具有温暖感。色彩的温度感还与色彩的纯度有关。在暖色范围内，纯度越高温感越强；冷色范围内，纯度越高越具凉爽感。

为了更好地创造特定的室内空间气氛，在室内设计中利用色彩的温度感确定主色调，再利用中性色起调和作用。

8.1.2.2 距离感

色彩可以给人进、退，凹、凸，远、近的不同感觉，这种感觉就称为距离感。色彩的距离感与色相、明度、纯度有关，一般暖色和明度、纯度高的色彩具有前进、凸出、接近的效果，而冷色和明度、纯度较低的色彩具有后退、凹进、远离的效果。实践表明，主要色彩由前进到后退的排列次序是：红＞黄＞橙＞紫＞绿＞蓝。色彩的距离感用于室内装饰设计中，可改善室内空间的大小和形态。

8.1.2.3 重量感

色彩的重量感取决于其明度和纯度。明度和纯度高的显得轻，如桃红。明度和纯度低的显得重，如蓝紫。在室内装饰设计中，常利用色彩的轻重，平衡和稳定室内构图，例如在室内采用上轻下重的色彩配置，就容易取得平衡、稳定的效果。

8.1.2.4 体量感

从体量感的角度看，可以把色彩分为膨胀色和收缩色。色彩具有膨胀和收缩感，也就是说，如果物体表面具有的某种颜色，能使人看上去增加了体量，该颜色属膨胀色；反之，缩小了物体的体量，该颜色属收缩色。

色彩的体量感主要取决于明度。明度越高，膨胀感越强；明度越低，收缩感越强。

色彩的体量感还与色相有关。一般而言，暖色具有膨胀感，冷色则具有收缩感。

在室内装饰设计中，可以利用色彩体量感的特性来改善空间尺度效果，使室内各部分之间关系更为协调。如当墙面过大时，适当采用收缩色，以减弱空间的空旷感；当墙面过小时，采用膨胀色，以减弱空间的局促感。

8.1.3 色彩的心理作用

人们的生活经验、利害关系以及由色彩引起的联想，决定了人们对不同色彩表现出好恶感和心理反应。同时起作用的因素还与人的年龄、职业、性格、素养和民族民俗等有关。

色彩的心理反应包含两个方面：一方面色彩能给人以美的享受；另一方面色彩能影响人的情绪，引起联想。如人看到红色，可能会联想到太阳光，也可能抽象地联想起某一事物的品格和属性；看到黑色，就联想到丧事中的黑纱，从而使人感到悲哀、不祥、绝望等。

红色：血的颜色，最富有刺激性，很容易使人想到热情、美丽、吉祥、活跃、忠诚，也可使人想到危险。

橙色：兴奋之色，明朗、甜美、温情又活跃，使人想到丰美、成熟，但也可引起兴奋和烦躁的情绪。

黄色：古代帝王的服饰和宫殿常用黄色来表示高贵与华丽，还可以使人感到光明和喜悦。它的另一面是闷满、阻塞之感。

绿色：是森林的主题，富有生机的生命之色，象征新生、暖春、希望、向上、健康与永恒，有安静、文雅、和平之感。它的另一面是中庸和寂寞之感。

蓝色：使人联想到碧蓝的大海、蔚蓝的天空，象征着深沉、远大、安宁、纯洁和理智。蓝色是一种极其冷静的颜色，从消极的方面看，也容易激起阴郁、冷淡、贫寒的感情。

紫色：欧洲古代的王者喜欢用紫色，中国古代的将相也常穿戴紫色的服饰，因此紫色让人想到庄重、高贵、豪华，同时容易使人联想到夜空和阴影，具有神秘、忧郁、痛苦和不安之感。

白色：白色是纯洁的象征，给人以明亮、干净、清楚、坦率、纯朴、高洁之感，同时又有单调、贫乏、空虚、哀怜和冷酷之感。

灰色：具有安静、柔和、质朴、抒情的意味，给人以朴实感，更多的是使人想到平凡、空虚、乏味、沉默、忧郁和绝望。

黑色：使人感到坚实、含蓄、庄严、肃穆，也使人联想到黑暗和罪恶，有忧郁、死寂之伤感。

8.1.4 色彩的生理作用

色彩的生理作用，主要表现在它对人的视觉产生刺激后引起的视觉变化，这种视觉变化称为色适应。如在阳光下看一张大红纸上的黑色字，时间稍长就觉得黑色字变成了绿色字，这是因为红纸在强烈的阳光下十分耀眼，致使视网膜上的红色感受器始终处于高度兴奋状态，当视觉转向黑色字时，红色感受器已疲劳，处于休息和抑制状态的绿色（绿色是红色的补色）感受器却开始活动，以致把黑色看成了绿色。

色适应的原理经常被运用到室内色彩设计中，可以把器物色彩的补色作背景，以消除视觉干扰，减少视觉疲劳，使视觉器官从背景中得到平衡和休息。例如，外科医生在手术过程中要长时间地注视鲜红的血液，如果采用白色的墙面，医生看到的墙面就会呈现红色（血液）的补色——深绿色。如果主要采用淡绿、或淡蓝色的墙面，当医生在手术过程中抬头看墙面时，就使视觉器官获得休息的机会，从而提高手术的效率和质量。

色彩除具有物理、生理、心理作用外，还具有安全标识、管道识别、空间导向和空间识别的标志作用。如在安全标识中，常用红色表示禁止、停止、防火和危险等标志；黄色表示注意；红紫色表示存在放射性等。

8.2 室内色彩的设计原则

室内装饰色彩设计区别于一般造型艺术，其应用要着重满足功能和精神的需要，使人感到舒适，因此，它受到一些原则的约束。

8.2.1 考虑功能的要求

由于色彩具有明显的生理作用和心理作用，会影响到人们的生活、生产、工作和学习，因此在设计室内色彩时，应首先考虑色彩功能方面的要求。

以医院为例，色彩要有利于治疗和休养，还要使病人对医院产生信任感。在设计实践中，常以白色、中性色或彩度较低的色彩作为基调，这类色彩能给人以安静、平和与清洁的感觉。

餐厅、酒吧的色彩应给人以干净、明快的感受，大型宴会厅还应具有欢快、热烈的气氛，在设计中，常以乳白、浅黄等色为主调。橙色等暖色可刺激食欲，激发人的情绪，也常用于餐厅和酒吧。但要注意的是彩度要合适，彩度过高的暖色可能导致行为上的随意性，易使顾客兴奋和激动，以致诱发吵闹、醉酒等现象。

商店的营业厅商品琳琅满目，色彩极其丰富，此时墙面的色彩应以素色为主，以达到突出商品、吸引顾客的目的。

住宅中的客厅是家庭团聚和接待客人的地方，色彩设计要呈现出亲切、和睦、舒适、优雅的气氛，可以浅黄、浅绿、浅玫瑰红等为主调。

纪念馆等纪念性建筑，需要体现庄严、肃穆的氛围，主要建筑部件常常使用金黄、赭红与黑色。

总之，室内色彩必须服务于每一空间使用性质的要求。

8.2.2 符合空间构图法则的需要

要充分发挥室内色彩对空间的美化作用，让色彩配置符合形式美的构图法则，正确处理协调和对比、统一与变化、主体与背景等关系。

8.2.2.1 定好主色调

色彩关系中的主色调，有如乐曲中的主旋律。主色调能够体现内部空间的功能和性格，在创造特定的气氛和意境中，能够发挥重要的作用。主色调之外的其他色彩同样也不可少，但相对于主色调而言，只起丰富、润色、烘托和陪衬的作用。

室内色彩的主色调是由面积最大、关注度最多的色块决定的。一般地说，地面墙面、顶棚及大幅窗帘、床品和台布的色彩都能构成室内色彩的主色调。主色调的形式和形成因素很多。从明度上讲，可以形成明调子、灰调子和暗调子；从冷暖上讲，可以形成冷调子、中性调子和暖调子；从色相上讲，可以形成黄调子、蓝调子和绿调子等。

暖色调容易形成欢乐、愉快的气氛。一般的配置方法是以彩度较低的暖色作主调，以对比强烈的色彩作点缀，并常用黑、白、金、银等色作装饰。黑、红、金、银恰当地配置在一起，可以形成富丽堂皇的气氛。白、黄、红恰当地配置在一起，类似阳光闪烁，可以给人以光彩夺目的印象。

冷色调宁静、优雅，可用偏冷的色彩构成，也可以与黑、灰、白色相掺杂。

温色调充满生机，以黄、绿色调为代表。

灰色调常以米灰、青灰为代表，不强调高对比、不强调变化，具有从容、沉着、安定而不俗，甚至有一点超尘脱俗的感觉。北京香山饭店的室内以白、灰和木材的本色为主调，与室外的白、灰建筑相呼应，与周围的山石林木相融合，给人一种格外典雅高贵的印象。

总之，室内色彩主色调具有强烈的感染力，合理的主色调与合适的配色，对于室内色彩设计至关重要。在十分丰富的色彩体系中，如何使主色调与其他色彩有主有从、有呼有应、有强有弱，进而构成一幅完美的"乐章"，需要设计者具备深厚的艺术功底和高超的技艺。

8.2.2.2 处理好统一与变化的关系

确定好主色调是色彩关系统一协调的关键。但只有统一而无变化，达不到美的效果，因此，要求在统一的基础上求变化，这样容易取得良好的效果。室内各部分的色彩关系比较复杂，是相互联系又相互制约的。从整体上看，墙面、地面、顶棚等可以成为家具、陈设的背景；从局部上看，台布、沙发又可能成为插花、靠垫的背景。因此，在进行色彩设计时，一定要弄清它们之间的关系，使所有的色彩部件和器物构成一个层次清楚、主次分明、彼此衬托的有机体。

为了取得既统一又有变化的效果，大面积的色块不宜采用过分鲜艳的色彩，小面积的色块则宜适当提高明度和彩度。

如在大面积的色块上采用对比色，往往是为了追求奇特、动荡、跳跃的效果，达到令人惊奇的目的。

8.2.2.3 体现稳定感和平衡感

室内色彩营造的空间应该是沉着稳定的，低明度、低彩度的色彩以及无彩色具有稳定平衡的特点。

为了达到空间色彩的稳定感，常采用上轻下重的色彩关系。因此，在一般情况下，总是以较浅的颜色装饰顶棚和较深的颜色装饰地面。采用深颜色的顶棚并非不可以，但往往是为了达到某种特殊的目的，如旋转餐厅采用深色顶棚是为了把顾客的注意力引向侧窗，欣赏城市风光；博物馆采用深色顶棚是为了把观众的注意力引向展品。

8.2.2.4 体现韵律和节奏感

室内色彩的起伏变化要有规律性，切忌杂乱无章，要形成韵律与节奏。为此，就要恰当地处理门窗与墙柱、窗帘与周围部件的色彩关系。实践证明，有规律地布置餐桌、沙发、灯具、音响设备，有规律地运用书、画等都能产生韵律感和节奏感。

8.2.3 改善空间效果

充分利用色彩的物理作用和色彩对人心理的影响，可在一定程度上改变空间尺度、比例，分隔和渗透空间，从而改善空间效果。例如居室空间过高时，可用近感色减弱空旷感，提高亲切感；空间过于局促时，可用远感色，使界面后退，减弱局促感；墙面过大时，可用收缩色，"缩小"其面积；墙面过小时，可用膨胀色，"扩大"其面积；柱子过细时，不宜用深色，以防视觉上更纤细；柱子过粗时，不宜用浅色，以防视觉上更笨粗。

空间效果的改善，除了借助色彩的物理作用外，还可以利用色彩形成的图案与划分。以走廊为例，空间高而短时，可以通过水平划分使之低而长；空间低而长时，可用垂直划分增加高度并减少由于过长而产生的单调感。

8.2.4 符合民族、地区特点和气候条件

色彩设计的基本规律是以多数人的审美要求为依据，经过长期实践总结出来的，符合多数人的审美要求是室内装饰设计的基本要求。但对于不同民族来说，由于地理环境、生活习惯、文化传统和历史沿革不同，其审美要求也不尽相同，使用色彩的习惯会有较大的差异。如汉族人用红色作为喜庆、吉祥的象征；地处高原的藏族受宗教影响很深，以浓重的黑色为崇高、伟大的象征。

气候条件对色彩设计有着很大的制约作用，

如南方园林建筑和民居多为白墙灰瓦，显得大方素雅；北方民居建筑多为红柱绿檐，讲究强烈对比，显得雍容华贵。同一地区不同朝向的室内色彩，也应有区别。朝阳的房间，色彩可以偏冷；阴暗的房间，色彩则应暖一些。

因此，室内色彩设计时，既要掌握一般规律，又要了解不同民族、不同地理环境的特殊习惯和气候条件。

此外，照明灯具也是影响室内色彩的重要因素，不同光源都会使室内色彩造成各种不同的心理感受，色彩设计时要考虑昼夜效果和冷暖光源作用的效果。

8.3 室内色彩的设计方法

室内装饰色彩设计的方法并无固定程式，各人有各自习惯，而且同一个人对不同室内空间也会采用不同的方法，为方便学习设计途径，这里介绍一般方法。

8.3.1 设计步骤

室内色彩设计一般从整体到局部，从大面积到小面积，从美观要求高的部位到美观要求不高的部位，从处理色彩关系上要先确定明度，然后再依次确定色相、彩度和对比度。

8.3.1.1 确定色调

确定色调，首先要了解建筑的性质和具体室内功能，也就是要了解这一室内空间的用途；其次就是了解室内主人对于房间的特殊要求，也就是强调个性。在此基础上，用语言的概念确定室内气氛，如庄重、活泼、平易、亲切、柔和、温暖、清雅、富丽、轻快、宁静、朴实、清新、粗犷、宏伟等，进而确定合适的色调。

在具体确定色调的时候，首先确定明度调子，即高明度还是低明度或者是中间明度调子；其次是冷暖的推敲，即冷色系调子还是暖色系调子或者是中间系调子。当这些问题都思考明晰之后，最后来推定具体色调方案。可用不同面积的色块将具体色调方案表示出来。

8.3.1.2 具体设色

当色彩调子和具体色块关系确定后，就可进入具体设色方案阶段了。可先在草图上做初步设计，其过程是：

第一，地面颜色。一般情况下，地面明度和彩度都是较低的，它的颜色确定后，可以作为定调的标准。

第二，顶棚的颜色。一般来说，顶棚的颜色宜采用高明度，与地面形成对比关系。

第三，墙面颜色。一般来说，墙面色彩是对顶棚颜色和地面颜色起过渡作用的，常用中间的灰色调，同时还要考虑它对家具色彩的衬托作用。

第四，家具色彩。它的色彩无论是在明度还是彩度或色相上都可以做适当的对比。

最后，室内织物色彩。它的色调一般可以对比性强些，在室内色彩中往往起画龙点睛的作用。

当这个过程初步完成后，再从整体色调着眼，回到最初色彩系列的色块面积关系上去，看看是否合乎要求，若不合适或有出入时，可以再进行调整和修改。

8.3.1.3 绘色彩图

最后，根据草图进行绘画正式色彩图，要求颜色要准确，先对整个透视图绘画色彩进行总构思；再做平面图、剖立面图、顶棚图。同时，要进一步推敲各个界面及主要家具、陈设与全局的关系；查阅材料样本和色彩手册。然后，根据色彩图纸要求，画施工色样，编制说明与图表，作为选择材料的依据，与施工现场配合，包括出样板，试建样板间，进行校正和调整等。

8.3.2 室内界面的色彩设计要点

8.3.2.1 顶棚

人们出于安定的心理要求，往往习惯于上轻下重，为显示上部空间的轻快和高耸，以获得开敞的感觉，顶棚宜用无彩色或明度稍高的色彩。

8.3.2.2 墙面

一般情况下，同一空间的室内墙面应采用相同的颜色。色彩要求沉稳而柔和，宜用灰色或无彩色。对于灰色的质地要求较高，要求精致而华美，并且要求有适度的色彩倾向，最好与家具色彩有明显对比关系，如家具色彩是暖色调，墙面则选冷灰色调。

8.3.2.3 墙裙

除有清洁要求的房间如厨房、卫生间及医院、学校的走廊等必须设计墙裙外，一般房间无须设墙裙。层高较低的卧室、起居室等，尤其不宜设墙裙，因为这样会在墙面上沿高度方向进行划分，使房间显得更低矮。如一定要设墙裙时，其色彩可与墙面一致或明度稍低。

8.3.2.4 踢脚板

踢脚板的颜色可与墙裙的颜色一致，也可以与地面的颜色相一致。一般的做法是采用较深的颜色，以增加整个空间色彩的稳定感。当地面的颜色较浅时，地面周边可采用深色边框，并使踢脚板的颜色与边框的颜色相一致。

8.3.2.5 地面

地面的色彩一般要保持低明度和低彩度，以形成地面稳定的感觉，使人产生安全的心理影响，同时深色还易于保持地面清洁。可用于地面的色

相比较多，但不宜采用彩度过高的颜色。此外，地面对于室内家具起一定的陪衬作用，所以地面色彩的色相不宜过多，以防止色彩的紊乱和喧宾夺主。

8.3.2.6 地毯

地毯的色彩要与地面、家具、陈设的色彩相配合。确定满铺地毯的色彩与确定地面色彩的原则相同。局部铺设的地毯其色彩应与地面的色彩形成互相衬托的关系。一般而言，地面的色彩明度和彩度要低一些，地毯的色彩明度和彩度要高一些。当局部铺设的地毯织有丰富的图案时，地面的色彩最好是单一的，地毯的颜色要与桌、椅等家具和陈设形成协调对比的关系。家具、陈设的颜色偏冷时，地毯的颜色可以暖一些，反之，家具、陈设的颜色偏暖时，地毯的颜色可以偏冷一些。走廊与楼梯的地毯，应有较高的明度和彩度，这样，不仅可以给人以较深的印象，还可以突出表现交通路线的更明确、更清晰。

8.3.2.7 门

在正常情况下门的色彩与墙面应呈对比关系，以突出体现它们作为出入口的功能。有些门从使用上看非设不可，从美观上看却成了墙面上的缺陷和累赘，其颜色则应与墙面相同，以便使它在关闭时与墙面融为一体，不易被发觉。有些门，如折叠门、推拉门等，其面积较大，主要用途不是出入而是分隔大空间，关闭时相当于一面墙，原则上应按墙面来确定颜色，其彩度不可过高，以免给人过强的刺激。

8.3.2.8 窗

窗主要用来采光，为减少窗棂、窗框与玻璃之间的亮度对比，窗棂、窗框常常应用较浅甚至接近于白的颜色。中式风格则常使用木窗框，且多为深色。有些窗有美丽的花格，具有明显的装饰性，其颜色应有别于墙面，应适当提高明度和彩度。

8.3.2.9 家具

影响家具色彩的因素很多，如年龄、性格、

爱好、性别、职业、民族等，但至少要考虑两方面，一是它的具体用途，二是与地面、墙面、顶棚的关系。如色彩对人眼的刺激和家具对室内遮盖面积等都应予以适当考虑。

8.3.3 室内装饰色彩的协调与对比

室内的色彩部件和器物相当多，如果不加选择、不按构图规律随意地堆积在一起，必然会给人以杂乱无章的感觉。室内色彩设计能否取得令人满意的效果，在于正确处理各种色彩之间的关系，其中最关键的问题是解决色彩协调与对比的问题。

处理室内色彩关系的一般原则是：大调和、小对比，即大的色块之间强调协调，小色块与大色块之间要讲对比，或者说在总趋势上强调协调，有重点地形成对比。只有使其中的色彩关系体现统一之中有变化、协调之中有对比，才能使人感到舒适和给人以美的享受。

在考虑室内色彩的分配比例上，其分配原则是基于环境要求的：背景色应尽量占视觉空间总体的70%；其次，使更强调、更醒目的同色系列、近似色和相反色占25%；最后，是应该成为重点的补色、纯色等占5%。当然在现代变幻多样的设计中，可依实际情况和个人喜好加以调整。

在室内界面的色彩设计上，从顶棚→墙面→墙裙→踢脚板→地面，要上轻下重，色彩的明度应从高到低。

室内几个主要界面的色彩可能不同，就是同一个界面也可能采用几种不同的材料和颜色。在交接处要处理好各界面色彩间的连接与过渡，使不同的色彩部分交接得自然、明确、合理。如墙面与顶棚的相互关系，常常是明度和色调相近或者对比很强，这时内部之间就应加以处理。一般有三种做法：第一，在连接处加压条，甚至与挂镜线融为一体；第二，可将连接处局部凹入，造成阴影；第三，就是将两部分分离，中间不连接，使之造成虚空间。总的来说，就是要使各部分之间有过渡、有交代，不能有不肯定的模糊关系，墙面与踢脚板之间的关系同这个情形是大同小异的，亦可照此处理。有时我们还会遇到同一墙面有不同材料和色彩的情况，这时也应加以处理，例如凹缝形式、压条形式和镶边形式等。应当注意，连接部分的明度和彩度都不宜过高，以起到良好的过渡作用。

思考与练习

1. 室内装饰色彩有哪几方面的功能？
2. 室内色彩环境设计应遵循哪些原则？
3. 简述室内色彩设计的步骤和方法。
4. 简述各界面的色彩设计要点。

本项目推荐阅读书目与相关网上链接

1. 戴力农，刘圣辉. 室内色彩设计. 沈阳：辽宁科学技术出版社，2006.
2. 芭珂丽（著），苏凡、姒一（译）. 室内设计师专用协调色搭配手册. 上海：上海人民美术出版社，2010.
3. 郭泳言. 室内色彩设计秘诀. 北京：中国建筑工业出版社，2008.
4. 阎超. 室内色彩设计. 北京：中国建筑工业出版社，2010.
5. 互动·家居 http://www.55258.cn/index.php/post/view/id-9361.
6. 新居网 http://news.homekoo.com/jiqiao/1378.
7. 秀家网 http://www.xiuhome.com/xuexi/show.asp?id=8877.
8. 中国建筑装饰网 http://news.ccd.com.cn/Htmls/2011/3/10/20113101136616105384-1.html.
9. 筑龙网 http://www.zhulong.com/.

技能训练8 色彩设计与渲染

→ **训练目标**

学会运用室内色彩设计基本原则和要点，进行室内色彩设计，完成装饰设计彩色效果图的绘制。

→ **训练场所与组织**

在教室或计算机房，由教师的统一指导下，进行室内色彩设计练习，并以彩色效果图形式进行设计表现。

→ **训练设备与材料**

计算机、多媒体教学设备、速写本、彩色画笔等。

→ **训练内容与方法**

以"技能训练7"中的同一套三房两厅的住宅户型为设计对象，在"技能训练7"的手绘或计算机绘制客厅的装饰设计透视图基础上，进一步加强色彩设计，完善装饰设计彩色效果图的渲染。

→ **可视化作品**

提交一套三房两厅居室的装饰设计方案中的客厅装饰设计彩色效果图。

→ **训练考核标准**

根据室内造型、色彩、材料、氛围等要素以及设计效果图的表达，考核学生对相关技能的掌握情况，制定具体评定标准（详见下表）。

色彩设计与渲染考核标准

班级：_____ 学号：_____ 姓名：_____ 考核地点：_____

考核项目	考核内容	考核方式	考核时间	满分	得分	备注
1.色彩功能要求	● 满足色彩功能要求。	根据按时完成的室内彩色效果图进行考核评定。	课堂集中训练2课时，利用1周课余时间，个人独立完成。	20		训练和考核时，可根据具体条件，选择手绘或计算机绘制。
2.色彩构图法则	● 主色调选择的合理性； ● 主色调与配色的统一与对比合理性； ● 体现色彩的稳定感和平衡感方面； ● 体现色彩的韵律和节奏感。			20		
3.色彩对空间效果的影响	● 利用色彩对人体感觉的物理作用，克服室内空间过高、过矮、过大或过小等视觉上的尺寸缺陷的运用情况。			20		
4.色彩选择的地域性和民族性	● 色彩的选配是否符合民族、地区特点和气候条件。			20		
5.效果图的整体效果	● 造型的建模 ● 材质的表达 ● 氛围的渲染			20		
总分						
考核教师签字						

项目9
室内功能分类设计

学习目标：

【知识目标】

1. 了解室内功能划分和类型；

2. 熟悉玄关、起居室、卧室、餐厅、厨房、卫生间等住宅空间的功能特点和设计原则；

3. 熟悉门厅、接待室、会议室、办公室等办公空间的功能特点和设计原则；

4. 熟悉旅馆大堂、客房、餐厅、宴会厅等商业空间的设计内容和设计要点；

5. 了解歌舞厅的舞台、舞池、散座、卡座、包房等娱乐空间功能区的设计内容和设计要点。

【技能目标】

1. 学会办公、旅馆、商业、娱乐等空间的功能区划分，设计与表达平面布置图；

2. 掌握玄关、起居室、卧室、餐厅、厨房、卫生间等居住空间设计要点；

3. 学会办公、旅馆、商业、娱乐等空间的设计内容、设计原则和设计要点。

工作任务：

学习住宅、办公、商业、娱乐等空间的功能划分方法和设计要点。可视化成果是设计和表达办公、旅馆、商业、娱乐等空间室内设计方案中的平面布置图。

室内空间可分为居住、办公、商业、旅馆和娱乐等功能空间，这些空间由于使用功能和服务对象的不同，其设计原则、设计内容、设计尺度也会不同。设计者应熟悉不同使用功能空间的特点，设计出符合相应要求的室内空间。

9.1 住宅空间装饰设计

住宅有公寓式和别墅式，前者指的是一种生活设施齐备，但只占整个建筑物中一部分的居住形态，就是通常说的单元楼或居民楼；后者是一种独门独户的住宅，通过自家的楼梯占用整个住宅所有楼层，但一般不超过三层，别墅占地多、面积较大，有独立庭院，有的还有车库、屋顶花园和游泳池等。

无论是公寓式住宅还是别墅式住宅，都可以划分出玄关、客厅、卧室、卫生间、厨房、餐厅等几个功能空间。这些功能空间的设计会因装修档次和豪华程度要求的不同而有所不同，但其基本设计原理和方法是相似的。本节将以公寓式住宅为例，介绍上述住宅空间的设计方法和要点。

9.1.1 玄关装饰设计

玄关在《辞海》中的解释是佛教的入道之门，现在泛指厅堂的外门。即居室入口的一个区域，是住宅室内与室外之间的过渡空间，也有人把玄关叫做过厅、门厅、斗室等。

9.1.1.1 设计原则

玄关是进出住宅的必经之处，面积一般约为 $2m^2 \sim 4m^2$，平面多为长方形，面积虽然不大，但使用频率较高。设计时应根据玄关与相邻空间的布局、大小尺度和平面形状，在满足玄关过渡和实用基本功能的前提下，体现装饰的艺术性，且与室内整体风格相统一。

9.1.1.2 功能分析

一般来说，玄关主要有过渡功能、实用功能和装饰功能。

（1）空间过渡和视线缓冲功能

玄关作为入户的第一个空间，也是一个过渡空间，可以遮挡和缓冲视线，避免"开门见山"、"一览无余"的弊病。

（2）实用功能

在玄关处，可以换鞋、脱挂外套或大衣，存放雨具、包、袋等小件物品和实现简单衣着整理或梳妆等实用功能。

（3）装饰审美功能

玄关是进入户门后首先看到的空间，在这里就可以初步领略到住宅的装饰豪华程度和装饰设计风格，体现装饰审美功能。

9.1.1.3 装饰设计要点

玄关是家的第一道风景，因此，设计一个恰到好处的玄关，无论是主人回家还是客人到访，都应给人一种亲切自然、温馨的感受。在设计玄关时，要充分考虑到玄关周边相关环境，立足整体，抓住重点，在此基础上追求个性。

玄关地面和客厅地面可以分开。玄关的空间往往面积比较有限，容易产生压抑感及局促感，可以通过局部的吊顶配合，改变玄关空间的比例和尺度，在巧妙的构思下，玄关吊顶也可以成为极具表现力的室内一景。玄关吊顶可以设计成自由流畅的曲线，也可以是层次分明、凹凸变化的几何体，还可以是大胆外露的木龙骨并悬挂绿意点缀……在设计时，应将玄关的吊顶和客厅的吊顶结合起来考虑，做到简洁、整体统一、有个性。玄关的墙面通常与人的视距很近，常作为背景烘托，选出主墙面重点加以刻画：或以水彩、或以木质壁饰、或贴壁纸、或涂饰浅色乳胶漆，但要把握重在点缀达意，切忌堆砌重复，且色彩与图案不宜过多，以避免眼花缭乱。玄关可以设置家具或家具组合，如鞋柜、壁橱、更衣柜（架）等，用于储藏小物品，在设计时要因地制宜，充分利用空间。另外，玄关家具在造型上应与其他空间风格一致，互相呼应。玄关处也可摆设一些小饰品，如一只小花瓶或一束干枝等，可使玄关增添一份灵气和趣味；一幅上乘的油画、一帧精心拍摄的照片、一盆细心呵护的盆景，可以烘托出主人的学识、品味、修养，但要注意玄关处的小饰品等摆设应遵循少而精，重在点题的原则。玄关处可根据不同的位置安排筒灯、射灯、壁灯、轨道灯、吊灯、吸顶灯等，形成焦点聚射，营造出理想光照空间。

9.1.1.4 玄关处隔断的几种形式

玄关的变化离不开引导过渡性、实用性和装饰性三大功能特点，以隔断形式实现这些功能是玄关设计中常用的形式。

（1）低柜式隔断

低柜隔断式是以低矮的台或柜来限定空间，既可收纳小物品、摆设装饰件，又起到划分空间的作用，如图9-1。

（2）柜架式隔断

柜架式是下为柜上为架的隔断形式，中部到上部采用通透等形式，或用不规则手段，虚实、

图9-1 低柜式玄关隔断

图9-2 柜架式玄关隔断

图9-3 玻璃式玄关隔断

图9-4 格栅围屏式玄关隔断

聚散互为糅合，以镜面、壁龛、挑空和贯通等多种艺术形式进行综合设计，达到美化与实用并举的目的，如图9-2。

（3）玻璃式隔断

玻璃式隔断以大屏玻璃作隔断，其中的玻璃常以磨砂、喷砂、压花、蚀刻、冰裂等工艺处理增加美感，这种形式既分隔大空间又保持大空间的完整性，如图9-3。

（4）格栅围屏式隔断

格栅围屏式隔断主要以带有不同花格图案的镂空木格栅屏作隔断，有古朴雅致的风韵，又能产生通透与隐隔的互补作用，如图9-4。

9.1.2 起居室装饰设计

起居室是家人团聚、休息、起居、会客、娱乐、视听活动等多种功能的场所，通常也叫客厅，但严格说起来，起居室与客厅的功能还是有区别的，只不过目前在我国多数家庭中二者基本是合二为一的。在大户型或者别墅中，客厅和起居常常是分开的，避免来客与其他家庭成员的相互影响或其他不便。各自独立的起居室和客厅在设计形式上是基本相同的。

9.1.2.1 设计原则

起居室设计时要综合考虑起居室的面积、形状、门窗位置、家具尺寸及使用特点等因素。在满足功能的条件下，做到宽敞、明亮、大方。起居室兼有就餐、睡眠、学习等功能时，平面布置应考虑不同使用功能的分区，功能区的划分与通道应避免干扰。同时起居室可以与户内的过厅、阳台有机结合，统一布置，充分利用空间。

9.1.2.2 功能分析

（1）起居室主要功能
① 家庭成员团聚、休闲娱乐；
② 视听活动、看电视、听音乐等；
③ 会客、接待。
（2）起居室兼有功能；
① 用餐功能；
② 坐卧、睡眠功能；
③ 学习、阅读功能。

9.1.2.3 装饰设计要点

起居室是一个家庭中使用功能最为集中、使用效率最高的核心空间，在室内造型风格、环境氛围方面也常起到主导的作用。

起居室的设计，首先要着眼整体，兼顾到整个室内的空间、地面、环境以及家具的配置、色彩的搭配和处理等要素，确保这些要素的和谐统一。

起居室的平面功能布局，基本上可以分为茶几和低位座椅或沙发组成谈话、会客、视听和休闲活动区。兼有其他功能的客厅，还要考虑就餐和学习的空间安排，力求整体布局的疏密有致。

客厅的"主题墙"是客厅墙面设计的重点。按照中国人的习惯，一般是将电视置于视觉焦点，放置电视、音响的背景墙就成了"主题墙"。在这面"主题墙"上，需要设计者采用各种手段来突出主人的个性特点。电视背景墙的设计实

践中，有的搭配使用文化石或拉毛灰，有的使用镂花或磨边处理的瓷砖贴面，有的使用织物或壁纸，有的加设搁板或壁龛，有的用不同的颜色形成或动或静的图案，当然也有直接在墙面上附加各种壁饰的。除了"主题墙"，客厅中其他墙面的装饰就应简洁一些。

室内净高和装饰风格决定了顶棚是否设置吊顶。按现在商品住宅室内净高普遍不太高，起居室的顶棚很少做全吊顶，否则会降低顶部高度，让人感到压抑、空气不畅，故多采用中间高四周低的局部吊顶形式。如果顶棚不设吊顶，也可在楼板底面直接采用石膏浮雕或木质面板拼花装饰，在顶面与墙面交界处用带有图案的石膏板线或木质装饰板线装饰阴角线。只有当起居室净高较高时，才考虑设计较为复杂的天花和装饰。

地面选材做到环保、整洁、防滑、耐磨。可以选用瓷砖、天然石材、实木地板、强化木地板或其他材料。

起居室的照明可以采用几种不同的灯具组合。中心部分，可以使用相对华丽的吊灯或吸顶灯，周边可适当设置一些筒灯。陈列柜架的上方或内部，可以采用强调展品的射灯，对于陈设、绿化等也可用射灯强调其立体感。还可以将某些灯具设置在壁饰的后面，使壁饰更加突出，给人以飘浮之感。灯具开关应分组控制，在进行不同活动时，使用不同的灯具组合，以便营造不同的氛围，如客人来时气氛热烈，宾主进餐时气氛温馨等。

色彩应以典雅、明朗、整体感强的浅色调为主，要与顶棚、墙体及地板的色彩合理搭配。白色是传统的习惯用色，以白色为主调的房间，其装饰物也比较容易搭配。但是，在如今多彩材料的冲击下，单纯的白色已满足不了人们对色彩个性的追求，人们开始选用较为亮丽的淡黄色或淡粉色等温暖、宁静的色彩为主色调，使装饰空间显得宽敞明亮，使人感觉轻松、舒服。起居室设计如图9-5、图9-6。

图9-5 起居室（曹咚设计）

图9-6 起居室

9.1.2.4 起居室常用设计尺度（表9-1）

表9-1 起居室常用设计尺度

mm

名称	尺寸			名称	尺寸
单人沙发	宽：700~730	高：350~400	靠背高：780~900	墙裙线高	800~1500（一般与窗台平齐，高900）
三人沙发	宽：2100~2280	高：350~400	靠背高：780~900	踢脚板高	130~200
扶手椅	宽：530~560	进深：540~560	高：430~450	挂镜线高	1600~1800（画中心距地面高度）
茶几	长：560~650	宽：400~460	高：500~580	大吊灯	最小高度：2400
写字台	长：1000~1500	宽：550~800	高：700~780	壁灯高	1500~1800
椅子	宽：420~450	进深：540~560	高：430~450	照明开关高	1000（开关下沿与地面距离）

9.1.3 卧室装饰设计

卧室又被称作卧房、睡房，是供人睡觉休息、对个人私密性要求很高的处所。卧室分为主卧室和次卧室，前者一般为主人、夫妻使用的卧室，后者包括儿童卧室、老人卧室和客房等。

9.1.3.1 设计原则

卧室平面布局应综合考虑使用对象、卧室面积、形状、门窗位置，有睡眠、贮存、梳妆及阅读学习等功能空间。布局以床为中心，尽量沿内墙布置，睡眠区的位置应相对安静。

9.1.3.2 功能分析

卧室主要功能一般包括下面几方面：

（1）贮存功能

卧室应有贮存衣物、鞋帽、床上用品（被褥、床单等）、个人用品等区域和空间，常通过设置衣橱、台柜等家具来存放。

（2）睡眠休息

睡眠休息主要通过安排舒适的床（有时还设有沙发、休闲椅等），营造温馨的照明、适宜的室温和良好的空气环境来满足睡眠休息。

（3）梳妆及阅读

卧室也是更衣、梳妆打扮之处，可按需要设

图9-7 主卧室

图9-8 儿童卧室

置梳妆台，有时梳妆台也兼写字和阅读之用。

（4）卫生盥洗功能

主卧室一般附设有专用卫生间，方便主人的生活。

9.1.3.3 装饰设计要点

卧室布置的好坏，直接影响到人的生活、工作和学习，所以卧室是家庭装修设计的重点之一。卧室是私密空间，要考虑与公共空间分开，有直接的路径，不受其他空间活动的影响。卧室的设计要考虑通风，以保证室内空气清新，同时也要考虑自然采光，自然光是白天最好的照明方式。

主卧室的主要家具有双人床、床头柜、梳妆台、休闲椅和衣柜等。双人床摆放应两侧临空，以方便上下床，如图9-7。一般情况下不设专供书写的写字台，而设计既能写字又能梳妆的多用桌。面积较小的主卧室，宜安排尺寸较小的床，只有面积较大时，才选用尺寸较大的床，甚至是占地面积更大的圆形床。床的对面不宜放置带大片镜子的衣柜或梳妆台，以免夜间朦胧中受到光影的惊吓。主卧室一般都设有专用卫生间，如有条件，卫生间与主卧之间最好设计穿越式的衣帽间，这不仅使卫生间与主卧之间有一个必要的过渡区，也符合个人的生活起居习惯。卧室可以设

置檐口照明、台灯或壁灯照明，灯光要柔和、温馨。如要悬挂大吊灯，还应设台灯、筒灯、壁灯等其他辅助照明，并与吊灯分别控制，以便就寝时适当选择照明方式，避免吊灯光照过强影响休息。卧室地面宜用木地板或地毯，墙面宜使用乳胶漆、壁纸和织物等材料，尽量少用石材、瓷砖及玻璃等偏冷材料，以营造恬静、温馨、柔和的睡眠氛围。

儿童卧室大体包括三部分，即睡觉、学习和游戏三部分，如图9-8。主要家具为单人床、衣柜、玩具柜和能放置电脑的写字台。当儿童年龄不大时（如上小学之前）可以使用床、桌、柜组合的家具，其功能齐备，且占地面积少。有些儿童卧室不设普通单人床，而是把睡眠区的地坪抬高，席地而睡，类似日本的"榻榻米"。儿童卧室家具和装修设计上要避免出现尖锐的棱角，设置电器插座要确保儿童安全。儿童卧室的色彩和图案要鲜艳、活泼，其中的陈设、挂饰、玩具等，要符合儿童的兴趣爱好，要有利于儿童的身心健康。

老人卧室的家具和设计要点与一般卧室大体相同。可增设休闲椅，解决好地面防滑等问题。客房是临时接待留宿客人的地方，可按一般卧室设计。除床和床头柜、衣柜外，还可以配备桌椅和电视机。

9.1.3.4 常用设计尺度（表9-2）

表9-2 卧室常用设计尺度   mm

名称	尺寸		
双人床	长：1850~2200	宽：1500、1800、2000	高：420~480
单人床	长：1850~2100	宽：800、900、1000、1200	高：420~480
床头柜	长：400~600	宽：360~400	高：420~480
梳妆台	长：1350	宽：450	高：600
大衣柜	宽：800~1200	进深：500~600	高：1600~2300
组合柜	宽：800~1200 或更大	进深：500~600	高：1600~2300或到顶

9.1.4 餐厅装饰设计

餐厅是家庭成员以及来客用餐的空间，在居室设计中虽然不是重点，但却是不可缺少的。餐厅的装饰具有很大的灵活性，可以根据不同家庭的爱好以及特定的居住环境做成不同的风格，创造出各种情调和气氛。

9.1.4.1 设计原则

在很多住宅结构中，餐厅、起居室往往共享一个空间，面积较大居室，餐厅可单独设置，一般是在离厨房较近的位置。如果餐厅与厨房或客厅共享一个空间时，在分割功能区及居室装饰等方面，应综合整体考虑。

9.1.4.2 功能分析

（1）就餐

就餐是餐厅的主要功能，满足就餐要求、营造良好就餐环境是餐厅设计的主要任务。

（2）餐具、食品贮存

可以在餐厅某一区域设置餐具柜，用于存放餐具和食品，也可用于展示名酒及精美餐具和茶具等。

（3）厨房

在一些特殊情况，餐厅与厨房共用一个空间，使得二者在空间上合二为一。如，小户型住宅中，由于受空间限制，不能单独设置餐厅和厨房；再有就是一些西式设计风格中，厨房通常为开放式，就餐区与烹饪区相隔很近或无明显区别。

9.1.4.3 装饰设计要点

餐厅的主要家具是餐桌椅，有时也可以摆放餐柜。餐桌可以是方形或圆形，就一般家庭而言，可以选用4人或6人用的长方桌，空间较大时可选用圆桌。餐厅、起居室空间相连或共享时，装饰上应与起居室相协调。可利用降低吊顶高度、地面材质的不同或利用屏风、酒柜或酒吧台等划分空间，以显示两个不同的功能分区。

餐厅的地面宜选择易清洁、防滑的瓷砖或石材，墙面装饰与起居室等部位基本一样。如果餐厅与厨房开放式设计时，墙面最好采用瓷砖或石材装饰，顶棚则宜选择塑料、玻璃、铝合金或不锈钢等材料做吊顶，还要考虑到厨房地面、吊顶的色彩、合理的空间利用和餐厅的餐具桌椅搭配。

家庭酒吧常常布置在餐厅附近或客厅的一角，主要由放置酒、酒具的酒柜和吧台、吧凳组成。家庭酒吧同时使用的人数通常较少，一般设2~4个吧凳，吧台的尺寸比营业性酒吧的吧台小些，如图9-9。

总之，餐厅周边的家具、酒吧台、备餐台的功能使用，以及墙面的造型表现等，都是需要认真思考和精心设计的内容，营造良好的就餐环境，给人一种美好的就餐享受。

9.1.4.4 常用设计尺度（表9-3）

表9-3 餐厅常用设计尺度 mm

名称	尺寸		
圆形餐桌	直径：900~1220	高：730~760	
矩形餐桌	长：910~1200	宽：910~1220	高：730~760
餐椅	宽：420~450	进深：540~560	高：430~450
酒吧凳	宽：350~380	进深：360~400	高：600~760
酒吧台	宽：400~600	高：900~1050	

图9-9 餐厅设计

9.1.5 厨房装饰设计

厨房是住宅的"心脏"，集中了水、电、煤气等住宅所需的大部分设施设备，家务活动频繁，是需要提高住宅功能和质量的重要空间。

9.1.5.1 设计原则

厨房设备与家具的布置应按照烹调的操作顺序来确定，以方便操作为考虑的重点。平面布局不仅考虑人体和家具的尺寸，还要考虑到人的活动空间。对厨房与餐厅一体的空间，面积不大时，可考虑用折叠式家具，以节省空间。

9.1.5.2 功能分析

厨房的功能主要包括以下几方面：

（1）贮存、冷藏

厨房应有存放餐具、炊具、食材、调味料等厨房用品的专门空间和区域，还有摆放冷藏食物的冰箱或冷藏柜的空间。

（2）洗理

厨房洗理包括淘米、洗涤瓜果蔬菜等清洗作业，必须在厨房设置清洗盆或清洗池以及与之配套的水管、水阀等。

（3）操作、调理台

厨房烹饪时应当设置有临时摆放汤碗、菜盘、调料瓶等用品用具的操作台或料理台。

（4）炉灶

炉灶是烹饪时的加热厨具，包括燃气灶、电磁炉、微波炉等。

9.1.5.3 装饰设计要点

厨房和卫生间集中了建筑的大部分设备，设计时一般不拆改煤气管道、水表等主要设备。冷热水管线要合理布置，水表与煤气表要安排在易于检查和维修的位置。同时，还要合理安排开关与插座。

洗涤池、操作台、炉灶、冰箱是厨房的四大组成部分，在平面布局上，应依据厨房的形状、大小和烹饪顺序进行合理安排，以方便操作。可以采用"一"字形、"L"形或"U"形等不同的布置方式，如图9-10至图9-12。

厨房装饰材料要注意选择易清洁、防火、耐酸碱、地面防滑的材料，如地面和墙面多数选择瓷砖或马赛克，并且墙面瓷砖铺贴高度达顶棚，顶棚多为塑料扣板或铝合金、不锈钢材质的集成吊顶。

当厨房、餐厅和起居室开放式结合时，装饰格调要统一、协调，还要特别注意油烟的排放。

图9-10 "一"字形布局的厨房　　　　图9-11 "L"形布局的厨房

图9-12 "U"形布局的厨房

9.1.5.4 常用设计尺寸（表9-4）

表9-4 厨房常用设计尺寸

mm

名称	尺寸		
操作台（下柜台面）	高：750～850	进深：450～600	长度：根据厨房实测调整
橱柜（上柜）	高：2000～2200	进深：350～450	上柜距操作台面高：约600
洗涤槽和炉灶间距	1000～1800		
电冰箱	宽：550～750	进深：500～600	高：1100～1800
吸油烟机	距灶台高：550～650		

9.1.6 卫生间装饰设计

在传统观念中，卫生间和厨房是住宅中的附属房间，并非室内设计的重点。但今天看来，恰恰是卫生间和厨房由于更加贴近实际需要，集中着水、电、煤气等设施，更应受到重视。

住宅的卫生间一般有专用和公用之分。专用的只服务于主卧室或某个卧室；公用的与公共走道相连接，由其他家庭成员和客人共用。一般情况下，专用卫生间和公用卫生间各有面盆、便池器、浴缸或淋浴器。按一般习惯，公共卫生间多用淋浴，专用卫生间使用浴缸，同时也可以在浴缸上方安装淋浴器。

浴方式有淋浴和盆浴，分别设有淋浴花洒和浴缸（盆）。

9.1.6.1 设计原则

卫生间设计应综合考虑盥洗、如厕、洗浴三种功能区的合理布局，围绕使用方便、安全、防潮、美观的原则进行设计。

9.1.6.2 功能分析

住宅卫生间通常有盥洗、如厕、洗浴等区域，并提供相应的功能。

（1）盥洗、梳妆功能

住宅卫生间应有供洗手、洗脸的盥洗台（盆），并在靠盥洗台（盆）的前面墙上设梳妆镜，供梳妆时使用。

（2）摆（存）放洗浴、化妆等物品

住宅卫生间应在适当的位置设有浴巾、衣物、沐浴用品等物品的挂钩或置物架、支架等。在梳妆区，还应设置存放化妆品的柜架。当前较为流行成套设计的盥洗台（盆）、梳妆柜（架）、梳妆镜，合称为浴室柜组合。

（3）如厕设施

在卫生间如厕区设有便池，有的还设置冲洗器。便池有蹲便器和坐便器两种，一些科技含量较高的坐便器还带有自动加温、自动冲洗、热风烘干的功能，可以代替单独的冲洗器使用。

（4）洗浴设施

提供洗浴条件是卫生间的一个重要功能，洗

9.1.6.3 装饰设计要点

住宅卫生间的设计要根据卫生间尺寸，合理安排盥洗区、如厕区、洗浴区等功能区布局，使用安全方便。如空间允许，洗浴部分应与卫生间的其他区域明显的划分，如设置浴帘、玻璃隔断、淋浴间等，尽可能做到"浴厕分离"、"干湿分区"。

卫生间的装饰设计不应影响采光、通风效果，由于卫生间空间相对狭小和潮湿，必须安装排气扇，增强通风效果。装饰材料的选择应重点考虑易清洁、防潮、防滑等功能。如卫生间地面宜采用防水、防滑、耐脏的地砖、花岗岩等材料；墙面采用光洁素雅的瓷砖，顶棚宜用塑料、铝合金、不锈钢等板材，亦可用防水涂料涂饰。浴缸及便池附近应设置尺度适宜的扶手，以方便老人、小孩以及体弱者使用。卫生间的色彩选择多以洁净感强的冷色调、低彩度、高明度为佳。

9.1.6.4 常用设计尺寸（表9-5）

9.1.6.5 平面布局实例

卫生间平面布局示例见图9-13，供设计参考。

9.1.7 家居整体平面布局实例（图9-14）

表9-5 卫生间常用设计尺度 mm

名称	尺寸		
浴缸	长：1500、1600、1700、1800	宽：650、700、750、800	高：550~750
坐便器	长：750	宽：350	
冲洗器	长：690	宽：350	
盥洗盆	长：550	宽：410	上沿安装高：700~800
化妆台	长：1350	宽：450	高：600
梳妆镜	底边高：≥900	上边高：≤2000	
淋浴器	离地高：2050~2100		

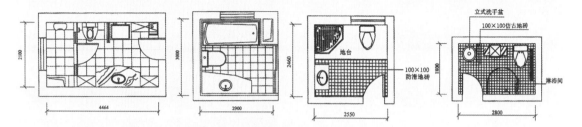

图9-13 卫生间平面布局举例

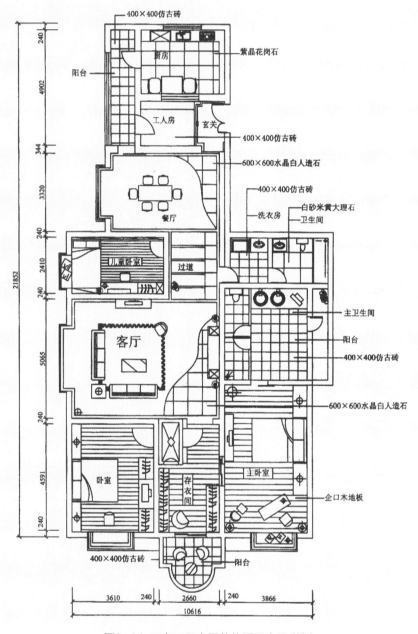

图9-14 三室二厅家居整体平面布局举例

9.2 办公空间装饰设计

办公空间设计需要考虑科学、技术、人文、艺术等诸多因素。办公空间设计要创造一个舒适、方便、卫生、安全、高效的工作环境，以便提高员工的工作效率，这是办公空间设计的根本和首要目标。

9.2.1 办公空间总体设计要求

（1）办公空间划分的大小与数量要符合实际需要

各类办公空间用房面积分配比例、房间大小及数量，均应根据建筑规模、使用性质和相应标准来确定，既要从现实需要出发，又要考虑功能、设施等发展变化后进行调整的可能。

（2）对外联系密切的功能用房尽可能布局在主通道处

各功能用房所在的位置及层次，应将对外联系较为密切的部分，布置在靠近出入口或近出入口的主通道处。如把传达室设置于出入口处，接待、会客以及一些具有对外性质的会议室和多功能厅设置于近出入口的主通道处，人数多的厅室还应注意安全疏散通道的设置。

（3）综合型办公室各功能区应避免相互干扰

综合型办公室不同功能的联系与分隔应在平面布局和分层设置时予以考虑，当办公与商场、餐饮、娱乐等组合在一起时，应把不同功能的出入口尽可能单独设置，以免干扰。

（4）确保有效的消防安全

从安全疏散和有利于通行考虑，带形走道远端房间门至楼梯口的距离不应大于22m，且走道过长时应设采光口，单侧设房间的走道净宽应不小于1300mm，双侧设房间时走道净宽应不小于1600mm，走道净高不得低于2100mm。

9.2.2 办公空间的构成及其设计要点

办公空间根据单位机构、编制和运转模式不同，主要包括门厅、接待台、保卫室、各岗位人员办公室、大小会议室、档案室、资料室等。

9.2.2.1 门厅

门厅与楼梯、电梯相连，是接纳和疏导人流的地方。门厅显眼处应有服务台或接待台，设值班员接待来访宾客。服务台后常设形象墙，上有公司名称和标志，如图9-15。服务台和形象墙应简洁、明快，以良好的形象、材质、色彩和灯光给人留下深刻的印象。服务台附近应有休息处，设3~5个座位，供来访客人临时休息，或供公司人员临时接待来访者。门厅的墙上，也可视情况设一些宣传品，包括公司简介、产品图录等，要简洁大方，切忌繁琐。必要时还可以设一些内涵丰富的装饰小品和绿化，以美化门厅环境。

9.2.2.2 接待室

接待室应靠近楼梯电梯，是公司用来接待客户、参观者或记者的场所。接待室可以采用会议

图9-15 广东梦居装饰工程有限公司门厅服务台

桌椅，设计成小会议室的形式，也可以使用沙发组，沿周边布置。接待室应设茶具柜、饮水机，必要时还可设置多媒体投影设施。

9.2.2.3 会议室

会议室有小会议室和大会议室之分。小会议室常是公司领导干部开会的场所，在设计公司里，也可能是少数人研究图样、审查方案的地方。小会议室可用小型会议桌椅或沙发组，常设10个左右的席位。

大会议室是召开大会或进行学术交流的地方，坐席数较多，可达几十或上百个。大会议室的桌椅有不同形式和布置方式。常用的桌椅和布置方式有3种：一是中间使用椭圆形或长方形会议桌，配套使用木质或皮质会议椅，如需增加坐席时，可在靠墙处增设椅子或沙发和茶几，这种布置方式适合召开研讨性的会议，如图9-16；二是在会议室的一端或中间设置圆形会议桌，并配套使用会议椅，构成主要成员的坐席，在另一端或两端布置一些旁听或列席人员坐席，这种布置方式适合召开多级别人员参加的会议图；三是所有人员一律面向讲台，此布置方式最适于作报告、进行学术交流和讲座，如图9-17。采用这种布置时，可以使用配套的联排桌椅，也可以使用带书写板的单个椅，桌椅可按直线排列，也可按弧线形排列。

会议室可以设置一些挂画、壁画、浮雕等墙饰，安排茶水柜或饮水机，存放音像用品的杂物柜等。规模较大的会议室，应在附近设贵宾休息室和声光控制室。贵宾休息室主要供与会领导、讲演人会前会间休息，也可兼作接待室或小型会议室。

9.2.2.4 办公室

办公室有多种类型：

（1）按办公室模式分类

① 金字塔式

金字塔式办公室主要特点为上下级分明，工作独立性强，办公室多为独立、不受干扰的空间，上层办公室少，下层办公室多，呈现出"金字塔"的格局，行政机构的办公室多为这种模式。

② 流水线式

主要特点为各工作部门呈相互平行的关系，前后程序联系密切，为提高工作效率，其办公室多为较大的空间。银行等金融机构多用这种模式。

③ 综合式

主要特点是既有对外联系频繁的部门，又需较少内部联系的部门，其办公空间往往构成相对明确的分区，社会保险等机构多用这种模式。

（2）按形式分类

办公室按形式分，有小单间办公室、开放式办公室等。

图9-16 会议室

图9-17 会议室

① 小单间办公室

是空间完全独立的一种传统办公室形式，一般面积不大（如常用开间为3.6m、4.2m、6m，进深为4.8m、5.4m、6.0m等），一般科室办公室就是小间办公室。小单间办公室室内环境宁静，独立性强，科室之间少干扰，办公人员具有安定感，同室办公人员之间易于建立密切的人际关系。缺点是过于封闭，科室之间联系不够直接与方便，也缺乏现代办公室应具备的那种快节奏、高效率和团结协作的办公氛围。

② 开放式办公室

开放式办公室亦称大空间或敞开式办公室，起源于19世纪末工业革命。当时，随着生产高度集中、企业规模增大，由于经营管理的需要，各办公部门与组团人员之间需要更为紧密的联系，并且进一步要求加快联系速度和提高效率，传统小单间办公室较难适应上述要求，由此形成了少量高层次办公主管人员仍使用小单间，大量的一般办公人员安排于大空间办公室内的办公形式。

开放式办公室的特点是：办公室空间宽阔，内部没有传统意义上的"房子"，每个办公人员的席位都是用可以拆装的屏风隔开；个人办公席位具有相对的独立性，可以保证必要的安静度；若干个办公席位同处于一个大空间内，方便上级管理部门的管理和工作安排，有利于办公人员、办公组团之间的业务联系，提高办公效率；空间开放，时代感强，具有高效和相互激励的气氛；灵活性强，能够随着机构、人员的变动而改变空间布局；相对于小单间办公室而言，开放式办公室减少了公共交通和结构面积，缩小了人均办公面积，从而提高了面积使用率。

开放式办公室的坐席由屏风分隔而来，这种屏风是由专门工厂生产提供，一般有3种不同的高度：当办公人员属于同一小集体时，其间的联系必然十分密切，此时屏风高约890mm；当办公人员属于不同小集体但业务上需有一定联系时，屏风的高度约1080mm，此时端坐可以环

顾、伏案不受干扰；第三种屏风是用来划分不同区域的，高度约为1490mm，此时端坐互不干扰，与他人联系业务须站立。

（3）按职务级别和用途分

按职务级别和用途分，有主要领导办公室、部门主管办公室、一般职员办公室等。

① 主要领导办公室

如厂长、总经理及业务主管的办公室。这类办公室往往由3部分组成，一是由办公桌、办公椅、接待椅和文件柜组成的办公部分；二是由3~5人位沙发组成的休息部分；三是一个具有4~6个座位的会议桌。休息部分应尽可能靠近入口，使来访客人或被召见人员能就近休息和等候。会议部分最好靠一个角落，或靠近窗户，供主要领导召开临时会议，或审查文件、图样等时使用。领导人的办公桌应面对、斜对或侧对入口，但不应背对入口，以便领导人及时看清来访者，也表示对来访者的尊重。办公桌旁的文件柜，既要具备陈列书籍、文件的实用价值，又要具有一定的装饰性。陈设方面，可以通过书法、绘画、雕刻作品等展示公司的经营理念或领导者个人的志向和信念。上述3个部分可以进行适当的软性划分，如采用不同的地坪高度或使用一些栏杆与屏风等，应注意的是，不可因此而影响办公室的开阔性和整体感。有些面积较大的领导人办公室，除上述组成部分外，还可以视情况附设休息室、洗手间和挂衣间等。

② 部门主管办公室

指部门领导人如人事部、财务部、设计部、市场部的领导人的办公室，这类办公室的主要家具是办公桌椅、接待椅和文件柜，有时也可专设一组供客人使用的沙发。

③ 一般职员办公室

对于个人而言，职员的办公席位就是一个由屏风分隔出来的小隔间，其中包括桌、椅、柜、架等设备，以及电脑、电话等设施。就整个办公区而言，这种办公区还应设置一些文件柜、资料

表9-6 办公室常用设计尺度   mm

名称	尺寸		
办公桌	长: 1200~1600	宽: 500~700	高: 700~800
办公椅	长×宽: 450×450		高: 400~450
沙发	宽: 600~800	靠背高: 800~1000	高: 350~400
茶几	前置型: 900×400×400、中心型: 900×900×400、墙角型: 700×700×700		
书柜	宽: 1200~1500	深: 450~500	高: 1800
书架	宽: 1000~1300	深: 450~500	高: 1800
斗柜	深: 400~600	高: 600~700	
文件柜	宽: 1200~1500	深: 450~550	高: 1300~1800
电脑桌	长: 1800~2000	宽: 700~760	高: 700~760

柜、书柜以及必要的接待席、饮水机和植物盆栽等。如果是设计公司，还应配备一些小型桌，供设计人员讨论设计方案或审查图样使用。

9.2.3 办公空间装饰设计要点

门厅的地面使用较多的是石材和瓷砖，并配合拼花图案设计。办公室、会议室、接待室等地面除了使用石材和瓷砖外，也可以使用实木地板、复合木地板、优质地毯等软性材料。实木地板弹性适中，传热系数较小，与优质地毯一样是现代办公室和会议室等地面材料的良好选择。

办公室的天花常用石膏板、胶合板和金属板。有些天花悬挂网格或局部悬挂平板，部分或全部暴露板下的各种管线，简洁而不简单，实用而不失时代气息。办公室的墙面常用材料有石膏板、胶合板、铝塑板、玻璃、不锈钢、瓷砖、石材以及各种涂料和壁纸。当多种材料搭配使用时，要注意色彩与质地的和谐统一，充分显示材料的材质美和装修技术美。

办公环境的色彩以淡雅为宜，在使用白色的同时也可以适当使用其他色彩。一般的原则是，面积较大的界面最好选用同类色，作为点缀的局部可以使用对比色。为突出企业形象，宣传CI策略，还可将企业的标准色彩作为主色调。

办公室的空间照明方式多为分区照明，即公共区域照明与个人工作区域分别控制。办公室的灯具形式要简洁，功能性强，具有时代特征。大面积的办公区可用发光顶棚、发光龛或整齐排列的灯盘，重点部位可用点光源。光的颜色宜近自然光，照度值在500lx左右。

9.2.4 办公室常用设计尺寸（表9-6）

9.2.5 平面布局实例

某公司办公空间平面图，如图9-18；某商务中心平面图，如图9-19。

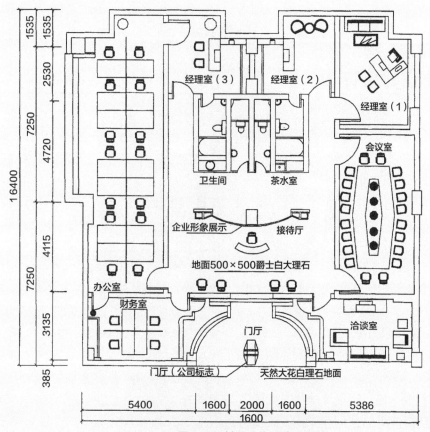

图9-18 某公司办公室平面图

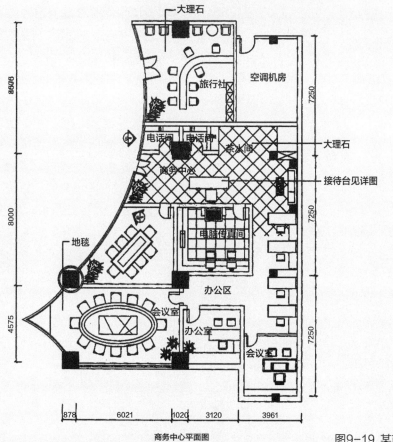

商务中心平面图

图9-19 某商务中心平面图

9.3 商业空间装饰设计

商业空间是提供有关产品、服务或设施以满足商业活动需求的场所。本节所指的商业空间，主要指以商品销售为主要业务的商业卖场，如百货商店、超市等。

随着商品经济及科技的发展，现代的商业空间无论在规模、功能和种类等方面都远远超出过去的范畴。而且商品交易的双方（销售商和顾客）都对商业的空间环境提出很高的要求。这些要求除了功能方面的设施、条件和环境等之外，还包括各种满足精神和心理方面的需求。因此，现代商业空间的设计不但要展现出货品的品质、时尚概念、优良服务等品牌的内涵，还要设计出自身的独特风格，展示富有感召力的商业文化，增进顾客对商品的认同感，激发顾客的购买欲望。

9.3.1 现代商业空间的类型

不同的商店有不同的经营模式，对室内设计也有不同的要求。从我国目前情况看，常见的商店大致有以下几种类型：

9.3.1.1 专卖店

专卖店也称为专营店，有两种类型，一种是专营某类商品的专卖店，如电器店、男装店、女装店、童装店、乐器店、旅游用品店等；另一种是专营某一品牌的专卖店。大多数企业的商品专卖店还具有企业形象和品牌形象宣传的功能。

9.3.1.2 百货商店

百货商店以零售为主要业务，商品种类繁多，花色齐全，经营包括服装、鞋帽、首饰、化妆品、装饰品、家电、家庭用品等，常说的百货大楼、百货大厦就属于这一类。百货商店体量大、层数多，有的可达十几层。其中也可能有一些餐饮、儿童娱乐的设施，但只是作为配套，而不是主营项目。

9.3.1.3 超市

超市是以顾客自选方式经营的大型综合性零售商场，又称自选商场。在超市中最初经营的主要是各种食品，现在已经逐渐扩展到销售服装、家庭日用杂货、家用电器、玩具、家具以及医药用品等。超级市场一般在入口处备有手提篮或手推车供顾客使用，顾客将挑选好的商品放在购物篮或购物车里，在出口处收款台统一结算。

9.3.1.4 购物中心

购物中心是一种以零售商品为主，还兼营餐饮、娱乐等业务的商业建筑。在购物中心，不仅有大小不等的店铺，还有中餐厅、西餐厅、快餐厅及电子娱乐厅等，有些还附设电影院、溜冰场、游泳池等。购物中心多为集中在一座体量较大的建筑内，大多位于城市的商业区或大型居住区，并拥有一定规模的停车场。也有一些购物中心由若干幢建筑组成，多居郊外，并靠近主要公路，往往是一个既能购物又能娱乐的旅游休闲区，这种购物中心要有更大的停车场和更大的户外场地。

上述各类商业空间，并没有十分严格的界限，例如许多购物中心和百货商店内也设有专卖店，形成所谓"店中店"。

9.3.2 商业空间设计原则

商业空间的类型较多，其服务内容、对象和

服务形式各有侧重。无论规模大小，商业空间的功能分区要有条理化、科学化，商品种类分区要合理、方便。作为商业空间，要追求商品的最佳展示效果、艺术效果，使人感受到商品的精美及价值，来刺激顾客消费。

9.3.3 功能分析

一般的商场功能见图9-20。

图9-20 商场功能分析

9.3.4 店面设计

店面设计，就是通过店面的造型、色彩、灯光和用材等手段，展示商店的经营性质和功能特点。

9.3.4.1 店面设计原则

（1）充分考虑区域文化特点

店面设计应从城市环境整体、商业街区景观的全局出发，以此作为设计构思的依据，并充分考虑地区特色、历史文脉、商业文化等方面的要求。例如，地处现代气息浓厚的南京路商业街和地处上海闻名中外的名胜古迹和游览胜地的豫园商城，由于二者所处的商业环境和历史文脉不同，店面设计与装饰风格显然也应不同。南京路商业街的店面宜采用融合中西文化于一体的海派风格或具有时代气息的现代风格，而豫园商城的店面，则适宜采用具有我国传统建筑韵味的装饰较为协调。

（2）体现经营特色

除反映商业建筑属于购物场所、具有招揽顾客的共性之外，对不同商店的行业特性和经营特色也应尽量在店面设计中有所体现。

（3）充分利用建筑的基本构架

要充分利用原有构架作为店面外装修的支承和连接依托，使店面外观造型与建筑结构整体有牢固的连接，外观造型在技术构成上合理可行。店面外装修与房屋结构基本构架的依附连接关系，通常有两种做法：一种是在原有结构梁、柱、承重外墙上刷以外装饰涂料或贴以外装饰面材，基本保持原有构架的构成造型；另一种是把原有构架仅作为外装饰和支承依附点，店面装饰造型则根据商店的经营特征、所需氛围较为灵活地设计，后者的店面装饰犹如在基本构架上"穿一件外衣"，为今后更新时仍留有余地，但须解决好构架与材料之间连接的构造问题。

9.3.4.2 店面的造型设计

店面造型应具有识别与诱导的特征，既要与商业街区的环境整体相协调，又要具有外观上的视觉个性，既能满足立面入口、橱窗、店招、照明等功能布局的合理要求，又在造型设计上具有商业文化和建筑文脉的内涵。

（1）立面划分的比例尺度

商店立面雨篷上下、墙面与檐部等各部分的横向划分，或者是垂直窗、楼梯间、墙面之间的竖向划分，都应注意划分后各部分之间的比例关系和相对尺度，入口、橱窗等与人接近的地方还要注意与人的相应尺度关系。有些部分虽然在建筑结构主体设计时已经确定，但是店面装饰设计时往往可以作一定的调整。

（2）墙面与门窗的虚实对比

商店立面的墙面实体与入口、橱窗或玻璃幕墙之间的虚实对比，常能产生强烈的视觉效果。

（3）形体构成的光影效果

商店立面形体的凹凸，如挑檐、遮阳、雨篷等外凸物，均能在阳光下形成明显的光影效果，立面装饰凹凸的机理纹样，在阳光下也呈现具有韵律感的光影效果，给立面平添生机。

（4）色彩、材质的合理配置

商店立面的色彩常给人们留下深刻的印象，这与色彩类别及其各占比例关系密切，设计时应结合商品的种类，巧妙选择立面材质和色彩，塑造良好视觉效果。一些规模较大的专卖店、连锁店，还可以利用自身特定的色彩与标志，向顾客宣传和传递商品品质和品牌信息。

9.3.4.3 店面装饰材料的选择

店面装饰材料必须具有耐晒、防潮、防水、抗冻等耐候性能。由于城市大气污染等情况，店面装饰材料还需要有一定的耐酸碱性能。例如大理石不耐酸，通常不宜作室外装饰材料。店面装饰材料的选择也要考虑易于施工和安装，如需要更新时还应易于拆卸；外露或易于受雨水侵入部位的连接宜用不锈钢的连接件，不能使用铁质连接件，以免店面出现锈渍，影响整体美观。

由于店面设计具有吸引和招揽顾客、显示特色和个性的要求，因此在装饰材料的选用时还需要从材料的色泽、机理、质感（粗糙光滑、硬软、轻重等）和材料的相互搭配等方面来考虑。如巧妙利用镜面玻璃幕墙的装饰特点，与金属面材的恰当组合，能很好地展现时代气息。

目前店面装饰常用的材料有各类陶瓷面砖，花岗石、片页岩等天然石材，经过耐候、防火处理的木质材料，铝合金或塑铝复合材料，以及一些具有耐候、防火性能的新型高分子合成材料或复合材料等。

9.3.5 营业空间设计

营业空间也就是商业卖场或大厅，是商业空间的核心与主体，是顾客进行购物活动和给顾客留下整体印象的重要场所。应根据商场的规模和标准、商场的经营性质和形式，以及地区经济状况和环境等因素，在建筑设计时确定营业空间的面积、层高、柱网布置、主要出入口位置以及楼梯、电梯等垂直交通的位置。

9.3.5.1 营业空间的设计原则

（1）营业空间的室内设计应有利于商品的展示和陈列，有利于商品的促销，为营业员的销售服务带来方便，最终是为顾客创造一个舒适、愉悦的购物环境。

（2）营业空间应根据商店的经营性质、商品的特点和档次、顾客的构成、商店形体外观以及地区环境等因素，确定室内设计总的风格和格调。

（3）营业空间的室内设计总体上应突出商品，激发顾客购物欲望，即商品是"主角"，室内设计和建筑装饰的手法应是衬托商品，从某种意义上讲，营业厅的室内环境应是商品的"背景"。

（4）营业空间的照明在展示商品、烘托环境氛围中，具有显著作用。厅内的选材用色也均应从突出商品，激发购物欲望这一主题来考虑，良好的空气调节，特别是通风换气，对改善营业厅的环境极为重要。

（5）营业空间内应使顾客动线流畅，营业员服务方便，防火分区明确，通道、出入口通畅，并均应符合安全疏散的规范要求。

9.3.5.2 经营方式与柜面布置

营业空间的柜面布置，即售货柜台、展示货架等的布置，是由商店销售商品的特点和经营方式所确定的，商店经营方式通常有：

闭架——适宜销售高档贵重商品或不宜由顾客直接选取的商品，如贵重首饰、钟表等。

开架——适宜销售挑选性强，除视觉审视外，还对商品质地有手感要求的商品，如：服装、鞋帽等。由于商品与顾客的近距离直接接触，可有效促进消费，许多商店的经营常采用开架方式，像自选商场的商品就是属于开架方式销售。

半开架——商品开架展示，但进入该商品展

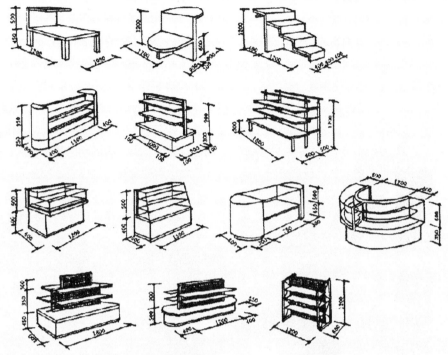

图9-21 商品陈列台、柜、架的形式与尺寸

示的区域却是设置入口的。

洽谈——某些高层次的商店，由于商品性能特点或氛围的需要，顾客在购物时与营业员能较详细地进行商谈、咨询，采用可就坐洽谈的经营方式，体现高雅、和谐的氛围，如销售家具、电脑、高级工艺品、首饰等。

除小型或专业商店外，营业厅内根据经营商品的特点，也有采用上述几种不同经营方式的组合布置。售货柜台与陈列货架是销售现场的主要设施，如图9-21。

9.3.5.3 营业空间的组织与界面处理

（1）空间组织

室内设计时对商业空间的再创造和二次划分，则是通过顶棚的吊置，货架、陈列橱、展台等分隔而形成，也可以隔断、休息椅、绿化等手段进行空间组织与划分。在营业空间中，也常以局部地面升高（以可拆卸拼装的金属架、地板面组成）或以几组灯具形成特定范围的局部照明等方式构成商品展示空间。

（2）界面处理

商店营业厅地面、墙面和顶棚的界面处理，从整体考虑需注意烘托氛围，突出商品，形成良好的购物环境。

① 地面

商店营业厅的地面应考虑防滑、耐磨、易清洁等要求。近入口及自动梯、楼梯处，以及厅内顾客的主通道地面，如营业厅面积较大时，可作单独划分或局部饰以纹样处理，以起到引导人流的作用，对地面选材的耐磨要求也更高一些，常以花岗石等石材铺砌。商品展示部分除大型商场中专卖型的"屋中屋"等地面可以专门设置外，其余的展示地面应考虑展示商品范围的协调和变化，地面用材边界宜"模糊"一些，从而给日后商品展示与经营布置的变化留有余地。专卖型"屋中屋"的地面可用地砖、木地板或地毯等材料，一般商品展示，地面常用预制水磨石、地砖、大理石等材料，且不同材质的地面应平整，处于同一标高，避免顾客行走时被绊倒。

② 墙、柱面

由于商店营业厅中的墙面基本上被货架、展柜等遮挡，因此墙面一般只需用乳胶漆等涂料涂刷或喷涂处理即可，但营业厅中的独立柱面往往在顾客的最佳视觉范围内，因此柱面通常需进行一定的装饰处理，例如可用饰以面砖、不锈钢板、大理石材料等方式处理，根据室内的整体风格，有时柱头还需要作一定的花饰处理。

③ 顶棚

营业厅的顶棚，除入口、中庭等处，结合厅内设计风格，可作一定的花饰造型处理外，在商业建筑营业空间的设计整体构思中，顶棚仍以简洁为宜。大型商场自出入口至垂直交通处（自动梯、楼梯等）的主通道位置相对较为固定，顶棚在主通道上部的部位，也可在造型、照明等方面作适当呼应处理，使顾客在厅内通行时更具方向感。

现代商业建筑的顶棚是通风、消防、照明、音响、监视等设施的覆盖面层，因此顶棚的高度、吊顶的造型都和顶棚上部这些设施的布置密切相关，嵌入式灯具、出风口等的位置，都将直接与平顶的连接及吊筋的构造等有关。由于商场有较高的防火要求，顶棚常采用轻钢龙骨、硅钙板、矿棉板、金属穿孔板等材料，为便于顶棚上部管线设施的检修与管理，商场顶棚也可采用井格式金属格片的半开敞式构造。

9.3.5.4 营业空间的照明与标志

为了创造一个良好的购物环境，灯光照明、标志和各类设施的合理布局与配置，也是商店营业空间重要的设计内容之一。

（1）照明

营业厅除规模较小的商店白天营业有可能采用自然采光外，大部分商店的营业厅由于进深大，墙面基本上为货架、橱窗所占，同时也为了烘托购物环境，充分显示商品的特色和吸引力，通常营业厅均需补充人工照明，而大型商场主要依靠人工照明。商场营业厅内照明的种类有：

① 环境照明

环境照明也称基本照明，即给予营业厅室内环境以基本的照度，形成整体空间氛围，以满足通行、购物、销售等活动的基本需要。通常把光源较为均匀地设置于顶棚或上部空间，或有节奏地布置于厅内通道及侧界面附近。

环境照明应与营业厅室内空间组织和界面线型等处理紧密结合，协调和谐，可采用筒灯配节能灯或更节能的LED灯照明，也可以采用荧光灯间接照明。

② 局部照明

局部照明也称重点照明、补充照明。局部照明是在环境照明的基础上，或是为了加强商品展示时的吸引力，提高商品挑选时的审视照度，或是在营业厅的某些部位，如自动梯上下梯处，需要增加局部场合的照度时采用。营业厅局部照明常采用投射灯或内藏式光源直接照明，也可采用便于滑动、改变光源位置和方向的导轨灯照明。

③ 装饰照明

装饰照明通过光源的色泽、灯具的造型以及与营业厅中室内装饰的有机结合，营造富有魅力的购物环境，还能表现商场或商品展示的个性与特色。室内装饰照明可采用彩灯、霓虹灯、光导灯、发光壁面等。营业厅中装饰照明的设置，在照度、光色等方面需注意不应影响顾客对商品色彩、光泽、质地的挑选，除了儿童用品、附设的娱乐游戏与餐饮等部分的照明处理可以具有自身的特点外，装饰照明的使用仍需注意与营业厅整体风格与氛围相协调。

（2）标志

商场的标志起到介绍商场经营内容，指示营业厅经营商品种类的层次分布，标明柜组经营商品门类，指引通路路径以及标明房间使用名称等

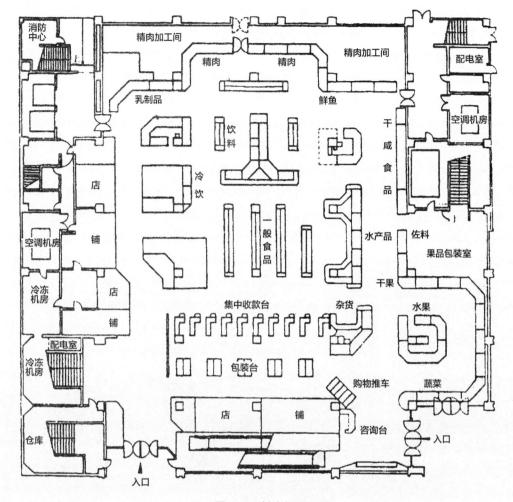

图9-22 某商场平面图

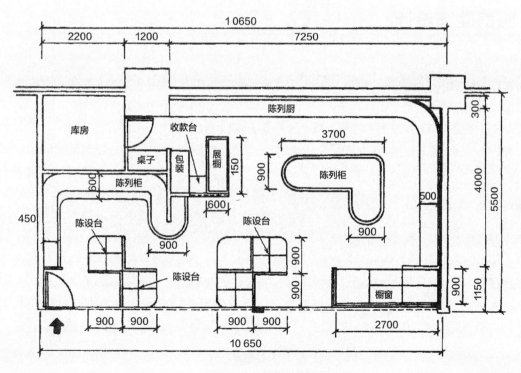

图9-23 某标准店平面图

表9-7 商业空间常用设计尺度   mm

名称	尺寸		
走道宽	单边双人走道宽1600 、双边双人走道宽2000、双边三人走道宽2300、双边四人走道宽3000、营业员柜台走道宽800		
营业员柜台	宽：600	高：800～1000	
单靠背立货架	宽：300～500	高：1800～2300	
双靠背立货架	宽：600～800	高：1800～2300	
小商品橱窗	厚：500～800	高：1800～2300	
陈列地台	高：400～600		
玻璃柜	高：750～1200		
活动货架	宽：300～900	高：1500～3000	
固定货架	宽：500～700	高：2000～2500	
收款台	长：1600	宽：600	高：1200

作用。此外，商场标志对确立企业形象和显示现代商业环境的氛围也都有极为重要的意义。

商场营业空间的标志应根据建筑和室内的整体构思统一设计，在用材、用色、字体等方面均与室内商业环境相协调，有的标志还应与照明相结合。标志衬底与文字色彩的配置，较为醒目和易于辨认的，有黄底黑字、白底绿字、白底红字、黑底黄字等。

9.3.5.4 常用设计尺度（表9-7）

9.3.5.5 平面布局实例

某商场平面图，如图9-22；某标准店平面图，如图9-23。

9.4 旅馆装饰设计

旅馆按不同习惯也被称为宾馆、饭店、酒店、旅社、度假村、俱乐部等，是接待客人或供旅行者休息、住宿的地方。旅馆的性质、规模、档次和级别不同，提供的服务项目和内容也不同。

9.4.1 旅馆的分类

旅馆可按规模、功能、星级等方式来划分。

（1）根据旅馆规模不同划分

根据规模不同，旅馆可分为小型、中型、大型和特大型旅馆，通常用标准客房的总间数来衡量。不同国家对规模大小定义不同，一般地，

200间标准客房以下为小型旅馆，200～500间为中型旅馆，500～1000间为大型旅馆，1000间以上为特大型旅馆。

（2）根据旅馆功能不同划分

根据功能不同，旅馆可分为旅游旅馆、商务旅馆、会议旅馆、假日旅馆、汽车旅馆等。

（3）按星级分

国家质检总局、国家标准化管理委员会于2010年10月18日批准发布国家标准《旅游饭店星级的划分与评定》（GB/T14308—2010），自2011年1月1日实施。旅游饭店星级分为五个级别，即一星级、二星级、三星级、四星级、五

星级（含白金五星级）。最低为一星级，最高为五星级。星级越高，表示饭店的等级越高。标准规定了旅游饭店星级划分的评定原则、方法和要求。部分星级旅馆的划分条件参见本项目"附录三星级饭店、四星级饭店、五星级饭店必备项目表"。

9.4.2 旅馆的设计原则

旅馆是综合性的公共建筑，向顾客提供住宿、饮食、娱乐、健身、会议、购物等服务功能。设计时要考虑不同的功能空间，使旅客感到舒适、方便、安全。旅客从进入大门，办手续，通过走道、电梯到居住的房间，以及休息、用餐等的交通路线，都必须简明流畅。设计时还要考虑旅馆的等级、性质，旅馆所在地的人文地理、风俗习惯、城市文化等因素。旅馆的大堂是顾客进入旅馆室内空间的必经之处，在这里体现出旅馆的整体设计风格、设计品位和设计理念，是旅馆设计的重点之处。

9.4.3 功能分析

一般旅馆的功能分区包括公共部分（如大

堂、会议室、餐厅、商场、舞厅、美容厅、健身房、娱乐厅等）、客房部分、管理部分（如经理室，财务、人事、后勤管理人员的办公室等）和附属部分（如车库、洗涤房、配电房、工作人员宿舍和食堂等）四大功能模块组成。功能分区见图9-24、图9-25、图9-26。

9.4.4 旅馆主要功能区装饰设计要点

9.4.4.1 大堂设计

大堂是与门厅相接的公共大厅，有些旅馆没有独立的门厅，门厅与大堂合二为一。大堂是客人进入旅馆最先感受的旅馆空间，是展现旅馆风格特色的第一窗口。因此，大堂的设计应备受重视，也是整套设计成败的关键。

（1）大堂的组成

大堂通常由服务总台、休息区、商务区、咖啡厅、商店、公共盥洗间、行李处、电梯间等部分组成。

① 总服务台

总服务台简称总台，是客人登记、结账、问询和保管贵重物品的地方，应处在大堂中较显眼的位置。总台的服务台有两种基本类型，一种是内低外高的双层台，内台高约0.8m，外台高约

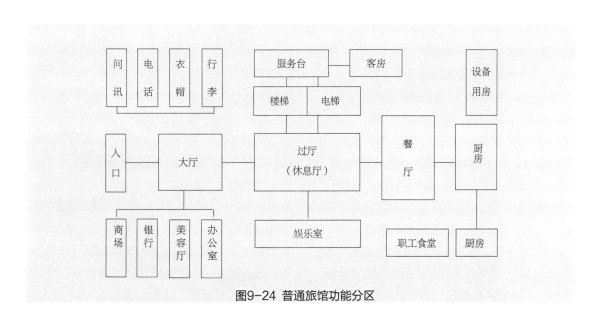

图9-24 普通旅馆功能分区

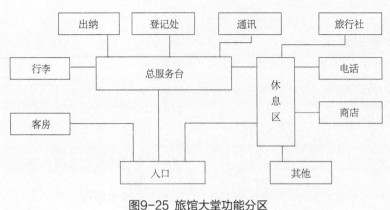

图9-25 旅馆大堂功能分区

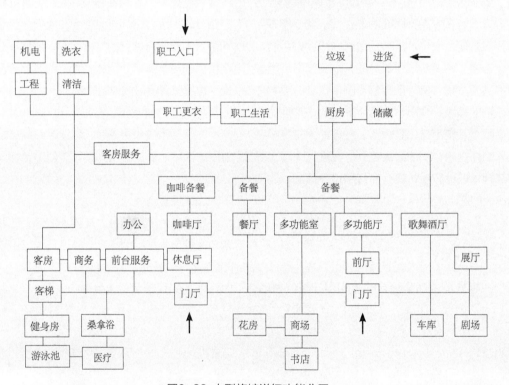

图9-26 大型旅馆详细功能分区

1.15m，其特点是客人站立使用，服务台工作人员坐着办公；另一种是只有一个约为0.8m高度的总台，台的内外同时设座椅，客人和总台工作人员都可以坐着办理手续。后一种服务台体现亲切、平等气氛，也可以免除客人的疲劳，故使用越来越多。服务台的台面多用大理石、花岗石及优质木材制作。服务台的正面多用石材、玻璃、木材、皮革等材料制作，有的还配以灯具或灯槽。服务台的造型应大方、明朗而有装饰性，台的长度可按每个值班工作位1.5m计算。

服务台的后面或附近，应有一部分办公用房和附属用房，如财务室、值班休息室、贵重物品保管室等。

服务台的背景墙是大堂的视觉焦点，其上可以是壁画、浮雕，也可展示旅馆的名称和标志，许多大堂都悬挂有显示世界主要城市当前时间的时钟。设计背景墙要充分考虑题材、形式、色彩、材质以及灯光的效果。如果使用壁画或浮雕，其题材最好与旅馆所在的地域、人文历史以及旅馆的功能性质相联系，如本地著名风光、历史事件等。在现代风格的旅馆中，背景墙也可使用抽象图案，或仅用不同材料形成一个显示材质和色彩的组合。

大堂后总台的背景墙最好不设置门，必须设置时，应尽可能位于两侧，以便把中间的墙面留出来。两侧的门要从色彩、材料等与背景墙的整体相协调，可以使用与背景墙相同的材料和色彩，当门扇关闭时保持背景墙的完整性。

② 大堂经理值班台

大堂经理值班台是大堂值班经理在前台接受顾客咨询、处理突发事件的地方，应位于易找易见但又不影响旅客进出和行李搬运的地方。值班台的基本家具是一台三椅，台前的两椅供顾客使用。

③ 休息处

供入住旅馆的客人临时等候、休息和临时会客使用，应位于靠近入口的一个相对僻静的区域。可用隔断、栏杆、植物等与大堂的交通部分分开，也可以提高或降低地坪标高，使其具有一定的独立性。休息处的主要家具是沙发组，数量多少按旅馆规模而定。休息处的周围还可设置报刊架、宣传资料架及雨伞架、自动擦鞋机等。

④ 商务中心

商务中心是大堂中的一个独立业务区域，常用玻璃隔断与公共活动部分分隔。商务区的功能是预售车、船、机票，协助旅客传真、打印、复印，代办旅游服务，提供包车和出租电脑等，有些商务中心还提供商务洽谈席。商务中心应有办公桌椅和与服务项目相应的设备。商务中心的内部常用柜台划分成两部分，柜台内部为服务人员座椅，外部为顾客座椅。商务中心的装饰可按一般办公空间设计，如地面采用石材、瓷砖、木地板满铺地毯，顶部采用胶合板、石膏板、铝板等作吊顶，使用日光灯盘等照明。

⑤ 咖啡厅

旅馆的咖啡厅（或酒吧）是出售酒水、咖啡、饮料和小点心，供客人休息、消遣和会客的场所。有两种布置方式：第一种是从属于大堂，是大堂的一部分，但有花台、栏杆等或与大堂不在同一地坪标高上，与其他公共活动空间分隔开，这种方式的咖啡厅能够活跃大堂气氛，展现旺盛人气的大堂场景；另一种是完全独立的，通过门甚至经过走廊、过厅与大堂相连，咖啡厅相对僻静，面积通常较大，更适于交友、洽谈商务等活动。

咖啡厅的主要家具和设备有三部分：一部分是分散布置的桌椅，桌为或方或圆的2人桌、3人桌和4人桌，椅为竹藤圈椅或沙发椅，体量较一般餐椅大，让使用者感到更宽松和舒适；第二部分是标准的吧台和吧凳；第三部分是准备间，也就是吧台与酒柜之间的空间，设有陈列酒水、饮料的框架，还有清洗、消毒和加热的设备，以及冷藏保鲜的冰柜等。

有些咖啡厅附设一个小舞台，可供钢琴手或小乐队演奏。小舞台不高，常用植物、水体等或者将地面长高150mm～300mm，使之与餐饮区分隔。

⑥ 商店

旅馆的商店是出售鲜花、日用品、食品、土特产、书刊和旅游纪念品的地方。由于规模不一，甚至悬殊，其设置方法也不一样。

小型的商店俗称小卖部，可以占用大堂的一角，用柜台围合出一个区域，内部再设商品柜架。中型的商店可以专门辟出一个域，可在大堂之内，也可通过走廊、过厅与大堂相连，其内分区出售相关商品。旅馆的大型商店实际上是一个大商场，不属于大堂，内部通常有多家小店或专柜，如鲜花店、书店、箱包店、服装店、土特产店。这种商店同一般商场的设计是一样的，但其档次须与旅馆的级别标准相对应。

除上述组成部分外，大堂内还应设置男女洗手间。

（2）大堂设计原则

① 人流和物流路线明确

顾客进店的基本程序是短暂休息、安排行李、入住登记、进入电梯、走向客房，出店的程序与此相反。因此，相关组成部分的位置应该符合这样的顺序。

② 动静分区

通常的做法是，把公共活动区布置于中央，把相对私密的空间布置于周边。中央区要有利于和物（主要是旅客的行李）的集散，因此，要有足够的面积，要少设影响人和物集散的构件、部件和景物。中央区周围的接待区和休闲区要少受过往人流、物流的干扰，以便客人能够有条不紊地办理各种手续，悠闲地静坐、休息、购物、观景等。

③ 界面装饰符合旅馆等级标准

大堂是旅馆的窗口，是宾客出入旅馆的必经之地，环境的气氛直接影响整个旅馆的形象，因此大堂应为旅馆装饰的首要重点，集中展示装饰水平和技艺。大堂的地面多用磨光花岗石和大理石铺装，并配以拼花设计，也可以满铺地毯或优质木地板。墙面多用石材、瓷砖和木材，偶尔也用玻璃、不锈钢、钢条、铁艺等作点缀。石材装饰墙面大气豪华，但略显冷硬，装饰面积过大时还可能影响大堂的音质。大堂的墙面上可设大型壁画、浮雕或挂毯，可以加强墙面的装饰性，还能体现大堂的特色。大堂天花多有起伏，可根据中式或西式格调，使用井格、彩画或石膏浮雕。大堂的中央特别是贯通几层楼高的部分多用豪华的吊灯，其周边高度低则用体量不大的筒灯或吸顶灯。

④ 陈设的特色要鲜明

旅馆的特色体现在各个方面，但首先是体现在大堂上，特别是体现在大堂的陈设上。陈设的选择要能够反映民族性、地域性、历史性，这样的陈设可以是家具、工艺品、雕塑、花台、小品、灯具、绿化、水景和石景等。

9.4.4.2 客房设计

客房是旅馆中重要的组成部分，多层及高层旅馆中，若干个客房层的平面布局是相同的，这样的客房层也称标准层。客房每层靠近电梯处通常设有楼层服务台，以便楼层服务员观察出入人员情况，可随时为客人提供服务，也方便到值班室、备品室，并按程序完成客房的清扫整理等工作。

（1）客房的种类

旅馆客房主要有以下几类：

① 单人间（单床间）

单人间供一人住宿使用，面积约为 $12m^2 \sim 16m^2$，是旅馆最小的客房，其主要家具和设施是一张单人床、一个床头柜、一张多用桌、两张休闲椅、一张茶几，还有设置在入口处的衣橱和卫生间。

② 双床间（标准间）

在所有客房中，双床间的数量最多，设施按标准配备，因此，双床间也叫标准客房（简称标准间）。双床间供 1～2 人住宿使用，面积约为 $16m^2 \sim 38m^2$，主要家具和设施是两张单人床，一个两床共用的床头柜，一对休闲椅和一张茶几，一张写字、梳妆、摆放电视机的多用桌和一张写字椅，还有位于入口处的衣橱和卫生间。

客房的单人床通常比家庭的单人床大，常用尺寸为 2000mm×（1200～1500）mm。多用桌较窄，宽度约为 500mm。桌子可以是带柜的，其中可放冰柜及保险箱。桌的前面墙上设有梳妆镜，配有镜前灯。休闲椅和茶几大都靠窗布置。床头柜置于两张单人床的床头之间，上有客房各灯具的开关以及电视机电源开关等。

③ 双人床间

双人床间与标准间的配置相似，只是床换成了双人床，双人床宽度一般为 1800mm，也有的更宽，可达 2000mm。

④ 套间客房

套间客房由两间或三间组成，两间者一间为客厅，另一间为卧室；三间者通常是一间为客厅，另两间为卧室。套间客房的客厅是供客人休息、接待来访者和洽谈业务的地方，可适当摆放盆栽植物等陈设，主要家具为沙发组和电视柜，有时还可以增设小餐桌。套间客房的卧室，配置与双床间或双人间相同。套间客房大多配备公用卫生间和专用卫生间，分别供来访客人和住宿者使用。公用卫生间一般不设浴缸，专用卫生间一般设有面盆、坐便器、浴缸等，设施较齐全。

为了经营上的方便，可在两间普通客房共用墙上设一道门，当经营上需要较多普通客房时关闭此门，将两间房各按普通客房布置经营；当经营上需要套间客房时，打开此门，将其中的一间改为客厅，按套间客房布置经营。

⑤ 公寓式客房

公寓式客房的最大特点是有厨房。这种客房主要为某些大公司的派出人员租用，租用时间一般较长，需要配有厨房，方便租客饮食生活。公寓式客房集合了办公、会客、住宿、就餐、烹调等功能，因此至少需要有两个以上房间。

⑥ 总统套房（豪华套房）

五星级旅馆和某些四星级旅馆有时会配有总统套房。总统套房的组成不尽相同，基本空间划分为总统卧室、会客室、办公室（书房）、会议室、餐厅、文娱室和健身室等。有些总统套房还设置随行人员用房，与总统套房相邻，但又具有各自独立性。

以上介绍了旅馆客房的种类及其设施设备的配置。虽然不同星级标准的旅馆，对各类客房应配的家具和设备都有明确的规定，但不同国家、不同标准的旅馆，家具和设备的多少和档次也有较大的差别，如有些客房可能增设餐桌、小酒吧等，有些客房的卫生间还可能增加旋涡浴缸和桑拿房等。

（2）客房设计要点

① 布置好客房空间功能分区

客房空间虽然不大，但也把握好睡眠区、休闲区、工作区等功能区的合理分区和布局。按一般习惯，休闲区常靠近窗台前，睡眠区常位于光线较差的区域。

② 客房装饰应简洁明快

客房装饰应以在淡雅中而不失华丽为原则，

装饰不宜繁琐，陈设也不宜太多，给旅客营造一个温暖、安静、舒适的环境。地面可用地毯、木地板、瓷砖等铺地材料，色彩要安定、素雅。墙面可用乳胶漆或壁纸饰面，除少数要求较高的客房外，可不做墙裙。顶棚也可以不做吊顶，如做吊顶，造型以简单为宜。有些客房在墙面与天花的交角处设置木角线或石膏角线，或在天花的周围、中央设石膏浮雕花盘。

③ 注意标准化与个性化的关系

不同等级的客房有什么样的配置，各国有明确的规定，使之符合规范化与标准化的要求。但这里的标准化应理解为功能上的标准化而不是形式上的标准化。形式上的标准化往往缺少个性，只顾统一客房环境而表现千篇一律，让人产生似曾相识的感觉。设计者要在遵守统一规定的前提下，努力创新，使客房具有更多个性。在家具、陈设的色彩、装饰和题材上多下工夫，如同为写字梳妆两用桌，但款式、色彩和五金配件不同，同为壁饰，但题材、形式不同等。

9.4.4.3 餐厅、宴会厅设计

旅馆餐厅、宴会厅是现代旅馆的重要组成部分，是为顾客或单位团体提供餐饮、宴会、节庆等活动的场所。在当今生活节奏加快、市场经济活跃、旅游业蓬勃发展的时期，餐饮的性质和内容也发生了很大变化。餐饮活动的同时也是人际交往、情感交流、商贸洽谈、亲朋和家庭团聚的时刻和难得的机会，用餐时间比一般膳食延长不少，因此，使用者不但希望有美味佳肴的享受，而且希望有相应和谐、温馨的气氛和优雅宜人的环境。

（1）餐厅的类型

旅馆餐厅一般可分为中餐厅、西餐厅、风味餐厅、自助餐厅等。

① 中餐厅

中餐厅可为顾客提供粤菜、川菜、鲁菜、湘菜等各大中餐菜系服务的餐厅，也可以根据固定客源的口味和所在地区增设其他特色菜肴。中餐厅室内设计宜有民族传统特色。

② 西餐厅

为顾客提供法式、德式、意式、美式等西式菜肴服务的餐厅。西餐厅的装饰设计宜具西式风格。

③ 风味餐厅

为顾客提供不同的特色菜肴、海鲜、烧烤及火锅等的餐厅，如台湾风味、日本料理、韩国烧烤等特色烹调餐饮。餐厅装饰格调宜按食品风味和地区民族风情精心设计。

④ 自助餐厅

自助餐厅为顾客自选自取适合自己口味菜点就餐服务的餐厅。其就餐方式有两种：一是顾客就餐先购票，到餐厅按需自取食品和饮料；二是先进餐厅自取食品和饮料，后到门口结算付款。自助餐的特点是：就餐顾客多，供应迅速；客人自由选择菜点及数量，以自我服务为主，服务员较少；客人不得餐后将食品或饮料带出餐厅。自助餐厅的装饰宜简洁明快，注意处理好客人取食用餐流线布局。

（2）宴会厅

宴会厅常为个人或单位团体包用举办节日庆典、结婚宴席等活动提供服务的场所。宴会厅与一般餐厅不同，注重"分宾主、执礼仪、重布置、造气氛"是宴会厅举行活动的特点，设计时要重点考虑举行仪式和宾主席位的安排。面积较大的餐厅也可通过隔断的灵活运用，可开可闭，以适应不同的需要，改造成宴会厅。

宴会厅除可举办各种规模的宴会、聚餐会外，有的还可以举办国际会议、时装发布会、商品展交会、音乐会、舞会等各种活动，这样的宴会厅有时也称为多功能厅。因此，此时设计和装饰需要考虑的因素就比较多，如舞台、音响、活动展板的设置，主席台、观众席的布置，以及相应的服务间、休息室等。

（3）餐厅、宴会厅的设计原则

① 餐厅空间应与厨房相连，以提高服务效率。餐厅的面积一般以 $1.85m^2$/座计算，指标过小会造成拥挤，指标过大，易增加工作人员的工作时间和强度，也降低了使用面积的有效利用。

② 顾客就餐入座路线和服务员服务路线应尽量避免重叠，并且尽量避免穿越其他用餐空间。大型餐厅或宴会厅应设置备餐廊。

③ 中、西餐厅（室）或不同地区的餐厅应有相应的装饰风格。

④ 空间应有足够的绿化布置空间，各餐位空间大小和桌椅组合形式应多样化，以满足不同顾客的需求。各餐位之间还可通过增设绿化等方式分隔空间，以确保各餐位之间少干扰和具有一定的私密性。

⑤ 餐饮空间装饰和陈设应该统一，菜单、窗帘、桌布和餐具及室内墙面、地面和顶棚的设计应相互协调，并富有鲜明个性。

表9-8 常用餐桌参考尺寸

mm

名称	尺寸
四人餐桌	方桌最小尺寸：900×900
	长主桌：1200×750
六人餐桌	4人面对面坐，每边坐2人，两端各坐1人：1500×750
	6人面对面坐，每边坐3人：1800×750
八人餐桌	6人面对面坐，每边坐3人，两端各坐1人：2300×750
	8人面对面坐，每边坐4人：2400×750
圆形餐桌最小直径	1人桌750；2人桌850；4人桌1050；6人桌1200；8人桌1500；10人桌1650；12人桌1850；16人桌2550

⑥ 室内空间应有宜人的尺度，良好的通风、采光，并考虑吸声要求。室内色彩应明净、典雅，让人处于从容、宁静、舒适和愉悦的心境，为就餐创造良好的环境。

（4）餐桌参考尺寸

餐桌参考尺寸见表9-8。

9.4.5 平面布局实例

标准客房平面图，如图9-27；豪华套房平面图，如图9-28；旅馆大堂平面图，如图9-29。

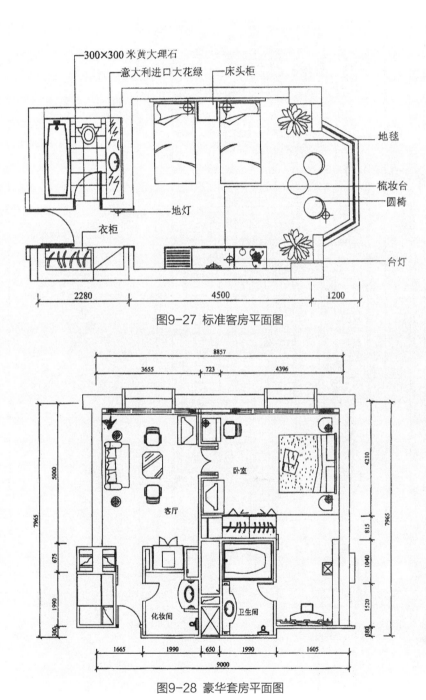

图9-27 标准客房平面图

图9-28 豪华套房平面图

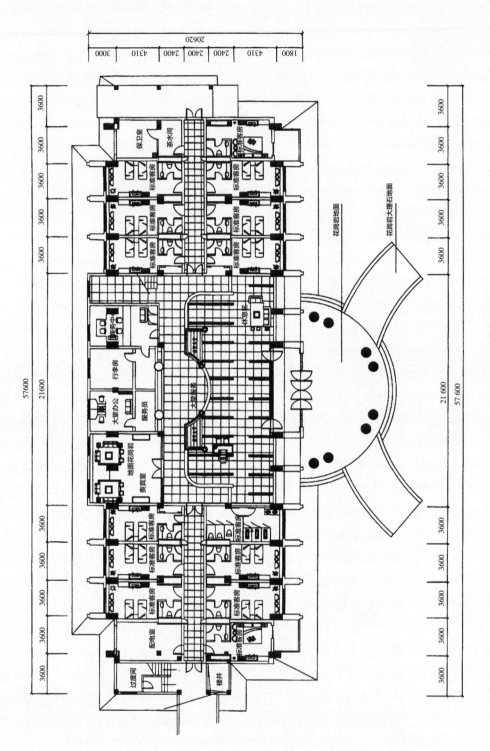

图9-29 旅馆大堂平面图

9.5 娱乐空间装饰设计

娱乐休闲空间涵盖舞厅、KTV包房、音乐茶座、台球厅、保龄球馆、洗浴中心等场所。本节着重介绍歌舞厅的设计。

由于经营方式不同，歌舞厅的组成和活动内容也有所不同，大致有4种形式：

第一种是普通歌舞厅。舞池较大，设有小型舞台，以跳交谊舞为主，以小型演出为辅，跳舞时可有小型乐队或歌手伴奏或伴唱。顾客群既有年轻人，也有中年人和老年人。装饰相对传统，总体氛围相对平和。

第二种是迪斯科舞厅。这种舞厅以"蹦迪"为主，舞池相对较小。有时在同一个空间内同时设几个小舞台，供客人分别使用。迪斯科舞厅顾客群主要是年轻人，故装饰要相对活跃，动感十足，造型设计、色彩、图案、材料等更加时尚和新奇。这种舞厅也可设置表演用的舞台，此外，还可设一个或几个领舞台，供领舞者使用。

第三种是夜总会。夜总会以表演歌舞为主，故常有较大的舞台和男女化妆室。

第四种是歌厅。卡拉OK流行后，几乎各类舞厅都增设了KTV包间，分散设于舞厅。有的娱乐场所没有舞池和舞台，全部设包房，故称为歌厅。

9.5.1 歌舞厅的组成及其设计要点

普通歌舞厅大致由舞台、舞池、化妆室（兼演员候场和休息用）、声光控制室、散座、卡座、包房、酒吧台、管理室及卫生间等组成。

（1）舞台

舞厅的舞台大小不等，小一些的只有十几个平方米，舞台高度低的只有150mm，高的有300mm~600mm。这种舞台的主要用途是供小型乐队和独唱演员伴舞和演唱，只有少数大一些的舞台，才用于表演歌舞等节目。

较大的舞台其台面可用木地板和地毯，小一些的舞台可全铺地毯。满铺地毯的舞台富有弹性，并有明显的吸声效果，适于小型乐队和歌手演奏和唱歌。

舞台的背景墙是装饰的重点，除充分考虑声学要求外，更要有特色。可按现代构图手法处理，以形状、色彩、质地构成醒目的图案；可采用建筑元素进行处理，如选用西方的古典柱式和拱券，或选用中国传统的梁、柱等；也可用雕塑、自然景观及其他舞美元素，构成或具体或抽象的景观。

（2）舞池

以跳交谊舞为主的舞厅，舞池面积可按每人1.5m²、同时满足80%的客人跳舞设计。舞池的地面大多与舞厅的地面相平，下沉或凸起较少，如果下沉，应设两三级台阶或在其周围设计低矮栏杆，以免发生跌倒事故。舞厅的地面常用磨光花岗石或大理石铺设，周边最好镶嵌走珠灯，用以界定舞池的边界。舞池的形状有圆形、方形、矩形、八角形等，但以圆形或接近圆形为好。

舞池设计的一个重要内容是灯光设计，因为舞厅多在夜间营业，舞池的灯光是否具有欢快、热烈、动感、多变的效果，直接影响舞厅的氛围和舞者的情绪。舞池顶部常用的灯具有频闪灯、蜂巢灯、转灯、射灯、电脑灯等，如图9-30。

（3）散座

散座是客人在观看表演或在跳舞间歇中饮茶、休息的地方。多用圆形茶几和圈椅，成组布置在舞厅的周围。在某些舞厅，特别是迪斯科舞厅，常设一些由吧凳和吧台组成的酒吧席。散座区地面最好铺地毯，吸声性好而有弹性。散座区

图9-30 舞池上空常用灯具

图9-31 舞厅中的卡座

灯光不宜过强，以利于客人休息，必要时可搭配使用烛光，会增添一份情趣。

（4）卡座

卡座是一种相对独立的座席。每个卡座约由6～10个座位的沙发组构成，图9-31。卡座与卡座之间用栏杆，屏风或花槽等分隔。卡座的前面向舞池开敞，左、右、后形成包围状。卡座大都位于散座的周围，为使卡座里的客人视线不受前面的散座所遮挡，可适当抬高卡座区的地坪，使卡座区高出散座300mm～450mm。卡座区地面多铺地毯，墙面常用壁灯，挂画等装饰。

（5）包房

包房是一个隔音效果非常好的完全独立的封闭空间，包房内主要供客人演唱卡拉OK，也备有酒水饮料、水果拼盘、点心小吃等供顾客选用，很多KTV歌厅的包房属于这种类型。舞厅的包房也可以像歌厅的KTV包房一样，可与设舞池的大厅没有直接的联系，避免与大厅的相互干扰；也可直接与大厅相连或经走廊、过厅与大厅相连，这样的好处在于包房中的客人可随时到大厅跳舞或休闲。

包房的主要家具是沙发和茶几，主要设备是电脑点歌台、影音播放机、投影机、音响等卡拉OK装置。大一些的包房还设有专用洗手间。

包房的装饰相对灵活，往往追求新潮时尚的风格和鲜明的个性，采用一些与众不同的手法与元素，如五光十色、变幻莫测的光影效果，造型美观的台灯、壁灯以及绘画、雕塑等。

设计包房还要特别注意声学方面的要求，一方面要考虑有良好的吸音效果，不能有过多的反射和过长的混响；另一方面还要考虑较强的隔音性能，不能干扰大厅和相邻的包房。包房的地面大多铺地毯，墙面大多使用壁纸，织物等较软的材料。

（6）声光控制室与化妆室

声光控制室是控制和调节灯光和音响效果的地方，其中有专用控制台和有一两名工作人员的座位。控制室的位置极重要，关键是要让工作人员透过侧窗看到舞厅的灯光变化，以便适时地进行合理地调控。化妆室是演员更衣、化妆和候场的地方，一般应分男、女化妆室。

由于所承担的功能特点，控制室和化妆室大多布置在舞台的两侧或后面。

9.5.2 歌舞厅设计原则

（1）合理划分功能区

要以歌舞厅的经营方向和建筑主体的结构为依据，全面考虑舞厅的功能，满足消费者的各种需求，增强对顾客的吸引力。要优先安排好大厅特别是舞池和舞台的位置，再让散座、卡座、包房、餐厅各得其所，让整个歌舞厅形成一个有机整体。

（2）合理组织空间层次

舞厅是娱乐场所，其空间效果本身就应该具有很强的装饰性和吸引力。为此，应结合功能要求，适当运用屏风、栏杆、花槽、石景、水景等组织内部空间，或采用改变地坪标高、天花标高等方法增加空间的层次，使宽大的空间具有起伏多变、错落有致的效果。

（3）充分重视声学效果

为使舞厅具有良好的吸声和隔声的声学效果，应充分注意以下问题：

①除舞池外，散座区、卡座区和包房的地面尽量使用地毯。

②墙面应多用木材、壁纸、乳胶漆、拉毛灰、软包等装饰，还可搭配使用织物、皮革、石膏花饰、玻璃花饰等。不宜大面积使用石材、玻璃、不锈钢等硬质材料，如使用也只能在点、线方面作为点缀使用。

③坐具最好选用布艺沙发、皮质沙发及带有软垫的木椅或藤椅。

（4）实时引入先进技术

歌舞厅是一个设施相对复杂的娱乐场所，涉及多方面的材料、设备和技术，设计者应密切关注相关动态，适时引入新材料、新设备和新技术。如镭射玻璃和荧光地毯等材料、新型灯具和控光方法、新型音响和调音方法等。

（5）不断增强创新意识

顾客到作为娱乐场所的舞厅，就是要寻求快乐和新奇，甚至是寻求一种感官刺激。因此，舞厅的装饰设计要不落俗套，力争让人耳目一新的感觉。如设计一些主题歌舞厅：引入大量景观的"田园歌舞厅"；内有沙漠景观、巨石柱和图腾柱的"非洲歌舞厅"；以驼队、商旅、石窟等形象表现西域风情的"丝绸之路歌舞厅"等主题歌舞厅。

（6）切实重视防灾要求

歌舞厅所用装饰材料大多是易燃材料，要特别注意防火安全，以确保人民的生命财产安全。除了营业中做好消防安全管理之外，舞厅的装饰设计中选用防火或经防火处理的装饰材料，合理安排的安全出口等预防措施也很重要。如出入口、消防通道的数量和宽度以及安全出口之间的距离要符合防火规范；木质材料等易燃材料要做防火处理；所有电器的线路和开关都要按规范要求设计与安装等。

9.5.3 平面布局实例

舞厅平面图，如图9-32。

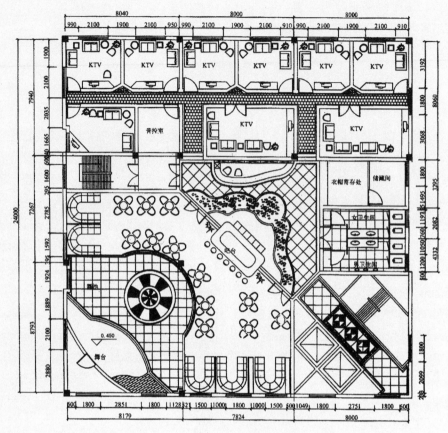

图9-32 舞厅平面图

思考与练习

1. 对不同功能空间的室内装饰设计应遵循哪些设计原则？

2. 各种功能空间有哪些具体功能？

3. 试述各种不同功能空间的主要设计要点。

4. 熟读各种功能空间常用设计尺寸。

推荐阅读书目与网上链接

1. 谭长亮，孙戈. 居住空间设计. 上海：上海人民美术出版社，2012.

2. 张健. 商业空间设计. 沈阳：辽宁美术出版社，2009.

3. 周昕涛，闻晓菁. 商业空间设计基础. 上海：上海人民美术出版社，2012.

4. 戴碧锋，吴穗徽，王娜芬.娱乐休闲建筑室内设计. 北京：中国建筑工业出版社，2011.

5. 胡仁禄. 休闲娱乐建筑设计. 2版. 北京：中国建筑工业出版社，2011.

6. 文健. 办公空间设计与表现. 北京：北京交通大学出版社，2012.

7. 土巴兔–中国第一装修网 http://sz.to8to.com/.

8. 家百科 http://www.jiabk.com/.

9. 上品家居网 http://www.shphouse.com/.

10. 中国酒店设计网 http://www.caaad.com/.

技能训练9 空间划分案例分析

→ **训练目标**

学会室内空间划分和利用的手段和方法，进行空间划分案例分析，能够完成合理的空间划分与利用的方案设计。

→ **训练场所与组织**

在多媒体教室，学生按适当人数分组，在教师的统一指导下，每个组对给定的室内空间划分与利用案例进行分析，指出案例中对空间划分与利用的优点和存在的不足，并给出改进意见。

→ **训练设备与材料**

多媒体教学展示设备、针对空间划分与利用的不同案例10个以上（每个案例可包括平面图、立面图、顶棚图、3D效果图等）。

→ **训练内容与方法**

老师提前3天以上将案例（不少于6例）发到每组学生手里，各组学生在课外自行组织本组成员对所给方案进行分析讨论，得出统一意见并形成文稿。考核时先由教师示范讲评，然后学生以组为单位到讲台，通过多媒体展示的方式对给定方案进行讲评，教师同时做好组织和考核工作。

完成对案例分析讲评后，每个学生利用1周课余时间，独立完成办公、旅馆、商业、娱乐等空间划分与利用的设计方案，并作为本次技能训练考核成绩的一部分。

→ **可视化作品**

提交住宅、办公、旅馆、商业和娱乐空间各1例，共计5例平面图。

→ **训练考核标准**

根据学生对室内空间划分与利用案例的理解分析和改进意见的合理程度，制定具体评定标准（详见下表）。

室内空间划分案例分析考核标准

班级：_____ 学号：_____ 姓名：_____ 考核地点：_____

考核项目	考核内容	考核方式	考核时间	满分	得分	备注
1. 对室内空间划分与利用方案的理解分析	● 能否正确说出案例中的划分属于何种具体划分形式； ● 该划分形式在本案例中对空间的有效利用有何优缺点； ● 该划分形式有何特点和使用情况； ● 分析的完整性，即对案例中空间划分与利用的分析是否完整。	分组口试考核。	课堂讲评2学时。	30		分组考核，每组人数4～6人为宜。考核的案例数不少于5例。
2. 空间划分与利用改进意见	● 对案例中的空间划分与利用，认为存在不足之处，并提出的改进意见是否合理。			20		
3. 可视化作品	● 作品数量； ● 空间划分与利用的合理性、实用性和美观性； ● 方案表达的完整性和规范性。	根据完成设计方案进行考核评定。	利用1周课余时间，个人独立完成一个空间划分与利用的设计方案。	50		
总分						
考核教师签字						

模块三
综合实训篇

项目10
综合实训

学习目标：

【知识目标】

进一步学习和巩固室内设计的方法、内容、过程和要求。

【技能目标】

掌握室内设计工作过程各环节实战要点，在规定时间内能够独立完成一套住宅室内装饰工程的设计方案。

工作任务：

学习室内设计工作过程各环节实战要点。可视化成果是在规定时间内设计和表达一套住宅室内装饰工程的设计方案。

室内设计是一个涉及面比较广和实践性非常强的过程，整个过程比较复杂。从设计准备阶段的看房、量房、与业主沟通等，到设计中期的设计构思、出图、材料预算等方案的确定，再到后期的装饰施工技术交底等一系列过程，都要求设计者精心准备、全程参与。为使初学者能够较好地掌握室内设计各环节实战要点，下面以实例形式介绍住宅室内设计工程实战过程。

10.1 设计准备

下面以某小区一套面积为143m²的住宅为例进行介绍。

10.1.1 现场勘察

设计者进行室内设计的第一步就是要进行现场勘察，其目的就是要对现场有一个直接了解。

（1）室内空间勘察

在对室内空间进行勘察时，要马上在脑海里构筑起一个相同的空间，而以后就要在这个想象的空间里进行设计，这就要求设计者有很好的记忆力和空间想象力。也可借助相机对空间进行记忆。在进行空间勘察时要特别注意各功能区之间的关系、功能区之间过渡是否自然。有以下几点要特别注意：玄关与起居室的过渡是否合理；餐厅的位置是否合理，应如何设置；厨房、卫生间的位置及房门的朝向；过道是否过长，会否太阴暗等，如图10-1。

（2）建筑周围环境勘察

通常家居所在建筑物的周围环境对家居设计也会有很大的影响，设计者要注意观察窗外的风景对室内的影响。比如哪个窗户能看到花园，哪个窗户对着江河，哪个窗户能看到远山；或者哪个房间会被前面的建筑物挡住而光线差，哪个房间的窗户与对面建筑的窗户距离太近，容易影响个人隐私等。只有了解了这些，设计时才能很好的考虑如何克服。

（3）室内承重结构勘察

虽然业主提供的原始平面图有时也标示了承重墙和柱的位置，但设计者还是必须在现场进一步观察加以确认。进行室内设计时，确保不破坏原承重结构，只有非承重的墙体才可以进行适当拆除或移位。

10.1.2 现场测量

在业务洽谈过程中业主会提供原始平面图，如图10-2，但图纸所给尺寸不够全面，也不是净空尺寸，和实际测量尺寸可能有较大出入。因此，有必要进行现场测量获取准确尺寸，并作好详细记录，如图10-3，以免设计施工尺寸不准确而造成装修成本的浪费。

（1）实际空间尺寸校对测量

对每个功能区的各面进行测量时，要特别注意玄关、过道、飘窗深度、阳台等部位的尺寸。如果某些空间界面交角不成直角，还应测量其角度大小。

（2）细部尺寸测量

细部尺寸测量包括：窗户的宽度和高度以及位置尺寸的测量；管道外包墙体尺寸、裸露管道尺寸的测量；厨房油烟管道、煤气管道位置和尺寸的测量；卫生间下水口、排污口位置和尺寸的测量，如图10-4。

（3）层高和横梁的测量

初学者常会忽略层高，特别是横梁的位置和尺寸，标准住宅的层高（净高）一般在2.75m～2.90m之间。横梁所处的位置和尺寸会直接影响到平面的布局、吊顶的高低、造型结构和立面的装饰处理。因此，测量时不能忽视了对横梁的测量，以免设计出错。

10.1.3 与业主沟通

住宅是为业主而设计的，设计者不能把自己个人的意愿和想法，想当然地强加给业主。要明白设计者是为业主服务的，业主既是最基本的设计元素，也是设计结果的最终评判者。因此，与业主的良好沟通非常重要。可以通过面对面交流、填写调查表等形式与业主沟通，了解与设计有关的业主信息。如弄清楚谁将是业主、业主的生活方式如何、业主的品位如何等，尽可能多地了解相关信息有助于设计的顺利进行，达成业主的美好愿望。

（1）了解业主相关情况

了解业主相关资料，如家庭人口、年龄、性别，每间房屋的使用要求、个人爱好、生活习惯等；准备添置设备的品牌、型号、规格和颜色等；插座、开关、电视机、音响、电话等用电设施设备安装和摆放位置等；想要留用原有家具的尺寸、材料、款式、颜色；家庭主妇的身高、她所喜好的颜色等；房子主人特别喜欢的造型、布置、颜色、格调等；准备选择的家具的样式、大小。

图10-1 室内空间勘察

图10-2 原始平面图

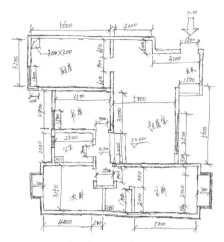

图10-3 现场测量平面草图　　　图10-4 细部尺寸测量

（2）了解业主的预计投资

设计前必须了解业主对装修总费用的心理价位，业主的预计投资直接决定了房子装修的档次和豪华程度。设计者在设计时对装饰装修复杂程度、选材等方面必须与业主的预计投资相符合。

（3）了解业主的其他特殊要求

按照以上思路，经与业主沟通和了解，本案住宅是为一个三口之家设计，男主人45岁，某公司经理，女主人40岁，某高校教师，女儿13岁，初中二年级。新房房价7500元/ m²，总面积143 m²，全额付款。从交谈中得知业主经济条件较好，品位较高，喜欢现代简约的设计风格。从业主的年龄、职业、新房位置和总价判断，业主已经是第三次置业，新房装修预计的心理价位为房款总额的1/5～1/3。

10.2 方案设计

通过对准备阶段中收集到的资料进行汇总、分析，以及与建设单位充分沟通，就开始着手方案设计。首先应推敲基本情况，列出合符现状的多种可能，尽量拓展思路，要"先放后收"，逐步比较，去掉不合理的方案，将构思确定在少数几个方案上。然后就平面布置的关系、空间处理及材料选用、家具、照明和色彩等做出进一步的考虑，以深化设计构思，形成设计图样。

10.2.1 空间功能布局方案设计

根据对住宅各室内区域的勘察和对业主相关信息的了解，绘制"泡泡图"、平面分析草图等，同时不断与业主交流沟通，将各空间功能布局明确下来，如图10-5、图10-6。

本例中，原建筑设计的平面布局比较合理，没有太多空间浪费，不需做太大的改动。在交流中得知业主夫妇应酬较多，在家中做饭较少，为了让起居室有一个宽阔的空间，能够有一个方便通行的进出通道，业主夫妇也有意将餐厅和厨房安排在同一空间，这样餐厅、厨房一体的方案就确定下来了。业主家中有一架钢琴，弹奏是女主人及其女儿在闲暇时放松心情的方式，需有一个面积稍大而又相对安静的空间摆放钢琴，考虑到实际情况，无法专设一个独立的钢琴房，只好安置在靠近主卧的起居室一侧，并能起到装饰起居室的作用，透出高雅气氛。遵循行走路线最优化和空间使用最大化的原则，以起居室正对窗的墙面作为电视背景墙，是最优的选择，确定了电视背景墙，沙发的位置自然地就确定下来。在交流中，业主夫妇提出主卫空间太小，想把主卫左侧墙体向主卧方向移动，扩大主卫面积，但同时又担心主卧室入口的过道加长产生压抑感。设计师顺着业主的思路将卫生间向主卧方向偏移500mm，并将部分墙体去掉，改用玻璃代替。这样设计不仅使卫生间的使用面积得以扩大，还增加了空间的通透性，又丰富了空间的层次，也避免了入口过道加长而产生压抑感，如图10-7。至此，整套住宅的功能布置得以明确下来。

10.2.2 空间界面设计

空间功能布局确定后，接下来进行空间界面的设计。如图10-8，是电视背景墙立面图草图，整个墙面设计采用了平衡构图原理。在材质上选用亚光白色皮革来淡化背景墙的概念，同时又可起到吸音的作用。从卫生间玻璃墙面获得灵感，并在电视背景墙上得到延续，统一了设计风格。这一方案得到了业主的认同并确定下来。

依照业主简约的设计要求，主卧室的设计方案很简洁，没设吊顶，没有窗帘盒，只在墙面设计了一条挂镜线，墙面是灰绿色的乳胶漆，地面铺米灰色复合地板，再配一张舒适的大床，共同构成惬意的睡眠环境，如图10-9。

在过厅（起居室）左侧墙体上掏出一个洞，设计成装饰壁龛。壁龛内摆放一花瓶，背部嵌镜子，顶部装射灯。整个壁龛装饰美感十足，如图10-10。

主卫的设计紧紧把握现代简约这一风格主线，大胆使用了灰色墙砖与咖啡色马赛克，完美勾画出洁具的轮廓，这一设计方案让业主夫妇喜出望外，对新家充满期待，如图10-11。

其他室内空间界面设计过程不在此做一一介绍。通过一系列的设计草图勾画、交流沟通，业

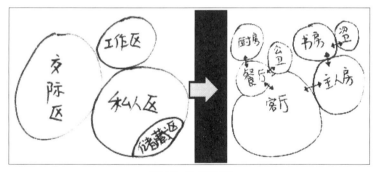

图10-5 泡泡图

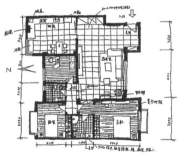

图10-6 平面布置草图

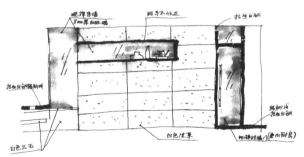

图10-7 主卫生间改造平面示意图

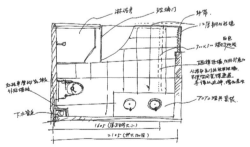

图10-8 电视背景墙立面草图

主初步认可了草图方案，双方协商在一周后看电脑效果图与预算。

10.2.3 电脑效果图绘制

在基本方案（草案）明确下来后绘制电脑效果图，给业主一个整体的设计造型和风格展现，为下一步正式确定设计方案提供更为直观的参考。电脑效果图绘制使用较多的是3ds Max软件，绘图中要以现场测量的尺寸为准，把握好室内功能、设计风格、空间界面处理、室内陈设及

家具的选择和材料的预算等因素。下面给出部分空间的电脑效果图，如图10-12、图10-13。

10.2.4 工程图绘制

工程图包括平面图、地面铺装图、顶棚图、电路图、立面图、详图等，根据设计草图与电脑效果图，用Auto CAD软件绘制施工图，如图10-14。（限于篇幅，仅给出平面布置图，其他施工图略）

图10-9 主卧室方案草图

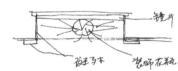

图10-10 过厅处的壁龛装饰草图

图10-11 主卫方案草图

图10-12 起居室效果图

图10-13 主卧室效果图

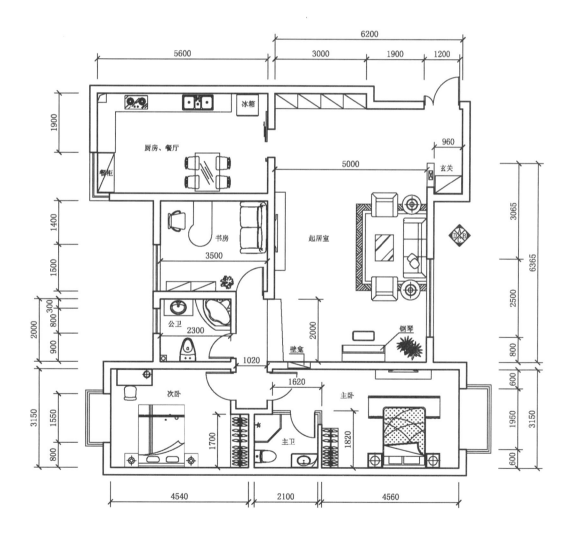

图10-14 平面布置图

10.3 制作设计文书

（1）封面、目录

（2）设计说明

撰写设计说明主要包含以下几点：设计风格的确定；选用哪些材料表现这种风格；如何进行空间布局；设计亮点，特别能打动人的地方。

（3）设计图纸

①效果图类

②平面图类

③顶棚图类及详图

④立面图类及详图

设计文书的打印与装订是设计工作的收尾阶段，装订要精致美观，让业主感到设计师的工作态度是认真、细致和诚恳的，而且表现非常专业。

（4）材料样板及工程预算书

①材料样板

要向业主提供本套设计方案的主要用材清单与材料样本，为让业主非常清晰明了地知道将要进行的装修使用哪些材料，这些材料的品牌、质量、特点等，做到明明白白装修，以免以后引起一些不必要的纠纷。本案设计师向业主提供了洁具、地板、墙砖、地砖、马赛克、橱柜、乳胶漆、门锁、开关、细木工板等材料的样本及资料。

②工程预算书

家装预算多以清单报价为主，优点是能让业主对装修内容和报价一目了然。下面重点以门厅、起居室为例，做清单预算如下（仅供参考）：

室内设计工程预算书

客户姓名：×××　　　地址楼层号：××××××　　　建筑面积：143 m²

联系电话：×××××　　　日期：　年　月　日

一、门厅、起居室

序号	工程名称	单价（元）	单位	数量	合计（元）	备注
1	顶棚吊顶造型施工	180	m²	39	7020.0	
2	顶棚、墙体刮腻子	15	m²	75	1125.0	
3	顶棚、墙体刷乳胶漆	20	m²	75	1500.0	
4	门口	550	项	1	550.0	
5	入口裂纹玻璃隔断	1200	m²	1.2	1440.0	
6	电视墙背景部分	500	m²	9.5	4750.0	
7	电视柜	800	m	2.88	2304.0	
8	壁纸背景部分	110	m²	22.4	2464.0	
9	储物柜	1200	m	3.1	3720.0	
10	地砖铺设	180	m²	39	7020.0	
11	壁龛造型	800	m²	1.2	960.0	
12	玻璃墙体	600	m²	3.6	2160.0	
13	白钢踢脚线	50	m	13.7	685.0	
14	灯具	—	个	13	6000.0	
15	沙发、茶几	—	套	1	15000.0	

序号	工程名称	单价（元）	单位	数量	合计（元）	备注
16	装饰画	800	幅	3	2400.0	
17	装饰花瓶	400	个	3	1200.0	
小计					60298.0	

二、主卧室（不含主卫）						
序号	工程名称	单价（元）	单位	数量	合计（元）	备注
1	……	……	……	……	……	
…	……	……	……	……	……	
小计					34033.0	

三、次卧室						
序号	工程名称	单价（元）	单位	数量	合计（元）	备注
1	……	……	……	……	……	
…	……	……	……	……	……	
小计					22560.0	

四、书房						
序号	工程名称	单价（元）	单位	数量	合计（元）	备注
1	……	……	……	……	……	
…	……	……	……	……	……	
小计					23870.0	

五、卫生间（主、公卫）						
序号	工程名称	单价（元）	单位	数量	合计（元）	备注
1	……	……	……	……	……	
…	……	……	……	……	……	
小计					24695.0	

六、厨房、餐厅						
序号	工程名称	单价（元）	单位	数量	合计（元）	备注
1	……	……	……	……	……	
…	……	……	……	……	……	
小计					45620.0	

七、综合项目						
序号	工程名称	单价（元）	单位	数量	合计（元）	备注
1	强、弱电路材料费（包括开关、插座，不含灯具）	60	m²	143	8580.0	
2	强、弱电路安装人工费	15	m²	143	2145.0	
3	主灯具安装	200	项	1	200.0	
4	给排水材料费（不含水龙头、淋浴花洒）	500	项	1	500.0	
5	给排水安装人工费	500	项	1	500.0	
6	材料运输及搬运	5	m²	143	715.0	
7	装修垃圾清运	300	项	1	300.0	
小计					12450.0	
总计					223526.0	
工程直接造价					223526.0	
公司管理费=工程直接造价×5%					11376.3	
工程造价=工程直接造价＋公司管理费					234902.3	

本装修预算书中未包含项目均为甲方提供或甲方委托乙方代购。

10.4 签订委托合同

与业主进一步沟通，发现意见有分歧的地方及时协商解决，明确设计方案及承包范围，不要漏项，以免结算时发生矛盾。经完善方案后双方签订合同（合同略）。

10.5 装修施工

双方签订合同后，按合同约定的时间和施工内容进场施工。在施工前，设计者应向施工单位进行设计意图说明及图纸的技术交底。必要时还应到现场配合施工，就地解决设计问题。

思考与练习

1. 室内装饰色彩有哪几方面的功能？
2. 室内色彩环境设计应遵循哪些原则？
3. 简述室内色彩设计的步骤和方法。
4. 简述各界面的色彩设计要点。

推荐阅读书目与网上链接

1. 戴力农，刘圣辉. 室内色彩设计. 沈阳：辽宁科学技术出版社，2006.
2. 芭珂丽（著），苏凡、姒一（译）. 室内设计师专用协调色搭配手册. 上海：上海人民美术出版社，2010.
3. 郭泳言. 室内色彩设计秘诀. 北京：中国建筑工业出版社，2008.
4. 阎超.室内色彩设计. 北京：中国建筑工业出版社，2010
5. 互动·家居 http://www.55258.cn/index.php/post/view/id-9361.
6. 新居网 http://news.homekoo.com/jiqiao/1378.
7. 秀家网 http://www.xiuhome.com/xuexi/show.asp?id=8877.
8. 中国建筑装饰网 http://news.ccd.com.cn/Htmls/2011/3/10/2011310113616105384-1.html.
9. 筑龙网 http://www.zhulong.com/.

技能训练10　室内装饰设计方案绘制

→ 训练目标

掌握室内装饰设计的方法、过程、内容与要求等基本技能；能够独立完成一套住宅的室内装饰工程设计方案。

→ 训练场所与组织

在计算机设计室或制图实训室、装饰施工的住宅套房，在教师统一指导下，每个学生用1周时间独立进行整套住宅的室内装饰方案设计。

→ 训练设备与材料

多媒体教学展示设备、计算机、3D模型、CAD图块、钢笔、速写本、彩色画笔、卷尺等。

→ 训练内容与方法

在老师指导下，每个学生独立完成一套住宅毛坯房的室内装饰工程设计方案。训练的内容和方法包括：

1. 现场勘察测量，画出平面图草图并标注必要尺寸；
2. 与业主交流沟通，了解家庭组成、爱好、文化品位、装饰风格取向和装修心理价位等相关情况；
3. 明确设计任务，查找和收集整理相关资料；
4. 进行功能布局和各界面装饰方案设计，画出方案草图；
5. 初步设计方案明确后，画出起居室、卧室、餐厅、厨房等重点装饰设计空间的效果图；
6. 经进一步修改完善后，确定设计方案，根据设计方案绘制装饰施工图；
7. 制订装修工程预算书；
8. 制作和装订设计方案文书。

→ 可视化作品

提交整套住宅设计方案，方案要求按顺序装帧成册，内容包括：封面及目录、设计说明、效果图、户型图（原始平面图）、平面布置图、地面铺装图、顶棚图、插座布置图、开关布置图、立面图、施工详图、装饰工程报价表等。

→ 训练考核标准

根据学生提交的设计方案的完整性、规范性、合理性和新颖性等方面表现，制定具体评定标准（详见下表）。

室内装饰设计方案绘制考核标准

班级： _____ 学号： _____ 姓名： _____ 考核地点： _____

考核项目	考核内容	考核方式	考核时间	满分	得分	备注
1. 设计方案文书整体感觉	● 外观整洁； ● 装订精致； ● 文书内容完整性； ● 内容编排顺序是否符合要求； ● 内容布局排版合理紧凑和艺术性。	考核学生提交的设计方案和训练期间表现。	1周	10		
2. 设计内容	● 设计满足业主要求； ● 灵活运用构图法则，设计造型新颖性； ● 灯光布置、色彩搭配合理性； ● 陈设、绿化选择和布置合理，气氛营造良好。			30		
3. 设计表达	● 重点装饰设计空间都有效果图表现； ● 效果图视角选取恰当，重点部位表达完整，场景表现良好； ● 施工图尺寸准确，内容表达完整； ● 施工图符合专业制图规范。			30		
4. 工程预算	● 预算完整性； ● 预算合理性。			10		
5. 训练表现	● 出勤率； ● 操作规范性； ● 积极态度； ● 独立完成。			20		
总分						
考核教师签字						

附录：星级旅馆划分与评定标准

以下内容摘自《旅游饭店星级的划分与评定》（GB/T14308—2010）

表1 三星级饭店必备项目

序号	项 目
1	一般要求
1.1	应有较高标准的建筑物结构,功能布局较为合理，方便宾客在饭店内活动
1.2	应有空调设施，各区域通风良好，温、湿度适宜
1.3	各种指示用和服务用文字应至少用规范的中英文同时表示。导向标志清晰、实用、美观，导向系统的设置和公共信息图形符号应符合GB/T15566.8和GB/T10001.1、GB/T10001.2、GB/T10001.4、GB/T10001.9的规定
1.4	应有计算机管理系统
1.5	应有至少30间(套)可供出租的客房，应有单人间、套房等不同规格的房间配置
1.6	应提供回车线并有一定泊位数量的停车场。4层(含4层)以上的建筑物有足够的客用电梯
1.7	设施设备定期维护保养，保持安全、整洁、卫生和有效
1.8	员工应着工装，训练有素，用普通话提供服务。前台员工具备基本外语会话能力
1.9	应有突发事件（突发事件应包括火灾、自然灾害、饭店建筑物和设备设施事故、公共卫生和伤亡事件、社会治安事件等）处置的应急预案，有年度实施计划，并定期演练
1.10	应有与本星级相适应的节能减排方案并付诸实施
1.11	应定期开展员工培训
2	设施
2.1	应有与接待规模相适应的前厅和总服务台，装修美观。提供饭店服务项目资料、客房价目等信息，提供所在地旅游交通、所在地旅游资源信息、主要交通工具时刻等资料，提供相关的报刊
2.2	客房装修良好、美观，应有软垫床、梳妆台或写字台、衣橱及衣架、座椅或简易沙发、床头柜及行李架等配套家具。电器开关方便宾客使用
2.3	客房内满铺地毯、木地板或其他较高档材料
2.4	客房内应有卫生间，装有抽水恭桶、梳妆台(配备面盆、梳妆镜和必要的盥洗用品)、浴缸或淋浴间。采取有效的防滑、防溅水措施，通风良好。采用较高级建筑材料装修地面、墙面和天花，色调柔和，目的物照明效果良好。有良好的排风设施，温湿度与客房适宜。有不间断电源插座。24h供应冷、热水
2.5	客房门安全有效，应设门窥镜及防盗装置，客房内应在显著位置张贴应急疏散图及相关说明
2.6	客房内应有遮光和防噪音措施
2.7	客房内应配备电话、彩色电视机，且使用效果良好
2.8	应有两种以上规格的电源插座，位置方便宾客使用，可提供插座转换器
2.9	客房内应有与本星级相适应的文具用品，备有服务指南、住宿须知、所在地旅游景点介绍和旅游交通图等，提供书报刊
2.10	床上用棉织品（床单、枕芯、枕套、被芯、被套及床衬垫等）及卫生间针织用品（浴衣、浴巾、毛巾等）材质良好、柔软舒适
2.11	客房内应提供互联网接入服务，并有使用说明
2.12	客房内应备有擦鞋用具
2.13	应有与饭店规模相适应的独立餐厅，配有符合卫生标准和管理规范的厨房
2.14	公共区域应设宾客休息场所
2.15	公共区域应有男女分设、间隔式公共卫生间
2.16	应有公用电话
2.17	应有应急供电设施和应急照明设施
2.18	走廊地面应满铺地毯或与整体氛围相协调的其他材料，墙面整洁、有适当装修，光线充足。紧急出口标识清楚，位置合理，无障碍物
2.19	门厅及主要公共区域应有残疾人出入坡道，配备轮椅

序号	项　目
3	服务
3.1	应有管理及安保人员24h在岗值班
3.2	应24h提供接待、问询、结账和留言服务。提供总账单结账服务、信用卡结算服务。应提供客房预订服务
3.3	应设门卫应接及行李服务人员，有专用行李车，应宾客要求提供行李服务。应提供贵重物品保管及小件行李寄存服务，并专设寄存处
3.4	应为宾客办理传真、复印、打字、国际长途电话等商务服务，并代发信件
3.5	应提供代客预订和安排出租汽车服务
3.6	客房、卫生间应每天全面整理一次，每日或应宾客要求更换床单、被套及枕套，客用品补充齐全
3.7	应提供留言和叫醒服务。可应宾客要求提供洗衣服务
3.8	客房内应24h提供热饮用水，免费提供茶叶或咖啡
3.9	应提供早、中、晚餐服务
3.10	应提供与饭店接待能力相适应的宴会或会议服务
3.11	应为残障人士提供必要的服务

表2 四星级饭店必备项目

序号	项　目
1	饭店总体要求
1.1	建筑物外观和建筑结构有特色。饭店空间布局合理，方便宾客在饭店内活动
1.2	内外装修应采用高档材料，符合环保要求，工艺精致，整体氛围协调
1.3	各种指示用和服务用文字应至少用规范的中英文同时表示。导向标志清晰、实用、美观，导向系统的设置和公共信息图形符号应符合GB/T15566.8和GB/T10001.1、GB/T10001.2、GB/T10001.4、GB/T10001.9的规定
1.4	应有中央空调（别墅式度假饭店除外），各区域通风良好
1.5	应有运行有效的计算机管理系统。主要营业区域均有终端，有效提供服务
1.6	应有公共音响转播系统，背景音乐曲目、音量适宜，音质良好
1.7	设施设备应维护保养良好，无噪音、安全完好、整洁、卫生和有效
1.8	应具备健全的管理规范、服务规范与操作标准
1.9	员工应着工装，体现岗位特色
1.10	员工训练有素，能用普通话和英语提供服务，必要时可用第二种外国语提供服务
1.11	应有突发事件（突发事件应包括火灾、自然灾害、饭店建筑物和设备设施事故、公共卫生和伤亡事件、社会治安事件等）处置的应急预案，有年度实施计划，并定期演练
1.12	应有与本星级相适应的节能减排方案并付诸实施
1.13	应有系统的员工培训规划和制度，有员工培训设施
2	前厅
2.1	区位功能划分合理
2.2	整体装修精致，有整体风格、色调协调、光线充足
2.3	总服务台，位置合理，接待人员应24h提供接待、问询和结账服务。并能提供留言、总账单结账、国内和国际信用卡结算及外币兑换等服务
2.4	应专设行李寄存处，配有饭店与宾客同时开启的贵重物品保险箱，保险箱位置安全、隐蔽，能够保护宾客的隐私

序号	项 目
2.5	应提供饭店基本情况、客房价目等信息，提供所在地旅游资源、当地旅游交通及全国旅游交通信息，并在总台能提供中英文所在地交通图、与住店宾客相适应的报刊
2.6	在非经营区应设宾客休息场所
2.7	门厅及主要公共区域应有符合标准的残疾人出入坡道，配备轮椅，有残疾人专用卫生间或厕位，为残障人士提供必要的服务
2.8	应24h接受包括电话、传真或网络等渠道的客房预订
2.9	应有门卫应接服务人员，18h迎送宾客
2.10	应有专职行李员，配有专用行李车，18h提供行李服务，提供小件行李寄存服务
2.11	应提供代客预订和安排出租汽车服务
2.12	应有相关人员处理宾客关系
2.13	应有管理人员24h在岗值班
3	**客房**
3.1	应有至少40间(套)可供出租的客房
3.2	70%客房的面积(不含卫生间)应不小于20m²
3.3	应有标准间（大床房、双床房），有两种以上规格的套房（包括至少3个开间的豪华套房），套房布局合理
3.4	装修高档。应有舒适的软垫床，配有写字台、衣橱及衣架、茶几、座椅或沙发、床头柜、全身镜、行李架等家具，布置合理。所有电器开关方便宾客使用。室内满铺高级地毯，或优质木地板或其他高级材料。采用区域照明，且目的物照明效果良好
3.5	客房门能自动闭合，应有门窥镜、门铃及防盗装置。客房内应在显著位置张贴应急疏散图及相关说明
3.6	客房内应有装修良好的卫生间。有抽水恭桶、梳妆台(配备面盆、梳妆镜和必要的盥洗用品)、有浴缸或淋浴间，配有浴帘或其它防溅设施。采取有效的防滑措施。采用高档建筑材料装修地面、墙面和天花，色调高雅柔和。采用分区照明且目的物照明效果良好。有良好的低噪音排风设施，温湿度与客房适宜。有110/220V不间断电源插座、电话副机。配有吹风机。24h供应冷、热水，水龙头冷热标识清晰。所有设施设备均方便宾客使用
3.7	客房内应有饭店专用电话机，可以直接拨通或使用预付费电信卡拨打国际、国内长途电话，并备有电话使用说明和所在地主要电话指南
3.8	应有彩色电视机，画面和音质良好。播放频道不少于16个，备有频道目录
3.9	应有防噪音及隔音措施，效果良好
3.10	应有内窗帘及外层遮光窗帘，遮光效果良好
3.11	应有至少两种规格的电源插座，电源插座应有两个以上供宾客使用的插位，位置合理，并可提供插座转换器
3.12	应有与本星级相适应的文具用品。配有服务指南、住宿须知、所在地旅游资源信息和旅游交通图等。可提供与住店宾客相适应的书报刊
3.13	床上用棉织品（床单、枕芯、枕套、被芯、被套及床衬垫等）及卫生间针织用品（浴巾、浴衣、毛巾等）材质较好、柔软舒适
3.14	客房、卫生间应每天全面整理一次，每日或应宾客要求更换床单、被套及枕套，客用品和消耗品补充齐全，并应宾客要求随时进房清理
3.15	应提供互联网接入服务，并备有使用说明，使用方便
3.16	应提供开夜床服务，放置晚安致意品
3.17	应提供客房微型酒吧服务，至少50%的房间配备小冰箱，提供适量酒和饮料，并备有饮用器具和价目单。免费提供茶叶或咖啡。提供冷热饮用水，可应宾客要求提供冰块
3.18	应提供客衣干洗、湿洗、熨烫服务，可在24h内交还宾客。可提供加急服务
3.19	应18h提供送餐服务。有送餐菜单和饮料单，送餐菜式品种不少于8种，饮料品种不少于4种，甜食品种不少于4种，有可挂置门外的送餐牌

序号	项 目
3.20	应提供留言及叫醒服务
3.21	应提供宾客在房间会客服务，可应宾客要求及时提供加椅和茶水服务
3.22	客房内应备有擦鞋用具，并提供擦鞋服务
4	**餐厅及吧室**
4.1	应有布局合理、装饰设计格调一致的中餐厅
4.2	应有位置合理、格调优雅的咖啡厅(或简易西餐厅)。提供品质较高的自助早餐
4.3	应有宴会单间或小宴会厅。提供宴会服务
4.4	应有专门的酒吧或茶室
4.5	餐具应按中外习惯成套配置，无破损，光洁、卫生
4.6	菜单及饮品单应装帧精致，完整清洁，出菜率不低于90%
5	**厨房**
5.1	位置合理、布局科学，传菜路线不与非餐饮公共区域交叉
5.2	厨房与餐厅之间，采取有效的隔音、隔热和隔气味措施。进出门自动闭合
5.3	墙面满铺瓷砖，用防滑材料满铺地面，有地槽
5.4	冷菜间、面点间独立分隔，有足够的冷气设备。冷菜间内有空气消毒设施和二次更衣设施
5.5	粗加工间与其它操作间隔离，各操作间温度适宜，冷气供给充足
5.6	应有必要的冷藏、冷冻设施，生熟食品及半成品分柜置放，有干货仓库
5.7	洗碗间位置合理，配有洗碗和消毒设施
5.8	应有专门放置临时垃圾的设施并保持其封闭，排污设施（地槽、抽油烟机和排风口等）保持清洁通畅
5.9	采取有效的消杀蚊蝇、蟑螂等虫害措施
5.10	应有食品留样送检机制
6	**会议和康体设施**
6.1	应有至少两种规格的会议设施，配备相应设施并提供专业服务
6.2	应有康体设施，布局合理，提供相应的服务
7	**公共区域**
7.1	饭店室外环境整洁美观
7.2	饭店后台设施完备、导向清晰、维护良好
7.3	应有回车线，并有足够泊位的停车场。提供相应的服务
7.4	3层以上（含3层）建筑物应有数量充足的高质量客用电梯，轿厢装修高雅。配有服务电梯
7.5	主要公共区域应有男女分设的间隔式公共卫生间，环境良好
7.6	应有商品部，出售旅行日常用品、旅游纪念品等
7.7	应有商务中心，可提供传真、复印、国际长途电话、打字等服务，有可供宾客使用的电脑，并可提供代发信件、手机充电等服务
7.8	提供或代办市内观光服务
7.9	应有公用电话
7.10	应有应急照明设施和有应急供电系统
7.11	主要公共区域有闭路电视监控系统
7.12	走廊及电梯厅地面应满铺地毯或其他高档材料，墙面整洁、有装修装饰，温度适宜、通风良好、光线适宜。紧急出口标识清楚醒目，位置合理，无障碍物。有符合规范的逃生通道、安全避难场所
7.13	应有必要的员工生活和活动设施

表3 五星级饭店必备项目

序号	项目
1	**总体要求**
1.1	建筑物外观和建筑结构应具有鲜明的豪华饭店的品质，饭店空间布局合理，方便宾客在饭店内活动
1.2	内外装修应采用高档材料，符合环保要求，工艺精致，整体氛围协调，风格突出
1.3	各种指示用和服务用文字应至少用规范的中英文同时表示。导向标志清晰、实用、美观，导向系统的设置和公共信息图形符号应符合GB/T15566.8和GB/T10001.1、GB/T10001.2、GB/T10001.4、GB/T10001.9的规定
1.4	应有中央空调（别墅式度假饭店除外），各区域空气质量良好
1.5	应有运行有效的计算机管理系统，前后台联网，有饭店独立的官方网站或者互联网主页，并能够提供网络预订服务
1.6	应有公共音响转播系统。背景音乐曲目、音量与所在区域和时间段相适应，音质良好
1.7	设施设备应维护保养良好，无噪音，安全完好、整洁、卫生和有效
1.8	应具备健全的管理规范、服务规范与操作标准
1.9	员工应着工装，工装专业设计、材质良好、做工精致
1.10	员工训练有素，能用普通话和英语提供服务，必要时可用第二种外国语提供服务
1.11	应有与本星级相适应的节能减排方案并付诸实施
1.12	应有突发事件（突发事件应包括火灾、自然灾害、饭店建筑物和设备设施事故、公共卫生和伤亡事件、社会治安事件等）处置的应急预案，有年度实施计划，并定期演练
1.13	应有系统的员工培训规划和制度，应有专门的教材、专职培训师及专用员工培训教室
2	**前厅**
2.1	功能划分合理，空间效果良好
2.2	装饰设计有整体风格，色调协调，光线充足，整体视觉效果和谐
2.3	总服务台位置合理，接待人员应24h提供接待、问询和结账等服务。并能提供留言、总账单结账、国内和国际信用卡结算、外币兑换等服务
2.4	应专设行李寄存处，配有饭店与宾客同时开启的贵重物品保险箱，保险箱位置安全、隐蔽，能够保护宾客的隐私
2.5	应提供饭店基本情况、客房价目等信息，提供所在地旅游资源、当地旅游交通及全国旅游交通的信息，并在总台能提供中英文所在地交通图、与住店宾客相适应的报刊
2.6	在非经营区应设宾客休息场所
2.7	门厅及主要公共区域应有符合标准的残疾人出入坡道，配备轮椅，有残疾人专用卫生间或厕位，为残障人士提供必要的服务
2.8	应24h接受包括电话、传真或网络等渠道的客房预订
2.9	应有专职的门卫应接服务人员，18h迎送宾客
2.10	应有专职行李员，配有专用行李车，24h提供行李服务，提供小件行李寄存服务
2.11	应提供代客预订和安排出租汽车服务
2.12	应有专职人员处理宾客关系，18h在岗服务
2.13	应提供礼宾服务
2.14	应有管理人员24h在岗值班
3	**客房**
3.1	应有至少50间(套)可供出租的客房
3.2	70%客房的面积(不含卫生间和门廊)应不小于20m²

序号	项　目
3.3	应有标准间（大床房、双床房），残疾人客房，两种以上规格的套房（包括至少4个开间的豪华套房），套房布局合理
3.4	装修豪华，具有良好的整体氛围。应有舒适的床垫及配套用品。写字台、衣橱及衣架、茶几、座椅或沙发、床头柜、全身镜、行李架等家具配套齐全、布置合理、使用便利。所有电器开关方便宾客使用。室内满铺高级地毯，或用优质木地板或其他高档材料装饰。采用区域照明，目的物照明效果良好
3.5	客房门能自动闭合，应有门窥镜、门铃及防盗装置。客房内应在显著位置张贴应急疏散图及相关说明
3.6	客房内应有装修精致的卫生间。有高级抽水恭桶、梳妆台(配备面盆、梳妆镜和必要的盥洗用品)、浴缸并带淋浴喷头（另有单独淋浴间的可以不带淋浴喷头），配有浴帘或其它有效的防溅设施。采取有效的防滑措施。采用豪华建筑材料装修地面、墙面和天花，色调高雅柔和。采用分区照明且目的物照明效果良好。有良好的无明显噪音的排风设施，温湿度与客房无明显差异。有110V/220V不间断电源插座、电话副机。配有吹风机。24h供应冷、热水，水龙头冷热标识清晰。所有设施设备均方便宾客使用
3.7	客房内应有饭店专用电话机，方便使用。可以直接拨通或使用预付费电信卡拨打国际、国内长途电话，并备有电话使用说明和所在地主要电话指南
3.8	应有彩色电视机，画面和音质优良。播放频道不少于24个，频道顺序有编辑，备有频道目录
3.9	应有背景音乐，音质良好，曲目适宜，音量可调
3.10	应有防噪音及隔音措施，效果良好
3.11	应有纱帘及遮光窗帘，遮光效果良好
3.12	应有至少两种规格的电源插座，电源插座应有两个以上供宾客使用的插位，位置方便宾客使用，并可提供插座转换器
3.13	应有与本星级相适应的文具用品。配有服务指南、住宿须知、所在地旅游景点介绍和旅游交通图等。提供与住店宾客相适应的报刊
3.14	床上用棉织品（床单、枕芯、枕套、被芯、被套及床衬垫等）及卫生间针织用品（浴巾、浴衣、毛巾等）材质高档、工艺讲究、柔软舒适。可应宾客要求提供多种规格的枕头
3.15	客房、卫生间应每天全面清理一次，每日或应宾客要求更换床单、被套及枕套，客用品和消耗品补充齐全，并应宾客要求随时进房清理
3.16	应提供互联网接入服务，并备有使用说明，使用方便
3.17	应提供开夜床服务，夜床服务效果良好
3.18	应提供客房微型酒吧(包括小冰箱)服务，配置适量与住店宾客相适应的酒和饮料，备有饮用器具和价目单。免费提供茶叶或咖啡。提供冷热饮用水，可应宾客要求提供冰块
3.19	应提供客衣干洗、湿洗、熨烫服务，可在24h内交还宾客，可提供加急服务
3.20	应24h提供送餐服务。有送餐菜单和饮料单，送餐菜式品种不少于8种，饮料品种不少于4种，甜食品种不少于4种，有可挂置门外的送餐牌，送餐车应有保温设备
3.21	应提供自动和人工叫醒、留言及语音信箱服务，服务效果良好
3.22	应提供宾客在房间会客服务，应宾客的要求及时提供加椅和茶水服务
3.23	客房内应备有擦鞋用具，并提供擦鞋服务
4	**餐厅及吧室**
4.1	各餐厅布局合理、环境优雅、空气清新，不串味，温度适宜
4.2	应有装饰豪华、氛围浓郁的中餐厅
4.3	应有装饰豪华、格调高雅的西餐厅（或外国特色餐厅）或风格独特的风味餐厅，均配有专门厨房
4.4	应有位置合理、独具特色、格调高雅的咖啡厅，提供品质良好的自动早餐、西式正餐。咖啡厅(或有一餐厅)营业时间不少于18h
4.5	应有3个以上宴会单间或小宴会厅。提供宴会服务，效果良好
4.6	应有专门的酒吧或茶室
4.7	餐具应按中外习惯成套配置，材质高档，工艺精致，有特色，无破损磨痕，光洁、卫生
4.8	菜单及饮品单应装帧精美，完整清洁，出菜率不低于90%

序号	项　目
5	厨房
5.1	位置合理、布局科学，传菜路线不与非餐饮公共区域交叉
5.2	厨房与餐厅之间，采取有效的隔音、隔热和隔味的措施。进出门分开并能自动闭合
5.3	墙面满铺瓷砖，用防滑材料满铺地面，有地槽
5.4	冷菜间、面点间独立分隔，有足够的冷气设备。冷菜间内有空气消毒设施
5.5	冷菜间有二次更衣场所及设施
5.6	粗加工间与其他操作间隔离，各操作间温度适宜，冷气供应充足
5.7	洗碗间位置合理（紧临厨房与餐厅出入口），配有洗碗和消毒设施
5.8	有必要的冷藏、冷冻设施，生熟食品及半成食品分柜置放。有干货仓库
5.9	有专门放置临时垃圾的设施并保持其封闭，排污设施（地槽、抽油烟机和排风口等）保持畅通清洁
5.10	采取有效的消杀蚊蝇、蟑螂等虫害措施
5.11	应有食品化验室或留样送检机制
6	会议康乐设施
6.1	应有两种以上规格的会议设施，有多功能厅，配备相应的设施并提供专业服务
6.2	应有康体设施，布局合理，提供相应的服务
7	公共区域
7.1	饭店室外环境整洁美观，绿色植物维护良好
7.2	饭店后台区域设施完好、卫生整洁、维护良好，前后台的衔接合理，通往后台的标识清晰
7.3	应有效果良好的回车线，并有与规模相适应泊位的停车场，有残疾人停车位，停车场环境效果良好，提供必要的服务
7.4	3层以上（含3层）建筑物应有数量充足的高质量客用电梯，轿厢装饰高雅，速度合理，通风良好；另备有数量、位置合理的服务电梯
7.5	各公共区域均应有男女分设的间隔式公共卫生间，环境优良，通风良好
7.6	应有商品部，出售旅行日常用品、旅游纪念品等
7.7	应有商务中心，可提供传真、复印、国际长途电话、打字等服务，有可供宾客使用的电脑，并可提供代发信件、手机充电等服务
7.8	提供或代办市内观光服务
7.9	应有公用电话，并配有便签
7.10	应有应急照明设施和有应急供电系统
7.11	主要公共区域有闭路电视监控系统
7.12	走廊及电梯厅地面应满铺地毯或其他高档材料，墙面整洁、有装修装饰，温度适宜、通风良好、光线适宜。紧急出口标识清楚醒目，位置合理，无障碍物。有符合规范的逃生通道、安全避难场所
7.13	应有充足的员工生活和活动设施

参考文献

1. 弗克玛·伯顿斯. 走向后现代主义〔M〕. 北京：北京大学出版社，1991.

2. 王受之. 世界现代建筑史〔M〕. 北京：中国建筑工业出版社，1999.

3. 尹定邦. 设计学概论〔M〕. 长沙：湖南科技出版社，1999.

4. 张青萍. 建筑设计基础〔M〕. 北京：中国林业出版社，2009.

5. 苏炜. 建筑构造〔M〕. 北京：化学工业出版社，2010.

6. 颜宏亮. 建筑构造〔M〕. 上海：同济大学出版社，2010.

7. 国家住房和城乡建设部. 中华人民共和国国家标准《房屋建筑制图统一标准》（GB/T 50001-2010）〔M〕.北京：中国计划出版社，2011.

8. 国家住房和城乡建设部.中华人民共和国行业标准《房屋建筑建筑室内装饰装修制图标准》（JGJ/T 224-2011）〔M〕. 北京：中国建筑工业出版社，2011.

9. 彭红，陆步云. 设计制图〔M〕. 北京：中国林业出版社，2003.

10. 刘甦，太良平. 室内装饰工程制图〔M〕. 北京：中国轻工业出版社，2005.

11. 夏万爽. 建筑装饰制图与识图〔M〕. 北京：化学工业出版社，2010.

12. 霍维国，霍光. 室内设计教程〔M〕. 北京：机械工业出版社，2011.

13. 李强. 室内设计基础〔M〕. 北京：化学工业出版社，2011.

14. 张葳，李海冰. 室内设计〔M〕. 北京：北京大学出版社，2011.

15. 徐捷强，李金春，鹿熙军. 室内设计初步〔M〕.北京：国防工业出版社，2009.

16. 张峻峰等. 室内设计师设计指导〔M〕. 北京：机械工业出版社，2007.

17. 张绮曼，郑曙旸. 室内设计资料集〔M〕. 北京：中国建筑工业出版社，1994.

18. 冯昌信. 家具设计〔M〕. 北京：中国林业出版社，2007.

19. 冯昌信. 室内装饰设计〔M〕. 北京：中国林业出版社，2003.

20. 高光，姜野. 室内设计实训指导〔M〕. 沈阳：辽宁美术出版社，2008.

21. 吴剑锋，林海. 室内与环境设计实训〔M〕. 上海：中国出版集团东方出版社，2011.